"十二五"职业教育国家规划教材

经全国职业教育教材审定委员会审定

# 建筑设备安装

## （第二版）

新世纪高职高专教材编审委员会 组编

主　编　王　丽

副主编　张之光　孙朝阳

主　审　刘春泽

U0247494

大连理工大学出版社

**图书在版编目(CIP)数据**

建筑设备安装 / 王丽主编. — 2 版. — 大连 ：大
连理工大学出版社，2014.6(2014.8 重印)
新世纪高职高专建筑工程技术类课程规划教材
ISBN 978-7-5611-8849-1

Ⅰ. ①建… Ⅱ. ①王… Ⅲ. ①房屋建筑设备－建筑安
装－高等职业教育－教材 Ⅳ. ①TU8

中国版本图书馆 CIP 数据核字(2014)第 030510 号

大连理工大学出版社出版
地址：大连市软件园路 80 号　邮政编码：116023
发行：0411-84708842　邮购：0411-84708943　传真：0411-84701466
E-mail：dutp@dutp.cn　URL：http://www.dutp.cn
大连美跃彩色印刷有限公司印刷　　　大连理工大学出版社发行

幅面尺寸：185mm×260mm　　印张：17　　字数：413 千字
插页：5
2009 年 10 月第 1 版　　　　2014 年 6 月第 2 版
2014 年 8 月第 2 次印刷

责任编辑：康云霞　　　　　　　责任校对：吴楠楠
封面设计：张　莹

ISBN 978-7-5611-8849-1　　　　定　价：39.00 元

我们已经进入了一个新的充满机遇与挑战的时代,我们已经跨入了21世纪的门槛。

20世纪与21世纪之交的中国,高等教育体制正经历着一场缓慢而深刻的革命,我们正在对传统的普通高等教育的培养目标与社会发展的现实需要不相适应的现状作历史性的反思与变革的尝试。

20世纪最后的几年里,高等职业教育的迅速崛起,是影响高等教育体制变革的一件大事。在短短的几年时间里,普通中专教育、普通高专教育全面转轨,以高等职业教育为主导的各种形式的培养应用型人才的教育发展到与普通高等教育等量齐观的地步,其来势之迅猛,发人深思。

无论是正在缓慢变革着的普通高等教育,还是迅速推进着的培养应用型人才的高职教育,都向我们提出了一个同样的严肃问题:中国的高等教育为谁服务,是为教育发展自身,还是为包括教育在内的大千社会? 答案肯定而且唯一,那就是教育也置身其中的现实社会。

由此又引发出高等教育的目的问题。既然教育必须服务于社会,它就必须按照不同领域的社会需要来完成自己的教育过程。换言之,教育资源必须按照社会划分的各个专业(行业)领域(岗位群)的需要实施配置,这就是我们长期以来明乎其理而疏于力行的学以致用问题,这就是我们长期以来未能给予足够关注的教育目的问题。

众所周知,整个社会由其发展所需要的不同部门构成,包括公共管理部门如国家机构、基础建设部门如教育研究机构和各种实业部门如工业部门、商业部门,等等。每一个部门又可作更为具体的划分,直至同它所需要的各种专门人才相对应。教育如果不能按照实际需要完成各种专门人才培养的目标,就不能很好地完成社会分工所赋予它的使命,而教育作为社会分工的一种独立存在就应受到质疑(在市场经济条件下尤其如此)。可以断言,按照社会的各种不同需要培养各种直接有用人才,是教育体制变革的终极目的。

随着教育体制变革的进一步深入，高等院校的设置是否会同社会对人才类型的不同需要一一对应，我们姑且不论，但高等教育走应用型人才培养的道路和走研究型（也是一种特殊应用）人才培养的道路，学生们根据自己的偏好各取所需，始终是一个理性运行的社会状态下高等教育正常发展的途径。

高等职业教育的崛起，既是高等教育体制变革的结果，也是高等教育体制变革的一个阶段性表征。它的进一步发展，必将极大地推进中国教育体制变革的进程。作为一种应用型人才培养的教育，它从专科层次起步，进而应用本科教育、应用硕士教育、应用博士教育……当应用型人才培养的渠道贯通之时，也许就是我们迎接中国教育体制变革的成功之日。从这一意义上说，高等职业教育的崛起，正是在为必然会取得最后成功的教育体制变革奠基。

高等职业教育还刚刚开始自己发展道路的探索过程，它要全面达到应用型人才培养的正常理性发展状态，直至可以和现存的（同时也正处在变革分化过程中的）研究型人才培养的教育并驾齐驱，还需要假以时日；还需要政府教育主管部门的大力推进，需要人才需求市场的进一步完善发育，尤其需要高职教学单位及其直接相关部门肯于做长期的坚忍不拔的努力。新世纪高职高专教材编审委员会就是由全国100余所高职高专院校和出版单位组成的、旨在以推动高职高专教材建设来推进高等职业教育这一变革过程的联盟共同体。

在宏观层面上，这个联盟始终会以推动高职高专教材的特色建设为己任，始终会从高职高专教学单位实际教学需要出发，以其对高职教育发展的前瞻性的总体把握，以其纵览全国高职高专教材市场需求的广阔视野，以其创新的理念与创新的运作模式，通过不断深化的教材建设过程，总结高职高专教学成果，探索高职高专教材建设规律。

在微观层面上，我们将充分依托众多高职高专院校联盟的互补优势和丰裕的人才资源优势，从每一个专业领域、每一种教材入手，突破传统的片面追求理论体系严整性的意识限制，努力凸现高职教育职业能力培养的本质特征，在不断构建特色教材建设体系的过程中，逐步形成自己的品牌优势。

新世纪高职高专教材编审委员会在推进高职高专教材建设事业的过程中，始终得到了各级教育主管部门以及各相关院校相关部门的热忱支持和积极参与，对此我们谨致深深谢意，也希望一切关注、参与高职教育发展的同道朋友，在共同推动高职教育发展、进而推动高等教育体制变革的进程中，和我们携手并肩，共同担负起这一具有开拓性挑战意义的历史重任。

**新世纪高职高专教材编审委员会**

2001 年 8 月 18 日

# 前　言

　　《建筑设备安装》(第二版)是"十二五"职业教育国家规划教材,也是新世纪高职高专教材编审委员会组编的建筑工程技术类课程规划教材之一。

　　随着校企合作的不断深化,在保持原教材优势特色的基础上,编者对教材进行了修订。由于修订后的教材突出建筑设备系统管道和设备的施工安装工艺方法以及操作规程的内容,编审委员会研究决定书名由《建筑设备》更改为《建筑设备安装》。

　　本次修订主要突出以下特色:

　　1. 本教材以五个典型工作任务为对象,设置项目教学单元,强化教材的真实工作情境和工作过程。

　　2. 采用"项目引导"的方法,融"项目导入、基础夯实、项目演练、拓展提高"四大教学模块于一体,较好地体现了教材体例设计的科学合理性,适于案例教学的展开,有利于提高学生解决工程实际问题的能力。

　　3. 精选案例,注重应用。根据职业技能岗位需要配置工程案例,突出教材的实用性和应用性,提高学生动手操作能力。

　　4. 增加工作场景插图,强化教材的生活化、情境化。结合案例内容与发生场景,适当地在教材中插入工作情境图片,以增强教材的岗位情境化,提高学生学习兴趣。

　　本教材由辽宁建筑职业学院王丽任主编,辽宁建筑职业学院张之光、三门峡职业技术学院孙朝阳任副主编。洛阳理工学院徐玉梅、辽宁建筑职业学院赵宇晗参与了部分内容的编写工作。具体编写分工如下:项目五由张之光编写,项目三、项目四的拓展提高由孙朝阳编写,项目三的基础夯实由徐玉梅编写,项目二的基础夯实由赵宇晗编写,其余内容由王丽编写。本教材由王丽负责统稿和定稿。辽宁轻工职业技术学院刘春泽教授审阅了全书,并提出了许多宝贵的意见和建议,在此深表感谢!

本教材在编写过程中得到了抚顺市市政设计研究院高级工程师赵永臣和中建八局机电安装部工程师黄兴豪的协助和支持,在此一并表示感谢!

为方便教师教学和学生自学,本教材配有电子课件等配套资源,如有需要,请登录教材服务网站下载。

鉴于编者学识和水平有限,教材中仍可能存在不足和疏漏之处,敬请读者批评指正,并将意见和建议反馈给我们,以便修订时改进。

**编　者**
2014 年 6 月

所有意见和建议请发往:dutpgz@163.com
欢迎访问教材服务网站:http://www.dutpbook.com
联系电话:0411-84707424　84706676

# 目 录

# 项目四　燃气供应设备安装

# 项目五　建筑供配电设备安装

# 项目一
## 建筑给排水设备安装

## 项目导入

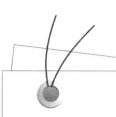

　　建筑给排水设备是满足建筑功能要求,提供人们舒适、便捷生活条件的必要设备。本项目以某三层办公楼给排水工程为案例(一、二层各有一个卫生间,三层有两个卫生间),以给排水系统形式选择、系统组成、施工安装方法为线索,系统阐述建筑给排水设备相关知识。

# 学习情境 1 给排水系统常用管材、附件及器具

## 一、管材

建筑给排水系统按用途分为给水管材和排水管材；按材质分为金属管材和非金属管材。

管材管径规格表示方法有以下几种：以"公称直径 DN"表示（水煤气输送钢管、铸铁管等）；以"D（外径）×壁厚"表示（无缝钢管、电焊钢管、铜管、不锈钢管等）；以"De（外径）×壁厚"表示（塑料管、复合管等）；以"内径 d"表示（混凝土管、陶土管、缸瓦管等），单位均为 mm。

### 1.常用给水管材

建筑给水管材有金属管、塑料管、复合管三大类。其中，聚乙烯管、聚丙烯管、铝塑复合管是目前建筑给水推荐使用的管材。

（1）金属管

给水金属管主要有镀锌钢管、不锈钢管、铜管等。

①镀锌钢管

镀锌钢管曾经是我国生活饮用水使用的主要管材，长期使用易使内壁生锈，滋生细菌、微生物等，造成自来水在输送途中的"二次污染"，从 2006 年 6 月 1 日起，根据国家有关规定，在城镇新建住宅生活给水系统中禁止使用镀锌钢管。目前，镀锌钢管主要用于消防给水系统。镀锌钢管的优点是强度高、承压能力大、抗震性能好；管道连接可采用焊接、螺纹连接、法兰连接或卡箍连接等连接方式。

②不锈钢管

不锈钢管具有机械强度高、坚固、韧性好、耐腐蚀性强、热膨胀系数低、卫生性能好、外表美观、安装维护方便、经久耐用等优点，适用于建筑给水特别是管道直饮水及热水系统。管道可采用焊接、螺纹连接、卡压式连接、卡套式连接等连接方式。

③铜管

铜管具有耐温、延展性好、承压能力大、化学性质稳定、线性膨胀系数小等优点，但价格较高，一般适用于比较高级住宅的冷、热水系统。铜管可采用螺纹连接、焊接及法兰连接等连接方式。

④给水铸铁管

与钢管相比，给水铸铁管具有耐腐蚀性强、使用寿命长、价格低等优点。其缺点是性脆、重量大、长度小。生活给水管管径大于 150 mm 时，可采用给水铸铁管；管径大于或等于75 mm 的埋地生活给水管道宜采用给水铸铁管。给水铸铁管或非镀锌焊接钢管也可用于生

产和消防给水管道。给水铸铁管连接采用承插式连接或法兰连接,承插接口方式有胶圈接口、黏接口、膨胀水泥接口、石棉水泥接口等。

（2）塑料管

塑料管包括硬聚氯乙烯(UPVC)管、聚乙烯(PE)管、交联聚乙烯(PEX)管、聚丙烯(PP)管、聚丁烯(PB)管、丙烯腈-丁二烯-苯乙烯(ABS)管等。

①硬聚氯乙烯(UPVC)管

硬聚氯乙烯管的使用温度为 5～45 ℃,不适用于热水输送,常见规格为 DN115～DN400,公称压力为 0.6～1.0 MPa。其优点是耐腐蚀性强、抗衰老性强、黏接方便、价格低、产品规格全、质地坚硬;缺点是维修困难,无韧性,环境温度低于 5 ℃时脆化,高于 45 ℃时软化。硬聚氯乙烯管可采用承插黏接,也可采用橡胶密封圈柔性连接、螺纹连接或法兰连接等连接方式。该管材为早期替代镀锌钢管的管材,现已不推广使用。

②聚乙烯(PE)管

聚乙烯管包括高密度聚乙烯(HDPE)管和低密度聚乙烯(LDPE)管。聚乙烯管的特点是重量轻,韧性好,耐腐蚀、耐低温性能好,运输及施工方便,具有良好的柔性和抗蠕变性能,在建筑给水中广泛应用。目前国内产品规格为 DN16～DN160,最大可达 DN400。聚乙烯管的连接可采用电熔、热熔、橡胶圈柔性连接,工程上主要采用熔接。

③交联聚乙烯(PEX)管

交联聚乙烯管具有强度高、韧性好、抗老化(使用寿命达 50 年以上)、温度适应范围广(-70～110 ℃)、无毒、无滋生细菌、安装维修方便、价格适中等优点。目前国内产品规格为 DN10～DN32,少量达 DN63,主要用于室内热水供应系统。管径小于等于25 mm的管道与管件采用卡套式连接,管径大于等于 32 mm 的管道与管件采用卡箍式连接。

④聚丙烯(PP)管

普通聚丙烯材质的缺点是耐低温性能差,在 5 ℃以下因脆性太大而难以正常使用,通过共聚合的方式可以使聚丙烯性能得到改善。改进性能的聚丙烯管有三种:均聚聚丙烯(PP-H,一型)管、嵌段共聚聚丙烯(PP-B,二型)管和无规共聚聚丙烯(PP-R,三型)管。

无规共聚聚丙烯管的优点是强度高、韧性好、保温效果好、沿程阻力小、施工安装方便。目前国内产品规格为 DN20～DN110,不仅可用于冷、热水系统,还可用于纯净饮用水系统。管道之间采用热熔连接,管道与金属管件可以通过带金属嵌件的聚丙烯管件,用丝扣或法兰连接。

⑤聚丁烯(PB)管

聚丁烯管质软、耐磨、耐热、抗凉、无毒无害、耐久性好、重量轻、施工安装简单、公称压力可达 1.6 MPa,能在-20～95 ℃条件下安全使用,适用于冷、热水系统。聚丁烯管与管件连接有三种方式,即铜接头夹紧式连接、热熔式插接和电熔合连接。

⑥丙烯腈-丁二烯-苯乙烯(ABS)管

ABS 管是丙烯腈、丁二烯、苯乙烯的三元共聚物,丙烯腈提供了良好的耐蚀性,表面硬度高;丁二烯作为一种橡胶体提供了韧性;苯乙烯提供了优良的加工性能。三种组合的联合作用使 ABS 管强度高,韧性高,能承受冲击。ABS 管的工作压力为 1.0 MPa,冷水管常用规格为 DN15~DN150,使用温度为-40~60 ℃;热水管规格不全,使用温度为-40~95 ℃。管材连接方式为黏接。

(3)复合管

复合管包括铝塑复合管、涂塑钢管、钢塑复合管等。

①铝塑复合管(PE-AL-AE 或 PEX-AL-PEX)

铝塑复合管是通过挤出成型工艺制造的新型复合管材,它既保持了聚乙烯管和铝管的优点,又避免了各自的缺点。铝塑复合管的优点是可以弯曲,弯曲半径等于 5 倍直径;耐温性能强,使用温度范围为-100~110 ℃;耐高压,工作压力可以达到 1.0 MPa 以上。管件连接主要采用夹紧式铜接头,可用于室内冷、热水系统,目前的规格为 DN14~DN32。

②钢塑复合管

钢塑复合管是在钢管内壁衬(涂)一定厚度的塑料层复合而成,依据复合管基材的不同,可分为衬塑复合管和涂塑复合管两种。钢塑复合管具备了金属管材强度高、耐高压、能承受较强外来冲击力和塑料管材的耐腐蚀、不结垢、导热系数低、流体阻力小等优点。钢塑复合管可采用沟槽、法兰或螺纹连接的方式,同原有的镀锌管系统完全相容,应用方便,但需在工厂预制,不宜在施工现场切割。

常用塑料管外径与公称直径对照关系见表 1-1。

表 1-1　　　　　　　　　　常用塑料管外径与公称直径对照关系

| 塑料管外径/mm | 20 | 25 | 32 | 40 | 50 | 63 | 75 | 90 | 110 |
|---|---|---|---|---|---|---|---|---|---|
| 公称直径/in | $\frac{1}{2}$ | $\frac{3}{4}$ | 1 | $1\frac{1}{4}$ | $1\frac{1}{2}$ | 2 | $2\frac{1}{2}$ | 3 | 4 |
| 公称直径/mm | 15 | 20 | 25 | 32 | 40 | 50 | 65 | 80 | 100 |

**2. 常用排水管材**

室内排水系统的管材主要有排水铸铁管和硬聚氯乙烯塑料管等。

(1)排水铸铁管

排水铸铁管直管长度一般为 1.0~1.5 m,管径一般为 50~200 mm。排水铸铁管耐腐蚀性能强、强度高、噪音小、抗震防火、安装方便,特别适用于高层建筑。排水铸铁管连接方式分为承插式和卡箍式;承插式连接常用的接口材料有普通水泥、石棉水泥、膨胀水泥等;卡箍式连接采用不锈钢卡箍、橡胶套密封。

(2)硬聚氯乙烯塑料(UPVC)管

硬聚氯乙烯塑料管是以聚氯乙烯树脂为主要原料的塑料制品,具有优良的化学稳定性和耐腐蚀性。主要优点是物理性能好、质轻、管壁光滑、水头损失小,容易加工及施工方便等;缺点是防火性能不好,排水噪声大。

住宅建筑优先选用硬聚氯乙烯塑料管,排放带酸、碱性废水的实验楼、教学楼应选用硬聚氯乙烯塑料管,对防火要求高的建筑物应设置阻火圈或防火套管。硬聚氯乙烯塑料管采用承插黏接的连接方式。硬聚氯乙烯塑料管外径与公称直径对照关系见表1-2。

表 1-2　　　　　　　　　硬聚氯乙烯塑料管外径与公称直径对照关系

| 排水塑料管外径/mm | 40 | 50 | 75 | 110 | 160 |
|---|---|---|---|---|---|
| 公称直径/mm | 40 | 50 | 75 | 100 | 150 |

### 3. 管道配件

在建筑给排水系统管路中配件的作用是连接管道、改变管径、管路转方向、接出支路管线及封闭管路等。配件根据制作材料不同,可分为铸铁配件、钢质配件和塑料配件;根据接口形式的不同,可分为螺纹连接配件、法兰连接配件和承插连接配件。

铸铁配件根据用途可分为给水配件和排水配件两大类。给水铸铁承插配件壁较厚,承压能力高;排水铸铁承插配件壁较薄,承压能力低。

螺纹连接配件有铸铁、钢制和塑料制三种。使用时应与管道材质相匹配,大多数螺纹配件是内螺纹的,也有少量外螺纹配件,如丝堵、对丝等。

法兰连接有易拆卸的优点,适用于给排水系统中各类设备及构筑物的配管连接,如水泵、锅炉或水塔内的管道连接。带法兰盘的配件可分为钢制、铸铁和塑料三类。

图 1-1 所示为常用钢管螺纹连接配件及连接方式;图 1-2 所示为常用塑料排水配件;图 1-3 所示为常用铸铁排水配件;图 1-4 所示为常用塑料给水管连接配件。

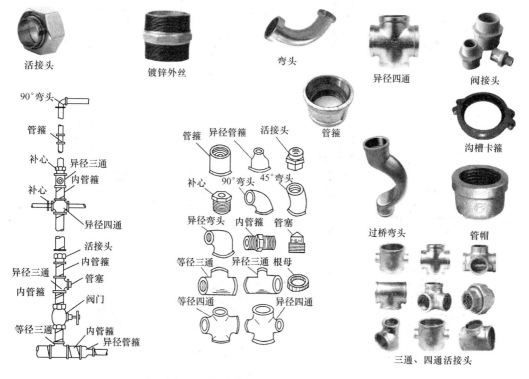

图 1-1　常用钢管螺纹连接配件及连接方式

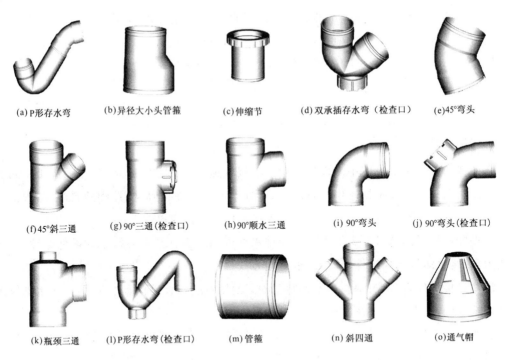

(a) P形存水弯　　(b) 异径大小头管箍　　(c) 伸缩节　　(d) 双承插存水弯（检查口）　　(e) 45°弯头

(f) 45°斜三通　　(g) 90°三通(检查口)　　(h) 90°顺水三通　　(i) 90°弯头　　(j) 90°弯头(检查口)

(k) 瓶颈三通　　(l) P形存水弯(检查口)　　(m) 管箍　　(n) 斜四通　　(o) 通气帽

图 1-2　常用塑料排水配件

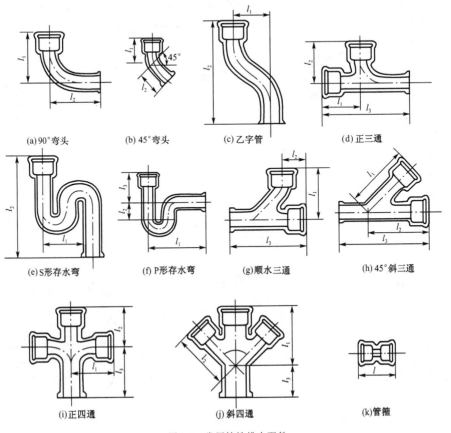

(a) 90°弯头　　(b) 45°弯头　　(c) 乙字管　　(d) 正三通

(e) S形存水弯　　(f) P形存水弯　　(g) 顺水三通　　(h) 45°斜三通

(i) 正四通　　(j) 斜四通　　(k) 管箍

图 1-3　常用铸铁排水配件

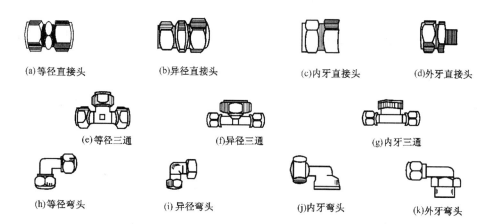

(a)等径直接头　　(b)异径直接头　　(c)内牙直接头　　(d)外牙直接头

(e)等径三通　　　(f)异径三通　　　　(g)内牙三通

(h)等径弯头　　　(i)异径弯头　　　　(j)内牙弯头　　　(k)外牙弯头

图 1-4　常用塑料给水管连接配件

## 二、附件

附件分给水附件和排水附件两大类。

**1. 给水附件**

给水附件是安装在管道及设备上启闭和调节装置的总称。

给水附件分为配水附件、控制附件与其他附件三类。

（1）配水附件

用以调节和分配水流。常用配水附件如图 1-5 所示。

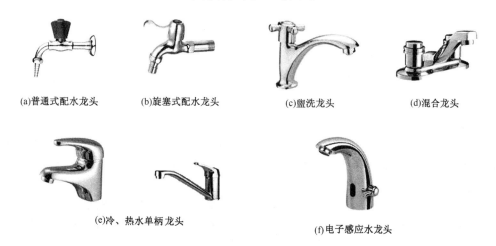

(a)普通式配水龙头　　(b)旋塞式配水龙头　　(c)盥洗龙头　　(d)混合龙头

(e)冷、热水单柄龙头　　　　　　(f)电子感应水龙头

图 1-5　常用配水附件(各种水龙头)

①配水龙头

球形阀式、瓷片式配水龙头：装在洗涤盆、活水盆、盥洗槽上的龙头均属此类，且均属于普通式配水龙头。水流通过此种龙头因改变流向，故阻力较大，如图 1-5(a)所示。

旋塞式配水龙头：设在压力不大的给水系统上。这种龙头旋转 90°即完全开启，可短时获较大流量；又因水流呈直线通过龙头，故阻力较小；但启闭迅速，易产生冲击，适用于浴室、洗衣房、开水间等处，如图 1-5(b)所示。

②盥洗龙头

设在洗脸盆上专供冷水或热水用,有莲蓬式、鸭嘴式、角式、长脖式等形式,如图 1-5(c)所示。

③混合龙头

用以调节冷、热水的龙头,适用于盥洗、洗涤、沐浴等,如图 1-5(d)所示。

此外,还有小便斗龙头、皮带龙头、消防龙头、电子自动龙头、红外线龙头、自控水龙头等。

(2)控制附件

控制附件用来调节水量和水压,控制水流方向,关断水流等。常用控制附件如图 1-6所示。

(a)截止阀    (b)闸阀    (c)蝶阀    (d)浮球阀    升降式    旋启式    (e)止回阀

弹簧式    杠杆式

(f)安全阀    (g)延时自闭式冲洗阀

图 1-6    常用控制附件

①截止阀

截止阀关闭严密,但水流阻力较大,适用于管径小于或等于 50 mm 的管道,如图1-6(a)所示。

②闸阀

一般管径大于 70 mm 时采用闸阀。此阀全开时水流呈直线通过,阻力小,但水中有杂质落入阀座后,阀门关闭不严,产生磨损和漏水,缩短阀门使用寿命,如图 1-6(b)所示。

③蝶阀

阀板在 90°放置范围内可起调节流量和关断水流的作用,具有体积小、质量轻、启闭灵活、关闭严密、水头损失小等优点。适用于室外管径较大的给水管或室外消火栓给水系统的主干管。蝶阀如图 1-6(c)所示。

④浮球阀

浮球阀是一种可以自动进水、自动关闭的阀门,多装在水池或水箱内,用于控制水位。当水箱充水到设计最高水位时,浮球随着水位浮起,半闭进水口;当水位下降时,浮球下落,进水口开启,向水箱充水。浮球阀口径一般为 15～100 mm,使用时应与各种相同规格管径配套。浮球阀如图 1-6(d)所示。

⑤止回阀

止回阀用来阻止水流的反向流动,又称单向阀或逆止阀。常用的止回阀有两种类型:升降式止回阀和旋启式止回阀。升降式止回阀装于水平或垂直管道上,水头损失较大,只适用于小管径,如图1-6(e)左侧所示;旋启式止回阀一般直径较大,在水平、垂直管道上均可装设,如图1-6(e)右侧所示。

⑥安全阀

安全阀是保证系统和设备安全的阀件。为了避免管网和其他用水设备中压力超过所规定的范围而使管网、各种用水器具以及密闭水箱受到破坏,需装安全阀。安全阀一般分为弹簧式和杠杆式两种,如图1-6(f)所示。

⑦延时自闭式冲洗阀

延时自闭式冲洗阀是直接安装在大便器冲洗管上的冲洗设备,具有体积小、外表洁净美观、不需水箱、使用便利、安装方便等优点,具有节约用水和防止回流污染等功能,如图1-6(g)所示。

(3)其他附件

①水表

水表是一种计量承压管道中流过水量累积值的仪表。按计量原理分为流速式水表和容积式水表;按显示方式可分为就地指示式水表和远传式水表。目前,建筑内部给水系统中广泛使用的是流速式水表。流速式水表是根据管径一定时,通过水表的水流速度与流量成正比的原理制成的。水流通过水表时推动翼轮旋转,翼片转轴传动一系列联动齿轮(减速装置),再传送到记录装置,在标度盘指针指示下便可读到流量的累积值。流速式水表按叶轮的构造不同,分为旋翼式(又称叶轮式)和螺翼式两种。旋翼式水表的叶轮转轴与水流方向垂直,阻力较大,起步流量和计量范围较小,多为小口径水表,用以测量小流量,如图1-7(a)所示。螺翼式水表叶轮转轴与水流方向平行,阻力较小,起步流量和计量范围比旋翼式水表大,适用于测量大流量,如图1-7(b)所示。

(a)旋翼式水表　　　　　(b)螺翼式水表

图1-7　流速式水表实物图

随着科学技术的发展,本着"三表出户"(水表、电表、热量表)及住宅智能化管理的原则,水表的设置方案由传统的户内计量向户外表井及远传自动计量方式转变。IC卡智能民用水表、IC卡智能工业水表及运转抄表系统已在现代民用建筑和工业建筑中使用,收到了良好的效果。智能水表实物图如图1-8所示。

(a)CPU卡远传水表　　(b)IC卡冷水表　　(c)大口径IC卡水表　　(d)远传水表

图1-8　智能水表实物图

②过滤器

过滤器如图 1-9 所示,它利用扩容原理,除去液体中含有的固体颗粒。过滤器安装在水泵吸水管、进水总表、住宅进户水表、自动水位控制阀等阀件前,保护设备免受杂质的冲刷、磨损、淤积和堵塞,保证设备正常运行,延长设备的使用寿命。

③倒流防止器

倒流防止器也称防污隔断阀,由两个止回阀中间加一个排水器组成,如图 1-10 所示。用于防止生活饮用水管道发生回流污染。倒流防止器与止回阀的区别是:止回阀只是引导水流单向流动的阀门,不是防止倒流污染的有效装置;倒流防止器具有止回阀的功能,而止回阀则不具备倒流防止器的功能,管道设倒流防止器后,不需再设止回阀。

④水锤消除器

水锤消除器如图 1-11 所示,在高层建筑物内用于消除因阀门或水泵快速开、关所引起的管路中压力骤然升高的水锤危害,减少水锤压力对管道及设备的破坏,可安装在水平、垂直甚至倾斜的管路中。

图 1-9　过滤器　　　　　　图 1-10　倒流防止器　　　　图 1-11　水锤消除器

**2.排水附件**

建筑排水系统常用附件有:地漏、存水弯、检查口、清扫口、通气帽等。

(1)地漏

地漏主要用于排除地面积水。通常设置在地面易积水或需经常清洗的场所,如浴室、卫生间、厨房、餐厅等场所,家庭还可用作洗衣机排水口,如图 1-12 所示。

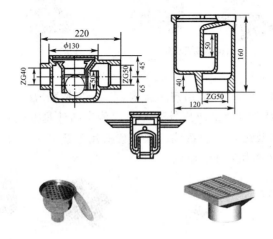

图 1-12　地漏

地漏一般用铸铁或塑料制成,有带水封和不带水封两种,布置在不透水地面的最低处,地漏在排水口处盖有箅子,箅子顶面应比地面低 5～10 mm,水封深度不得小于 50 mm,其周围地面应有不小于 0.01 的坡度坡向地漏(在施工中特别关注)。

(2)存水弯

存水弯是设置在卫生器具排水管上和生产污(废)水受水器泄水口下方的排水附件(坐便器除外),存水弯中的水柱高度 $h$ 称为水封,一般为 50～100 mm。其作用是利用一定高度的静水压力来抵抗排水管内气压变化,隔绝和防止排水管道内产生的难闻有害气体、可燃气体及小虫等通过卫生器具进入室内而污染环境。存水弯分为 P 形和 S 形两种,如图 1-13 所示。

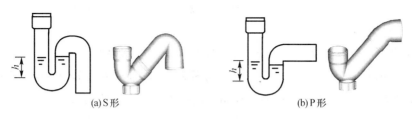

(a)S形  (b)P形

图 1-13　存水弯

(3)检查口

检查口是一个带压盖的开口短管,拆开压盖即可进行疏通工作。检查口设置在主管上,建筑物除最高层、最低层必须设置外,每隔一层设置一个。检查口一般距地面 1～1.2 m,并应高出该层卫生器具上边缘 0.15 m,如图 1-14 所示。

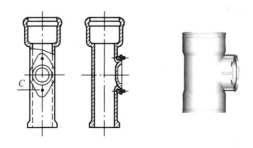

图 1-14　检查口

(4)清扫口

当悬吊在楼板下面的污水横管上有两个及两个以上的大便器或三个及三个以上的卫生器具时,应在横管的始端设清扫口,如图 1-15 所示。清扫口顶面宜与地面相平,也可采用带螺栓盖板的弯头、带堵头的三通配件作清扫口。为了便于拆装和清通操作,横管始端的清扫口与管道相垂直的墙面距离不得小于 0.15 m;采用管堵代替清扫口时,与隔面的净距离不得小于 0.4 m。

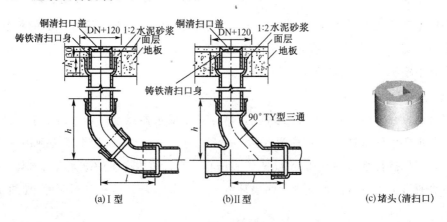

图 1-15 清扫口

(5)通气帽

通气帽设在通气管顶端,其形式一般有两种,如图 1-16 所示。

甲型通气帽采用 20 号钢丝按顺序编绕成螺旋形网罩,称为圆形通气帽,用于气候较温暖的地区;乙型通气帽是采用镀锌薄钢板制作而成的伞形通气帽,适用于冬季采暖室外温度低于-12 ℃的地区,以避免潮气结霜封闭钢丝网罩而堵塞通气口的现象。

图 1-16 通气帽

## 三、卫生器具

卫生器具又称卫生设备或卫生洁具,是供人们洗涤和物品清洗以及收集和排除生活、生产中产生的污(废)水的设备。卫生器具多由陶瓷、搪瓷、玻璃钢、塑料、不锈钢等材料制成。常用卫生器具按用途可分为以下几类:

便溺用卫生器具:包括大便器和小便器。

盥洗、淋浴用卫生器具:包括洗脸盆、盥洗槽、浴盆、淋浴器等。

洗涤用卫生器具:包括洗涤盆、污水盆等。

专用卫生器具:包括饮水器、妇女卫生盆、化验盆等。

**1. 便溺用卫生器具**

(1)大便器

大便器有坐式、蹲式和大便槽三种类型。坐式大便器多适用于住宅、宾馆类建筑,其他类型大便器多适用于公共建筑。

蹲式大便器有高水箱、低水箱、自闭式冲洗阀、脚踏自闭式冲洗阀等类型,其中常用的是高水箱蹲式大便器,自闭式冲洗阀蹲式大便器广泛应用于集体宿舍、公共卫生间等场所。高水箱蹲式大便器安装图如图 1-17 所示,自闭式冲洗阀蹲式大便器安装图如图 1-18 所示。

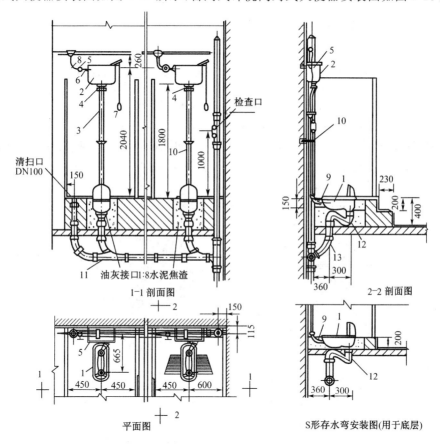

图 1-17 高水箱蹲式大便器安装图(埋地安装)

1—蹲式大便器;2—高水箱;3—冲洗管 DN32;4—冲洗管配件;5—角式截止阀 DN15;6—浮球阀配件;
7—拉链;8—弯头 DN15;9—橡皮碗;10—单管立式支架;11—45°斜三通 100 mm×100 mm;
12—存水弯 DN100;13—35°弯头 DN100

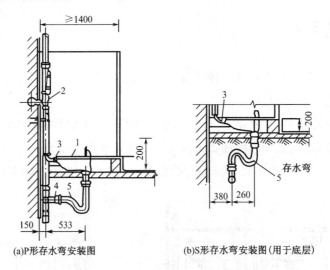

图 1-18　自闭式冲洗阀蹲式大便器安装图

1—蹲式大便器；2—自闭式冲洗阀；3—胶皮碗；4—TY 型三通；5—存水弯

坐式大便器简称坐便器，有直接冲洗式、虹吸式、冲洗虹吸联合式、喷射虹吸式和旋涡虹吸式等多种，当前广泛应用的是虹吸式冲洗方式，其安装图如图 1-19 所示。

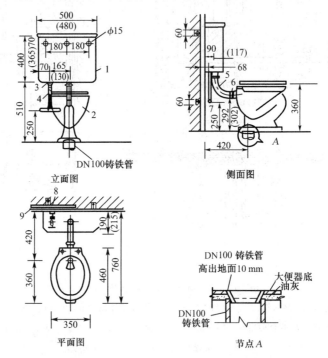

图 1-19　低水箱坐式大便器安装图

1—低水箱；2—坐式大便器；3—浮球阀配件；4—水箱进水管；5—冲洗管及配件 DN50；

6—锁紧螺栓；7—角式截止阀；8—三通；9—给水管

大便槽多用于建筑标准不高的公共建筑，由于卫生条件差，现已很少采用。

（2）小便器

小便器有挂式、立式和小便槽三种，小便器的冲洗设备可以采用手动冲洗阀、自动冲洗水箱。在大型公共建筑、学校、集体宿舍的男卫生间,由于同样的设置面积要求容纳更多人使用,故一般设置小便器。图 1-20 所示为挂式小便器安装图;图 1-21 所示为立式小便器安装图;图 1-22 所示为小便槽安装图。

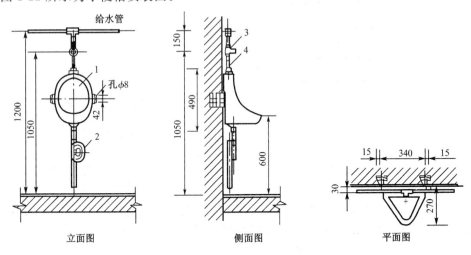

图 1-20　挂式小便器安装图
1—挂式小便器;2—存水弯;3—角式截止阀;4—短管

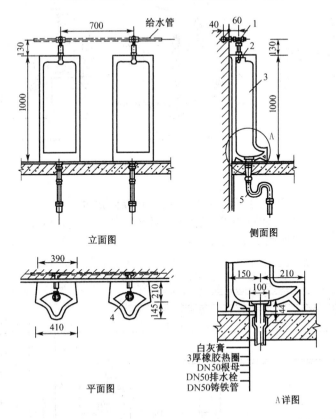

图 1-21　立式小便器安装图
1—延时自闭冲洗阀;2—喷水鸭嘴;3—立式小便器;4—排水栓;5—存水弯

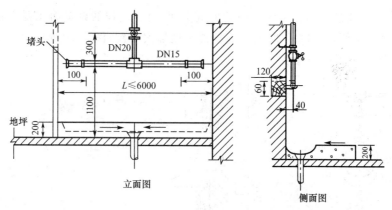

图 1-22　小便槽安装图

**2.盥洗、沐浴用卫生器具**

(1)洗脸盆

洗脸盆结构形状分为长方形、半圆形、三角形和椭圆形等；按安装方式可分为墙架式、柱脚式、台式等。图 1-23 是几种常见形式洗脸盆的安装图。

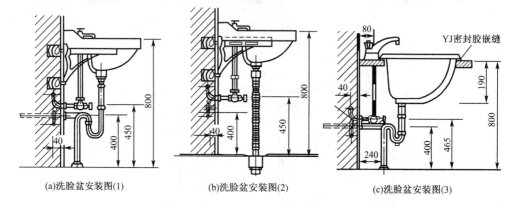

(a)洗脸盆安装图(1)　　　(b)洗脸盆安装图(2)　　　(c)洗脸盆安装图(3)

图 1-23　几种常见形式洗脸盆的安装图

(2)盥洗槽

盥洗槽多用于卫生标准要求不高的公共建筑和集体宿舍等场所。盥洗槽为现场制作的卫生设备，常用材料为瓷砖、水磨石等。形状有靠墙设的长条形盥洗槽和置于卫生间中间的圆形盥洗槽之分，安装图如图 1-24 所示。

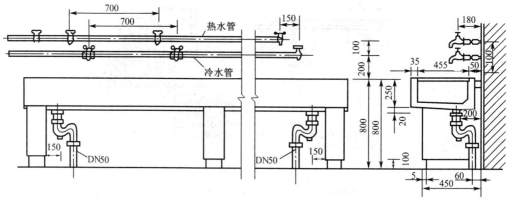

图 1-24　盥洗槽安装图

（3）浴盆

浴盆设在住宅、宾馆等建筑物的卫生间及公共浴室内，浴盆外形一般分为长方形、方形、椭圆形等。浴盆材质有钢板搪瓷、玻璃钢、人造大理石等；根据功能不同可分为裙板式、扶手式、防滑式、坐浴式、普通式等。随着人们生活水平的提高，具有保健功能的按摩浴盆、冲浪浴盆、旋涡浴盆应运而生。

浴盆一般设有冷、热水龙头或混合水龙头，并配有固定或活动式淋浴喷头，浴盆安装图如图 1-25 所示。

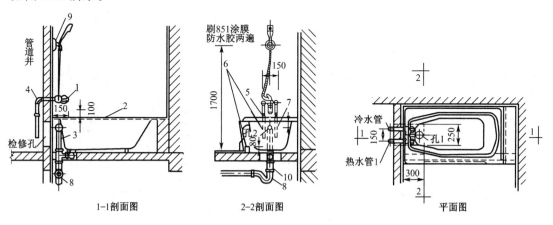

图 1-25　浴盆安装图

1—浴盆三连混合龙头；2—裙板浴盆；3—排水配件；4—弯头；5—活接头；
6—热水管；7—冷水管；8—存水弯；9—喷头固定架；10—排水管

（4）淋浴器

淋浴器一般安装在工业企业生活间、集体宿舍及旅馆的卫生间、体育场和公共浴室内。淋浴器具有占地面积小、使用人数多、设备利用低、耗水量小等优点。按配水阀和装置不同分为普通式、脚踏式、光电式等，淋浴器安装图如图 1-26 所示。

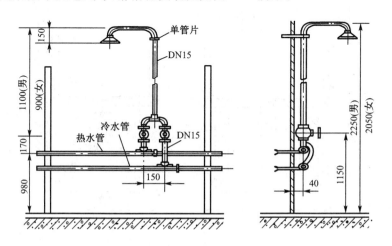

图 1-26　淋浴器安装图

**3.洗涤用卫生器具**

（1）洗涤盆

　　洗涤盆广泛用于住宅厨房、公共食堂等场所，具有清洁卫生、使用方便等优点，多为陶瓷、搪瓷、不锈钢和玻璃制器。洗涤盆可分为单格、双格和三格等；按安装方式不同，洗涤盆又可分为墙挂式、柱脚式和台式。洗涤盆安装图如图1-27所示。

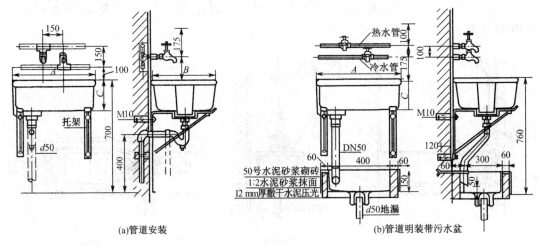

(a)管道安装　　　　　　　　　(b)管道明装带污水盆

图 1-27　洗涤盆安装图

（2）污水盆

　　污水盆一般设于公共建筑的厕所或盥洗室内，供洗涤清扫工具、倾倒污（废）水用。一般用水磨石制作或者用砖砌镶嵌瓷砖，多为落地式。污水盆安装图如图1-28所示。

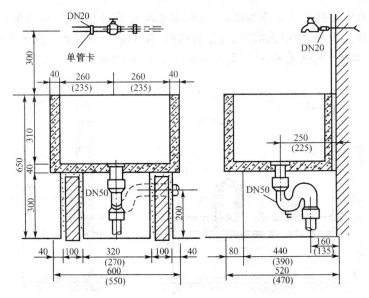

图 1-28　污水盆安装图

# 学习情境 2　建筑给水系统

## 一、建筑给水系统的分类

建筑给水系统按用途不同可分为生活给水系统、生产给水系统和消防给水系统三大类。

**1.生活给水系统**

生活给水系统主要满足民用、公共建筑和工业企业建筑内的饮用、洗漱、餐饮等方面要求，要求水质必须符合国家规定。根据用水水质和需求不同，生活给水系统又可分为普通生活饮用水系统、饮用净水（优质饮用水或称直饮水）系统和建筑中水（即水质介于"上"水和"下"水之间）系统。

**2.生产给水系统**

现代社会各种生产过程复杂，种类繁多，不同生产过程中对水质、水量、水压的要求差异很大。生产给水系统主要用于生产设备的冷却用水、原料和产品的洗涤用水、锅炉用水和某些工业原料用水等。

**3.消防给水系统**

为建筑物扑灭火灾用水而设置的给水系统称为消防给水系统。消防给水系统是大型公共建筑、高层建筑必不可少的一个组成部分。消防给水系统按照使用功能不同分为消火栓给水系统、自动喷洒灭火系统、雨淋系统、水幕系统等，将在拓展提高中详细介绍。

在建筑物中上述各种给水系统并不是孤立存在、单独设置的，而是根据用水设备对水质、水量、水压的要求及室外给水系统情况，考虑技术经济条件，将其中的两种或多种基本给水系统综合到一起使用，主要有以下几种方式：

①生活、生产共用给水系统；
②生产、消防共用给水系统；
③生活、消防共用给水系统；
④生活、生产、消防共用给水系统。

## 二、建筑给水系统的组成

建筑给水系统一般由以下各部分组成，如图 1-29 所示。

（1）引入管
引入管是室内给水管道和市政给水管网相连接的管段，也称进户管。

（2）建筑给水管网
建筑给水管网也称室内给水管网，是由干管、立管、支管等组成的管系，用于水的输送和分配。

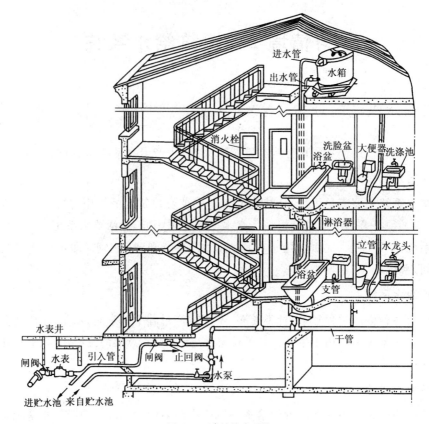

图 1-29　建筑给水系统

（3）给水附件

给水附件是指设置在给水管道上的各种配水龙头、阀门等装置。其作用是：在给水系统中控制流量大小，限制流动方向，调节压力变化，保障系统正常运行。常用的给水附件有配水龙头、闸阀、止回阀、安全阀、水锤消除器等。

（4）用水设备

设置在给水管道末端，指生活、生产用水设备或器具。

（5）升压和贮水设备

当市政给水管网提供的水量、水压不能满足建筑用水要求时，根据需要在系统中设置的水泵、水箱、水池、气压给水设备等称为升压或贮水设备。

（6）消防设备

根据《建筑设计防火规范》及《高层民用建筑设计防火规范》的规定，消防设备是指在建筑物内设置的消火栓系统、自动喷洒系统中的各种设备，如消火栓、水泵接合器、报警阀、闭式喷头、开式喷头等。

## 三、建筑给水方式

建筑给水方式是建筑给水系统的供水方案，是根据建筑物的性质、高度、建筑物内用水设备、卫生器具对水质、水压和水量的要求确定的。按照是否设置增压和储水设备情况，给水方式可分为以下几种：

**1. 直接给水方式**

由室外给水管网直接供水，为最简单经济的给水方式，如图 1-30 所示。适用于室外给水管网的水量、水压在一天内均能满足用水要求的建筑。

**2. 设水箱的给水方式**

设水箱的给水方式宜在室外给水管网供水压力周期性不足时采用。如图 1-31(a)所示，低峰用水时，可利用室外给水管网水压直接供水，并向水箱进水，水箱贮备水量。高峰用水时，室外给水管网水压不足，则由水箱向建筑内给水系统供

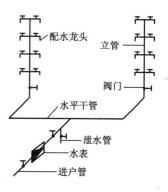

图 1-30 直接给水方式

水，也可以采用图 1-31(b)所示的给水方式，即建筑物下面几层由室外给水管网直接供水，建筑物上面几层采用设水箱的给水方式，这样可以减小水箱的容积。

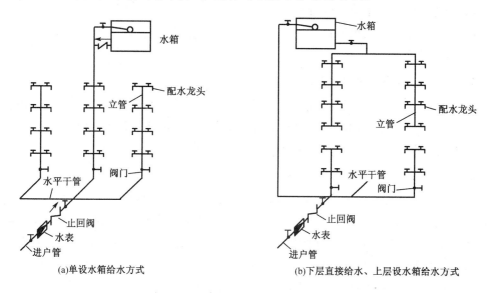

(a)单设水箱给水方式　　　　　(b)下层直接给水、上层设水箱给水方式

图 1-31 设水箱的给水方式

**3. 设水泵的给水方式**

室外给水管网的水压经常不足时常采用设水泵的给水方式。当建筑物内用水量大且较均匀时，可用恒速水泵供水；当建筑物内用水不均匀时，宜采用调速泵供水。因水泵直接从室外给水管网抽水，会使室外给水管网压力降低，影响附近用户用水，严重时还可能造成室外给水管网负压。为避免上述问题，可在系统中增设贮水池，采用水泵与室外给水管网间接连接的方式，如图 1-32 所示。变频调速水泵加压给水方式是目前建筑给水最常用的给水方式，有如下特点：

(1)水泵运行时能够满足室内给水系统所需水量、水压；

(2)水泵在变频装置控制下能实现软启动；

(3)节能，无水箱，占地面积小；

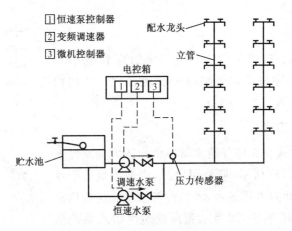

图 1-32　设水泵的给水方式

（4）水质不受水箱污染；

（5）能够自动调节水量、水压；

（6）适用于不停电的场所；

（7）自控程度高。

**4. 设水泵和水箱联合给水方式**

该给水方式如图 1-33 所示，适于室外给水管网压力低于或经常不能满足建筑物内给水管网所需的水压，且室内用水不均匀时采用。该给水方式的优点是水泵能及时向水箱供水，可缩小水箱的容积，又因有水箱的调节作用，水泵出水量稳定，能保持水泵在高效区运行。

**5. 气压给水方式**

气压给水方式即在给水系统中设置气压给水设备，利用该设备的气压罐内气体的可压缩性，升压供水，如图 1-34 所示。该给水方式宜在室外给水管网压力低于或经常不能满足建筑物内给水管网所需水压，室内用水不均匀，且不宜设置高位水箱的场所。它的优点是设备可在建筑物的任何高度上，便于隐蔽，安装方便，水质不易受污染，节省投资，建设周期短，便于实现自动化等；缺点是给水压力波动较大，能量浪费严重。

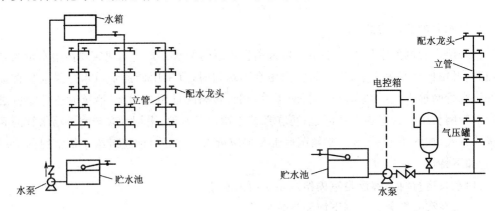

图 1-33　设水泵和水箱联合给水方式　　　　　图 1-34　气压给水方式

#### 6.分区给水方式

当室外给水管网的压力只能满足建筑物下层供水要求时,可采用分区给水方式,如图1-35所示。室外给水管网水压线以下楼层为低区,由室外给水管网直接供水,水压线以上楼层为高区,由升压贮水设备供水。可将两区的一根或几根立管相连,在分区处设阀门,以备低区进水管发生故障或室外给水管网压力不足时,打开阀门由高区水箱向低区供水。

#### 7.分质给水方式

根据不同用途所需的水质不同,分别给水,如图1-36所示。饮用水给水系统供饮用、烹饪、盥洗等生活用水,水质符合《生活饮用水卫生标准》。杂用水给水系统水质较差,仅符合《生活杂用水水质标准》,只能用于建筑物内冲洗便器、绿化、洗车、扫除等。

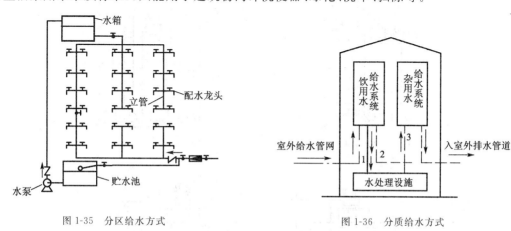

图1-35　分区给水方式

图1-36　分质给水方式
1—生活废水;2—生活污水;3—杂用水

#### 8.高层建筑给水方式

高层建筑给水采用分区给水方式,可分为串联给水方式、并联给水方式和减压给水方式三种。

(1)串联给水方式

各分区均设有水泵和水箱,上区水泵从下区水箱中抽水。这种给水方式的优点是各区水泵扬程和流量按本区需要设计,使用效率高,能源消耗小,水泵压力均衡,扬程较小,水锤影响小。缺点是水泵分散布置,维护管理不便,若下区发生事故,上部分区的供水受影响,供水可靠性差;且水泵设在楼层中,消声减震设备要求高。串联给水方式如图1-37所示。

(2)并联给水方式

这种给水方式各区设置独立的水箱和水泵,水泵集中设置在建筑物底层或地下室,各区水泵独立向各自分区的水箱供水。这种给水方式的优点是若某区发生事故,各区管网互不影响,供水可靠性有保障,将水泵集中布置,管理维护方便。缺点是上区水泵出水压力高,管线长,设备费用增加。并联给水方式如图1-38所示。

(3)减压给水方式

减压给水方式分为减压水箱给水方式和减压阀给水方式。这两种方式的共同点是建筑物的用水量全部由设置在底层的水泵提升至屋顶总水箱,再由此水箱向下区减压供水。

减压水箱给水方式是把屋顶总水箱的水分送至各分区水箱,分区水箱起减压作用,如图

1-39(a)所示。

　　减压阀给水方式与减压水箱给水方式的不同之处在于以减压阀代替减压水箱,其优点是减压阀不占用楼层面积,缺点是水泵运行费用较高,如图1-39(b)所示。

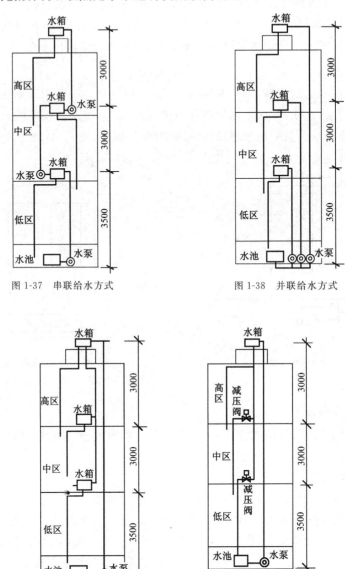

图 1-37　串联给水方式　　　　　　　图 1-38　并联给水方式

(a)减压水箱给水方式　　　　　　(b)减压阀给水方式

图 1-39　减压给水方式

# 四、升压给水设备

## 1. 水泵

(1)水泵的工作原理

水泵是给水系统中的主要升压设备。离心泵在给水工程中最为常见,其工作过程示意图如图 1-40 所示。水泵在启动前需充满水,启动后水在叶轮带动下旋转,从而使能量增加,同时在惯性力作用下产生离心方向的位移,沿叶片之间通道流向机壳,机壳收集从叶轮排出的水,导向压出口排出。当叶轮中流体沿离心方向运动时,叶轮吸入口压强降低,形成真空,在大气压力的作用下,水由吸入口进入叶轮,使水泵连续工作。

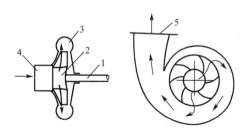

图 1-40　离心泵工作过程示意图
1—轴;2—叶轮;3—机壳;4—吸入口;5—压出口

(2)水泵的基本参数

①流量

泵在单位时间内输送水的体积,称为泵的流量,用 $Q_b$ 表示,单位为 $m^3/h$ 或 $L/s$。

②扬程

单位重量的水在通过水泵以后获得的能量,即泵出口总水头与进口总水头之差,用 $H_b$ 表示,单位为 $mH_2O$ 或 kPa。

水泵扬程取决于给水系统所需压力,如图 1-41 所示,由下式计算

$$H = H_1 + H_2 + H_3 + H_4$$

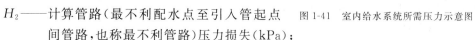

图 1-41　室内给水系统所需压力示意图

式中　$H$——室内给水系统所需的水压(kPa);

$H_1$——最不利配水点与室外引入管起点间静压差(kPa);

$H_2$——计算管路(最不利配水点至引入管起点间管路,也称最不利管路)压力损失(kPa);

$H_3$——水流通过水表压力损失(kPa);

$H_4$——最不利配水点所需流出水头(kPa),一般可取 15~20 kPa。

考虑适当的安全流量,水泵扬程为

$$H_b = (1.1 \sim 1.2)H$$

③轴功率

轴功率是指水泵在单位时间内做的功,即水泵从电动机处获得的全部功率,用 $N$ 表示,单位为 kW。

④效率

因水泵工作时,其本身也有能量损失,把水泵输出功率($N_u$)与轴功率的比称为效率,用 $\eta$ 表示,即

$$\eta = \frac{N_u}{N} < 1$$

⑤转数

叶轮的转数用 $n$ 表示,单位为 r/min。

⑥允许真空高度

当叶轮进口处的压力低于水的饱和气压时,水就会发生汽化形成大量气泡,使水泵产生噪声和震动,严重时甚至产生气蚀现象而损伤叶轮。为防止此类现象,应要求水泵进口的真空高度不小于允许真空高度。允许真空高度用 $H_a$ 表示,单位为 $mH_2O$ 或 kPa。

上述参数中,以流量和扬程最为重要,是选择水泵的主要依据。水泵铭牌上型号意义可参照水泵样本。

**2. 水箱和水池**

水箱和水池是建筑给水系统中的贮水设备,水箱一般用钢板现场加工,或采用厂家预制,现场拼装。水池一般采用现浇混凝土结构,要求防水良好。水箱及水箱配管如图 1-42 所示。

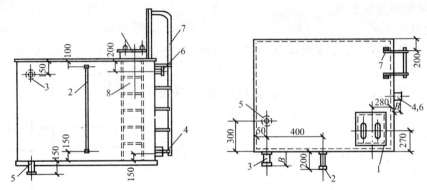

图 1-42　水箱及水箱配管

1—人孔;2—水位计;3—溢流管;4—出水管;5—排污管;6—进水管;7—外人梯;8—内人梯

(1)进水管

水箱进水管上应设浮球阀,且不少于两个,在浮球阀前应设置阀门。进水管管顶上缘至水箱上缘应有 150～200 mm 的距离。

(2)出水管

管口下缘应高出箱底 50 mm 以上,一般取 150 mm,以防污物流入配水管网。

(3)溢流管

溢流管应高于设计最高水位 50 mm,管径应比进水管大 1～2 号。溢流管上不允许设置阀门。

(4)水位信号

安装在水箱壁溢流口以下 10 mm 处,管径 10～20 mm,信号管另一端到值班室的洗涤盆处,以便随时发现水箱浮球阀失灵而及时修理。

(5)排污管

排污管为放空水箱和冲洗箱底积存污物而设置,管口由水箱最底部接出,管径 40～50 mm。在排污管上应加装阀门。

(6)通气管

对于生活饮用水箱,储水量较大时,宜在箱盖上设通气管,使水箱内空气流通,其管径一般不小于 50 mm,管口应朝下并设网罩。

### 3.气压给水设备

气压给水设备主要由气压罐、水泵、空气压缩机、控制器材等组成,气压给水设备按压力稳定情况分为变压式和交(恒)压式两类,如图 1-43 所示。

其工作原理为气压罐内空气的起始压力高于给水系统所必需的设计压力,水在压缩空气的作用下,被送往配水点,随着罐内水量减少,空气压力也减小到规定的下限值,在压力继电器的作用下,水泵自动启动,将水压入罐内和配水系统;当罐内水位逐渐上升到最高位时,压力也达到了规定的上限值,压力继电器切断电路,水泵停止工作,如此往复循环。

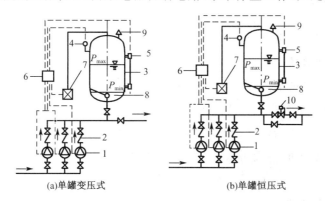

(a)单罐变压式　　　　　　(b)单罐恒压式

图 1-43　气压给水设备

1—水泵;2—止回阀;3—气压罐;4—压力继电器;5—准信号器;6—控制器;
7—空气压缩机;8—排气阀;9—安全阀;10—压力调节阀

### 4.变频调速给水装置

变频调速给水装置主要由压力传感器、变频电源、调节器和控制器组成。

变频调速给水装置工作原理图如图 1-44 所示。其工作原理是当给水系统中流量发生变化时,扬程也随之发生变化,压力传感器不断地向微机控制器输入水泵出水管压力的信号,当测得的压力值大于设计给水量对应的压力值时,微机控制器向变频调速器发出降低电流频率的信号,使水泵转速降低,水泵出水量减少,水泵出水管压力下降;反之亦然。

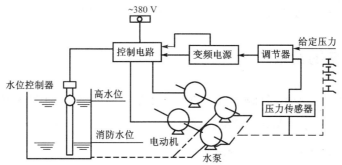

图 1-44　变频调速给水装置工作原理图

该装置节省投资,比建水塔节省 $50\%\sim70\%$,比建高位水箱节省 $30\%\sim60\%$,比气压罐节省 $40\%\sim45\%$。

# 学习情境 3　建筑排水系统

建筑排水系统是将房屋卫生设备和生产设备排除出来的污水(废水)以及降落在屋面上的雨、雪水,通过室内排水管道排到室外排水管道中去。

## 一、排水系统的分类

按所排除的污(废)水的性质不同,建筑排水系统分成以下三类:

### 1. 生活污(废)水系统

人们日常生活中排泄的洗涤水称为生活废水,生活废水经过处理可作为杂用水,也称中水,可用来冲洗厕所、浇洒绿地、冲洗汽车等。从大、小便器排出的污水称为粪便污水。粪便污水和生活废水总称为生活污水。排除生活污水的管道系统称为生活污(废)水系统。当生活污水需经化粪池处理时,粪便污水宜与生活废水分流;有污水处理厂时,生活废水与粪便污水宜合流排出。

### 2. 工业污(废)水系统

工业废水包括生产废水和生产污水。未受污染或污染较轻,如仅为水温升高冷却水,称为生产废水;污染严重,如食品工业产生的被有机物污染的废水以及冶金、化工等工业排出的含有重金属等有毒物和酸、碱性废水,称为生产污水。生产废水可直接排放或经简单处理后重复利用;污染严重的生产污水,必须经处理后方可排放。工业废水一般均应按排水性质分流设置管道排出。

### 3. 雨(雪)水系统

屋面上的雨水和融化的雪水,应由管道系统排出。工业废水如不含有机物,而仅带大量泥沙、矿物质时,经机械处理(如设沉淀池)后可排入非密闭系统的雨水管道。

## 二、排水系统的组成

建筑排水系统一般由污(废)水受水器、排水管道、通气管、清通设备等组成,如污水需进行处理时,还应有污水局部处理设施。室内排水系统的组成如图 1-45 所示。

### 1. 污(废)水受水器

污(废)水受水器是指卫生器具、排放工业废水的设备及雨水斗等。

### 2. 排水横支管

排水横支管的作用是将各卫生器具排水管流出来的污水排至立管。横支管中水的流动属重力流,因此,管道应有一定的坡度坡向立管。其最小管径应不小于 50 mm,粪便排水管径不小于 100 mm。

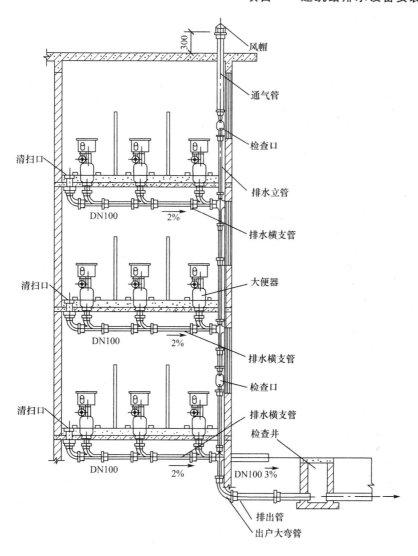

图 1-45　室内排水系统的组成

**3. 排水立管**

排水立管承接各楼层横支管流出的污水,然后再排入排出管。为了保证排水通畅,立管的最小管径不得小于 50 mm,也不能小于任何一根与其相连的横支管管径。

**4. 排出管**

排出管是室内排水立管与室外排水检查井之间的连接管路,它接受一根或几根立管流来的污水并排入室外排水管网。排出管的管径不能小于任何一根与其相连的立管管径。排出管一般埋设在地下,坡向室外排水检查井。

**5. 通气管**

一般层数不变、卫生器具较少的建筑物,仅设排水立管上部延伸出屋顶的通气管;对于层数较多的建筑物或卫生器具设置较多的排水系统,应设辅助通气管及专用通气管,以使排水系统气流畅通,压力稳定,防止水封破坏,通气管形式如图 1-46 所示。

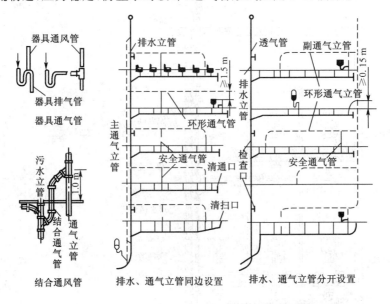

图 1-46 通气管形式

### 6. 清通设备

清通设备指疏通管道用的检查口、清扫口、检查井及带有清通门的 90° 弯头或三通接头设备,其中检查口、清扫口前已述及。检查井如图 1-47 所示。

### 7. 污水抽升设备

民用建筑物的地下室、人防建筑物、高层建筑物的地下技术层等地下建筑物内的污水不能自流排至室外时,必须设置抽升设备。常用的污水抽升设备有潜水泵、气压扬液器、手摇泵和喷射器等。

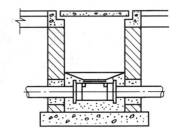

图 1-47 检查井

### 8. 污水局部处理设施

当室内污水未经处理不允许直接排入城市排水管道或污染水体时,必须予以局部处理。民用建筑常用的污水局部处理设施有化粪池、隔油池、沉沙池和中和池等。

## 三、高层建筑排水系统

高层建筑排水立管长,排水量大,立管内气压波动大,因而通气系统设置的优劣对排水的畅通有较大影响,通常应设环形通气管或专用通气管,前已述及。一般通气管管径不小于排水管的 1/2。

若采用单立管排水,则多使用苏维脱排水系统,即在主管与横管的连接处设气水混合器(俗称混流器),在立管底部转弯处设气水分离器(俗称跑气器),以保证排水系统的正常工作,如图 1-48 所示。

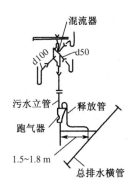

图 1-48 单立管排水系统混流器和跑气器安装示意图

除此之外,还有旋流排水系统和芯型排水系统,其特殊立管配件见表 1-3。

表 1-3 特殊立管配件

| 特殊接头 | 混合器 | 旋流器 | 环流器 | 环旋器 |
|---|---|---|---|---|
| 简图 | | | | |
| 构造特点 | 1.乙字管<br>2.缝隙<br>3.隔板 | 1.盖板<br>2.叶轮<br>3.隔板<br>4.侧管(污水) | 1.内管<br>2.扩大室 | 1.内管<br>2.扩大室 |
| 横管接入方式 | 三向平接入 | 垂直方向接入 | 环向正对接入 | 环向旋切接入 |

高层建筑排水管管材多用高强度铸铁管,国外多用钢管。管道接头应采用弹性较好的材料,并适应抗震要求。立管底部与排出管的连接弯头应采用钢制材料。

## 四、屋面雨水排放

屋面雨水排放方式一般可分为外排水和内排水两种。

**1.外排水系统**

外排水系统包括檐沟外排水和天沟外排水。

(1)檐沟外排水(水落管外排水)

雨水通过屋面檐沟汇集后,沿外墙设置的水落管排泄至地下管沟或地面明沟,多用于一般的居住建筑、屋面面积较小的公共建筑及单跨的工业建筑。水落管多用镀锌铁皮制成,截面为矩形或半圆形,其截面尺寸为 100 mm×80 mm 或 120 mm×80 mm,也可用铸铁管或石棉水泥管。设置间距:民用建筑为 12~16 m;工业建筑为 18~24 m。檐沟外排水示意图如图 1-49 所示。

（2）天沟外排水

利用屋面构造所形成的长天沟本身的容量和坡度,使雨水向建筑物两墙(山墙、女儿墙)方向流动,并由雨水斗收集经墙外的排水立管排至地面、明沟、地下、管沟或流入雨水管道。天沟流水长度以 40~50 m 为宜,以伸缩缝、沉降缝或抗震缝为分水岭,最小坡度为 0.003。天沟外排水示意图及连接点详图如图 1-50 所示。

**2. 内排水系统**

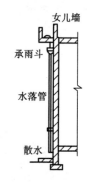

图 1-49 檐沟外排水示意图

内排水是指屋面设雨水斗,通过建筑物内部设置雨水管道的雨水系统。适用于大面积建筑屋面及多跨的工业厂房。此外,高层建筑、大面积平屋顶民用建筑以及对建筑立面处理要求较高的建筑物,也宜采用内排水系统。

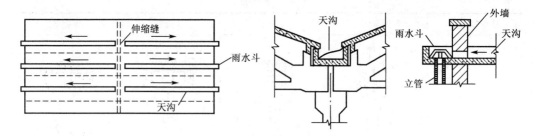

图 1-50 天沟外排水示意图及连接点详图

内排水系统由雨水斗、连接管、悬吊管、立管、排出管、埋地横管、检查井及清通设备等组成,如图 1-51 所示。

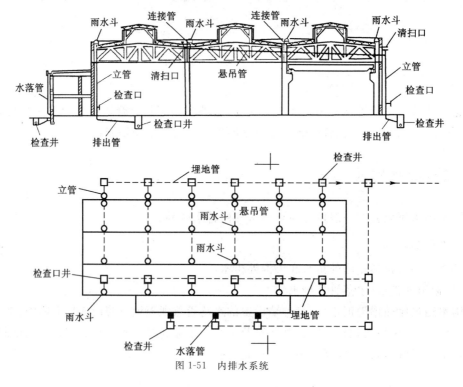

图 1-51 内排水系统

（1）雨水斗

雨水斗的作用是收集和排除屋面的雨（雪）水，常用的有 65 型、79 型和 87 型雨水斗。65 型雨水斗为铸铁浇铸，具有导流性能好、排水能力大、泄流时天沟水位低且平稳、漩涡较少、掺气量较少等特点，65 型雨水斗的规格一般为 100 mm，如图 1-52 所示。

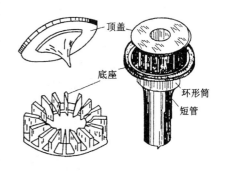

图 1-52　65 型雨水斗

（2）连接管

连接管是连接雨水斗和悬吊管的一段竖向短管。一般与雨水斗同径，且不宜小于 100 mm，管材多采用铸铁管、钢管和给水 UPVC 塑料管。

（3）悬吊管

悬吊管是连接雨水斗和立管的管段，是内排水系统中架空布置的横向管道，其管径不小于连接管，且不大于 300 mm。管材可采用铸铁管和给水 UPVC 管，悬吊管沿屋架悬吊，坡度不小于 0.005，坡向立管。悬吊管与连接管、立管连接时宜采用 45°三通或 90°斜三通。

（4）立管

雨水立管通常沿柱布置，接纳悬吊管或雨水斗流来的雨水，立管在距地面 1 m 处要装设检查口，立管管径不得小于悬吊管管径。

（5）排出管

排出管是立管和检查井间的一段较大坡度的横向管道，管径不得小于立管。排出管与下游埋地管在检查井中宜采用管顶平接，水流转角不得小于 135°。

（6）埋地横管

埋地横管敷设于室内地下，承接立管的雨水，并将其排至室外雨水管道。最小管径 200 mm，最大不超过 600 mm。埋地横管一般采用混凝土管、钢筋混凝土管或带釉陶土管。

（7）附属构筑物

附属构筑物包括检查井、检查口和排气井，用于雨水管道的清扫、检修、排气。井深不小于 0.7 m，井内接管采用顶平接，水平转角不得小于 135°。

## 五、污水局部处理设施

### 1. 化粪池

化粪池是较简单的污水沉淀和污泥消化处理构筑物。其主要作用是使生活粪便污水沉淀，使污水与杂物分离后进入排水管道。化粪池的形式有圆形和矩形两种。矩形化粪池由两格或三格污水池和污泥池组成，如图 1-53 所示。格与格之间设有通气孔洞。池的进水管口应设导流装置，使进水均匀分配。化粪池可采用砖砌筑或钢筋混凝土浇筑。通常池底采用混凝土,四周和隔墙用砖砌筑,池顶用钢筋混凝土板铺盖,盖处设有入孔。化粪池的池壁和池底应有防止地下水、地表水进入池内和防止渗漏的措施。

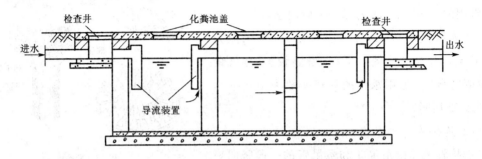

图 1-53 化粪池

### 2.隔油池

隔油池是截流污水中油类物质的局部处理构筑物。含有较多油脂的公共食堂和饮食业的污水,应经隔油池局部处理后才能排放,否则油污进入管道后,随着水温下降,将凝固并附着在管壁上,缩小甚至堵塞管道。隔油池如图 1-54 所示。

### 3.沉沙池

汽车库内冲洗汽车或施工中排出的污水含有大量的泥沙,在排入城市排水管道之前,应设沉沙池,以除去污水中粗大颗粒杂质。小型沉沙池的构造如图 1-55 所示。

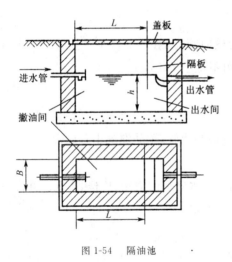

图 1-54 隔油池

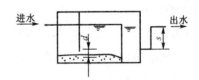

图 1-55 小型沉沙池的构造

$s$—水封深度,$s \geqslant 100$ mm;

$d$—沙坑深度,$d \geqslant 100$ mm

# 学习情境 4　建筑给排水施工图识读

## 一、建筑给排水施工图的组成及内容

建筑给排水施工图一般由平面图、系统轴测图、局部详图、设计说明及主要设备材料表几部分组成。

**1. 平面图**

建筑给排水平面图表示建筑物内各层给排水管道及卫生设备的平面布置情况,其内容包括:

①各用水设备的类型及平面位置;

②各干管、立管、支管的平面位置,立管编号和管道的敷设方式;

③管道附件(阀门、水表、消防栓等)的平面位置、规格、种类、敷设方式等;

④给水引入管和污水排出管的平面位置、编号以及与室外给排水管网的联系。

平面建筑给排水平面图一般采用与建筑平面图相同的比例,常用比例 1∶100,必要时也可绘制卫生间大样图,比例采用 1∶50、1∶30 或 1∶20 等。

多层建筑给排水平面图,原则上应分层绘制。管道与卫生器具相同的楼层可以绘制一张给排水平面图,但首层必须单独绘制,当层顶设水箱间时,应绘制层顶给排水平面图。

**2. 系统轴测图**

给排水系统分别绘制给水系统图、排水系统图,采用 45°轴测投影原理反映管道、设备的空间位置关系。其主要内容包括:

①给水引入管、干管、立管、支管等管道空间走向;

②排水排出管、排水横管、排水立管的空间走向;

③各种管道的管径、标高、坡度及坡向、立管编号;

④给排水管道附件的位置、形成规格等。

给排水系统轴测图一般采用与平面图相同的比例,必要时也可放大或缩小,不按比例绘制。轴测图中的标高均为相对标高(相对室内地面),给水管道及附件设置标高通常在绘制给排水施工图时标注中心线标高,排水管道及附件通常标注管底标高。给排水管道及附件的表示方法均应按照《给水排水制图标准》(GB/T 50106—2001)中规定的图例绘制。

**3. 局部详图**

凡在以上图中无法表达清楚的局部构造或由于比例的原因不能表达清楚的内容,必须绘制局部详图。局部详图应优先采用通用标准图,如卫生器具安装、阀门井、水表井、局部污水处理构筑物等,详见《给水排水标准图集 S1～S4》(2004 版)。

### 4. 设计说明及主要设备材料表

凡是图纸中无法表达或表达不清的内容,必须用文字说明。设计说明包括设计依据、执行标准、设计技术参数、采用材料、连接方式、质量要求、设计规格、型号、施工做法及设计图中采用标准图集的名称及页码等,还应附加施工绘制的图例。

为了使施工准备的材料和设备符合设计要求,设计人员还需编制主要设备材料明细表,将施工图中涉及的主要设备、管材、阀门、仪表等一一列入编号。

## 二、建筑给排水施工图的识读举例

现以某三层综合楼给排水工程为例,介绍识读建筑给排水施工图的方法。

### 1. 熟悉图纸目录,了解设计说明,明确设计要求

设计说明可以写在平面图或系统图上,也可以单独成图作为整套施工图的首页。详见图 1-56 设计说明部分。

### 2. 将给水排水平面图和系统图对照识读

建筑给排水施工图的主要图纸是平面图和系统图,识读时必须将平面图和系统图对照起来看,明确管道、附件、器具、设备的空间位置关系,具体识读方法应以系统为识读对象,沿水流方向看图。给水管道:引入管→干管→立管→支管→用水设备或卫生器具进水接头(或水龙头);排水管道:器具排水管→排水横支管→排水立管→排水干管→排出管。

根据图 1-57,结合图 1-56 可知,该办公楼的给水系统只有一个,即 J/1 系统;排水系统分两个:P/1、P/2。一层设有一套卫生间,卫生间内有一个洗脸盆,一个拖布池,一个坐式大便器和一个地漏,并设有给水立管 JL-1、JL-2,排水立管 PL-1、PL-2,底层给水由给水立管 JL-1 提供,污水由 P/2 系统单独排出。

根据图 1-58,结合图 1-56 可知,二层也设有一套卫生间,卫生间内有一个洗脸盆、一个拖布池、一个坐式大便器和一个地漏,与一层卫生间在同一位置,给水和排水共用一根立管。

根据图 1-59,结合图 1-56 可知,三层设有两套卫生间,一套卫生间位置和卫生器具与一、二层相同,另一套卫生间设有一个坐式大便器、一个洗脸盆、一个地漏和一个整体浴房,给水由给水立管 JL-2 提供,污水由 P/1 系统排出。

### 3. 结合平面图、系统图及设计说明识读详图

室内给排水详图包括节点图、大样图、标准图,主要是管道节点、水表、消火栓、水加热器、卫生器具、套管、开水炉、排水设备、管道支架的安装图及卫生间大样图等。图中须注明详细尺寸,供安装时直接使用。

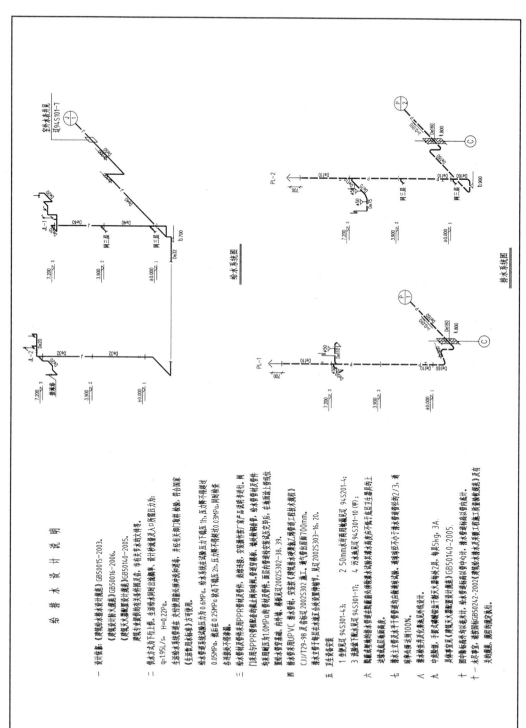

图 1-56　设计说明、给水系统图、排水系统图

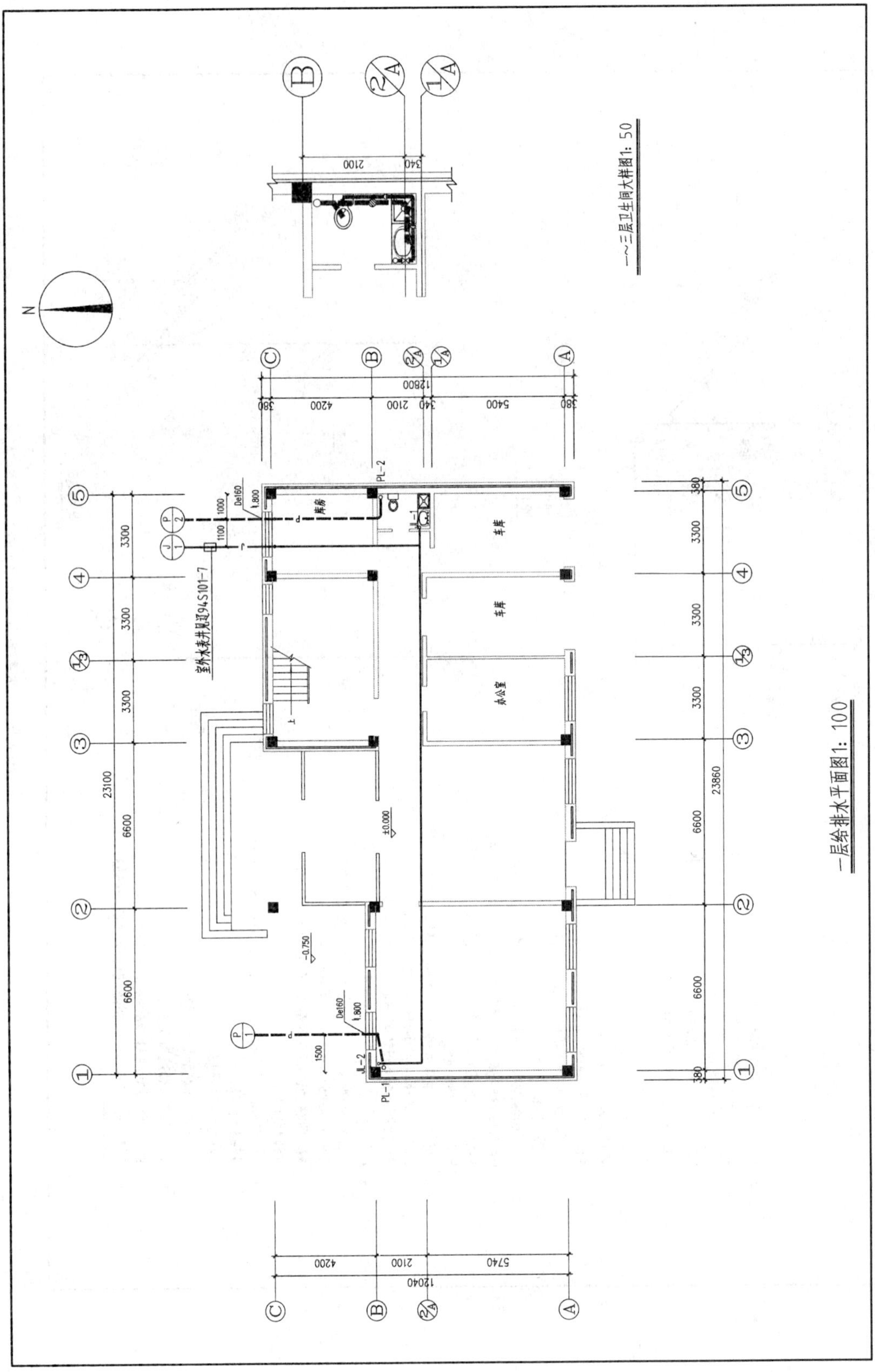

一层卫生间大样图1∶50

一层给排水平面图1∶100

一层给排水平面图

图 1-57 一层给排水平面图

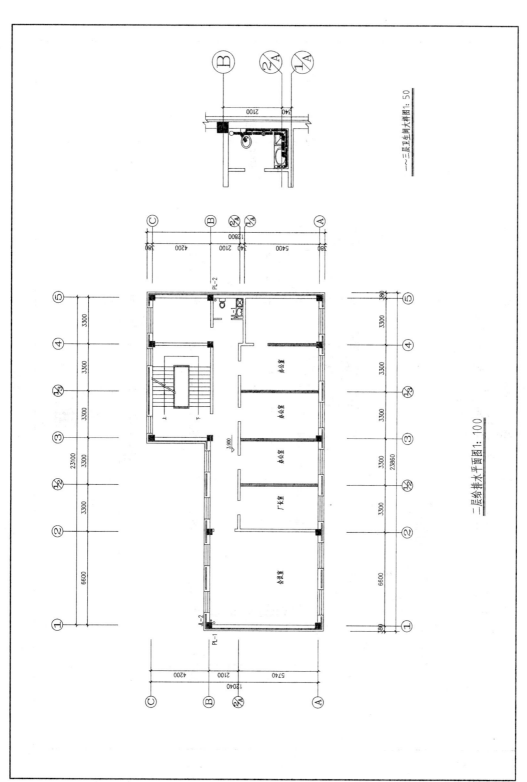

图 1-58 二层给水排水平面图

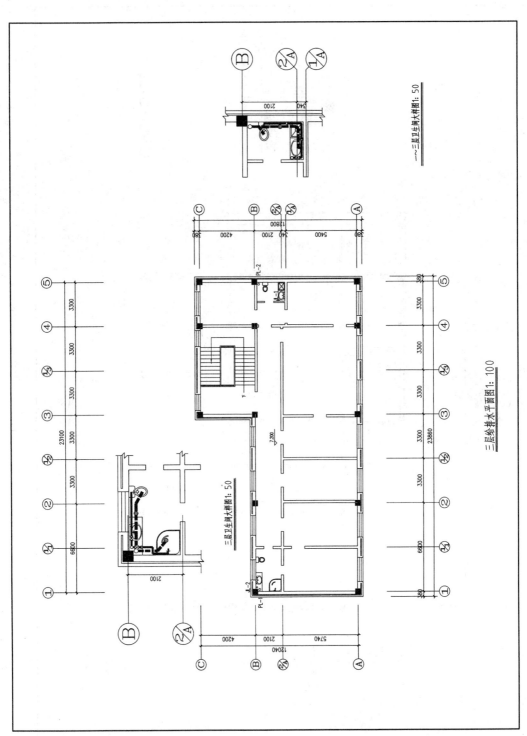

图 1-59 三层给水排水平面图

# 学习情境 5　给排水工程安装与土建配合

室内给排水管道及卫生器具安装是在建筑主体工程完成后、内外墙装饰前(或根据实际情况也可同时进行),应与土建施工密切配合,做好预留各种孔洞、管道预埋件等施工准备工作。施工时严格按照《建筑给水排水及采暖工程施工质量验收规范》(GB 50242—2002)执行。

## 一、卫生间布置要求

《住宅设计规范》(GB 50096—1999)(2003 年版)规定:设大便器、洗浴器、洗面器三件卫生器具的卫生间面积不小于 3 m²;设大便器、洗浴器两件卫生器具的卫生间的面积不小于 2.5 m²;设大便器、洗面器两件卫生器具的卫生间的面积不小于 2 m²。

①卫生间内卫生器具单件布置及间距,如图 1-60 所示。

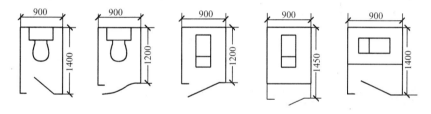

图 1-60　卫生间内卫生器具单件布置及间距

②卫生间内卫生器具两件布置及间距,如图 1-61 所示。

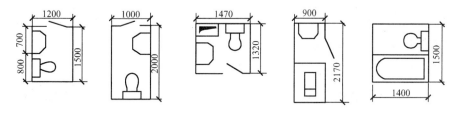

图 1-61　卫生间内卫生器具两件布置及间距

③卫生间内卫生器具三件布置及间距,如图 1-62 所示。

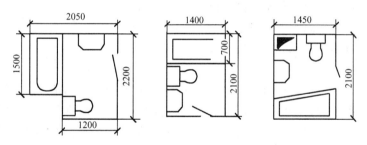

图 1-62　卫生间内卫生器具三件布置及间距

④卫生间内预留洗衣机位置布置及间距,如图 1-63 所示。

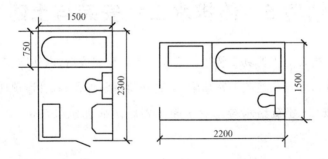

图 1-63　卫生间内预留洗衣机位置布置及间距

⑤宾馆卫生间内卫生器具布置及间距,如图 1-64 所示。

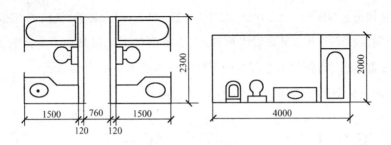

图 1-64　宾馆卫生间内卫生器具布置及间距

## 二、给水管道布置、敷设与安装

**1.室内给水管道安装程序框图**

室内给水管道安装程序框图如图 1-65 所示。

**2.室内给水管道的布置与敷设要求**

(1)引入管

引入管一般采用直接埋地方式,也可与采暖管道同沟引入,但应布置在热水或蒸汽管道下方。引入管与其他管道应保持必要间距。

①与污水排出管的水平间距不得小于 1 m;

②与煤气管道引入管的水平间距不得小于 0.75 m;

③与电线管的水平间距不得小于 0.75 m;

④引入管应有不小于 0.003 的坡度,坡向室外管网。

引入管穿过承重墙或基础时,应预留孔洞,尺寸见表 1-4,管上部预留净空不得小于建筑物沉降量,且不小于 0.1 m。洞口空隙内应用黏土填实,外抹防水的水泥砂浆。引入管进入建筑物内有两种做法,一种是从浅基础下面通过,如图 1-66(a)所示;另一种是穿过建筑物基础或地下室墙壁,如图1-66 (b)所示。引入管穿越地下室或地下构筑物外墙时,应采取防水措施,根据情况采用柔性防水套管或刚性防水套管。

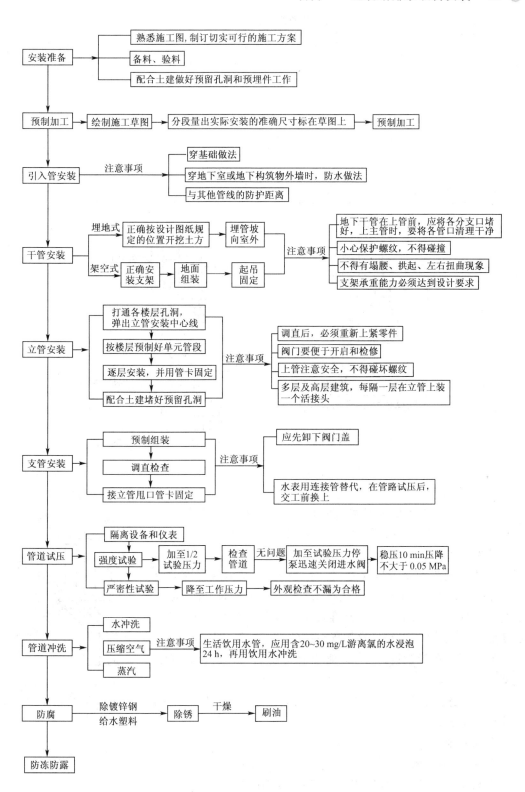

图 1-65　室内给水管道安装程序框图

表 1-4　　　　　　　　　　给水管预留孔洞、墙槽尺寸表　　　　　　　　　　mm

| 管道名称 | 管径 | 明装预留孔洞(高×宽) | 暗装墙槽(宽×深) |
|---|---|---|---|
| 立管 | ≤25 | 100×100 | 130×130 |
| | 32～50 | 150×150 | 150×130 |
| | 70～100 | 200×200 | 200×200 |
| 两根立管 | ≤32 | 150×100 | 200×130 |
| 横支管 | ≤25 | 100×100 | 60×60 |
| | 32～40 | 150×130 | 150×100 |
| 引入管 | ≤100 | 300×200 | |

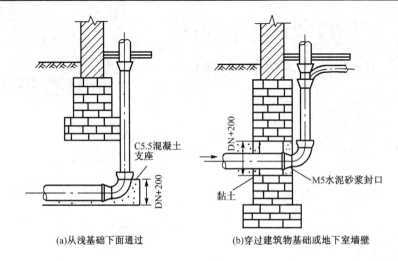

(a)从浅基础下面通过　　　　(b)穿过建筑物基础或地下室墙壁

图 1-66　引入管进入建筑物

（2）水平干管

给水干管敷设方法有沿墙、梁、柱、地板暴露敷设的明装和在地下室、天花板下或吊顶中以及管沟、管井、管廊、管槽中敷设的暗装两种方式。给水干管不得从抗震圈梁中穿过；上行下给式的干管应有保温措施以防结露；给水干管与其他管道同沟或共架敷设时，给水管道应布置在排水管、冷冻水管的上面，热水管在冷管的下面，水平干管不宜穿过建筑物的沉降缝和伸缩缝，必要时可采用橡胶软管法、丝扣弯头法(图 1-67)等措施。

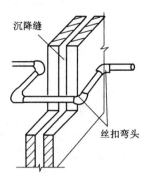

图 1-67　丝扣弯头法

水平干管布置敷设时，与其他管道及建筑构件应保持必要间距：

①与排水管道水平间距不得小于 0.5 m，垂直间距不得小于 0.15 m，且给水干管应在排水管的上方；

②与其他管道的净距不得小于 0.1 m；

③与墙、地沟壁的净距不得小于 0.08～0.1 m；

④与梁、柱、设备的净距不得小于 0.05 m；

⑤水平干管应有 0.002～0.005 的坡度坡向泄水点。

（3）立管

给水立管安装可分为明装与暗装(安装于管道竖井内或墙槽内)，给水立管穿墙、穿楼板应预留孔洞，见表1-4。

给水立管与排水立管并行时，应置于排水立管外侧；与热水立管(蒸汽立管)并行时，应置于热水立管右侧。立管穿过楼板时，应加装套管，并高出地面20～50 mm，楼板内不应设立管接口，立管卡子的安装应符合下列要求：

①当层高小于或等于5 m时，每层需安装一个立管卡子；当层高大于5 m时，每层不得少于两个。

②管卡应安装在距地面1.5～1.8 m处，两个以上的管卡应均匀布置。

③多层及高层建筑，每隔一层要在立管上安装一个活接头。

不同管径的立管与墙面距离应满足表1-5的要求。

表1-5　　　　　　　室内给水立管与墙面的最小净距　　　　　　mm

| 立管管径 | <32 | 32～50 | 70～100 | 125～150 |
|---|---|---|---|---|
| 与墙面净距 | 25 | 35 | 50 | 60 |

（4）横支管

横支管应有不小于0.002的坡度坡向立管；冷、热水横支管水平并行敷设时，热水管在注水管的上方；横支管与墙面净距不得小于20～25 mm。给水横支管管径较大时，用吊环或支架固定，管径较小时多用管卡或托钩固定，其支架间距见表1-6、表1-7。

表1-6　　　　　　　钢管管道支架最大间距表

| 公称直径/mm | | 15 | 20 | 25 | 32 | 40 | 50 | 70 | 80 | 100 |
|---|---|---|---|---|---|---|---|---|---|---|
| 支架最大间距/m | 保温管 | 2 | 2.5 | 2.5 | 2.5 | 3 | 3 | 4 | 4 | 4.5 |
| | 不保温管 | 2.5 | 3 | 3.5 | 4 | 4.5 | 5 | 6 | 6 | 6.5 |

表1-7　　　　　　　塑料管及复合管管道支架最大间距表

| 管径/mm | | | 12 | 14 | 16 | 18 | 20 | 25 | 32 | 40 | 50 | 63 | 75 | 90 | 110 |
|---|---|---|---|---|---|---|---|---|---|---|---|---|---|---|---|
| 最大间距/m | 立管 | | 0.5 | 0.6 | 0.7 | 0.8 | 0.9 | 1.0 | 1.1 | 1.3 | 1.6 | 1.8 | 2.0 | 2.2 | 2.4 |
| | 水平管 | 冷水管 | 0.4 | 0.4 | 0.5 | 0.5 | 0.6 | 0.7 | 0.8 | 0.9 | 1.0 | 1.1 | 1.2 | 1.35 | 1.55 |
| | | 热水管 | 0.2 | 0.2 | 0.25 | 0.3 | 0.3 | 0.35 | 0.4 | 0.5 | 0.6 | 0.7 | 0.8 | | |

## 三、排水管道的布置与敷设要求

**1.室内排水管道安装程序框图**

室内排水管道安装程序框图如图1-68所示。

**2.室内排水管道的布置与敷设要求**

（1）排出管与排水干管

排水干管一般埋在地下并与排出管连接，为了保证水流通畅，排水干管应尽量少拐弯；排水干管和排出管在穿越建筑物承重墙或基础时，应预留孔洞，见表1-8，其管顶上部的净

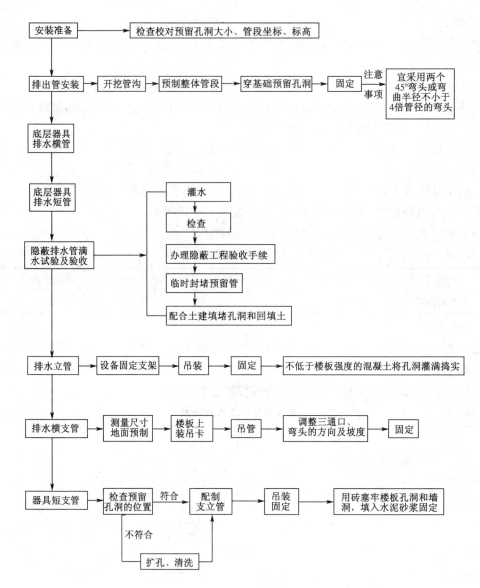

图 1-68　室内排水管道安装程序框图

空高度不得小于沉降量,且不小于 0.15 m;排出管管顶距室外地面不应小于 0.7 m,且排出管管顶标高不得低于检查井流水槽。排出管安装完毕后,应妥善封填预留孔洞,其做法是用不透水的材料如沥青油麻或沥青玛碲脂封填,并在内外两侧用 1:2 水泥砂浆封口。排出管与立管连接应用两个 45°弯头或弯曲半径不小于 4 倍管径的 90°弯头。

表 1-8　　　　　　　　排水管道穿过承重墙或基础处预留孔洞尺寸　　　　　　　　mm

| 管径 D | 50～75 | >100 |
|---|---|---|
| 洞口尺寸(高×宽) | 300×300 | (D+300)×(D+200) |

(2)排水立管

排水立管一般在墙角处明装,高级建筑的排水立管可暗装在管槽或管井中,排水立管宜靠近杂质多、水量大的排水点,民用建筑一般靠近大便器;排水立管一般不允许转弯,当上下层错位时,宜用 Z 字弯头或 45°弯头连接。排水立管穿过楼板时应预留孔洞,预留孔洞应注意使排水立管中心与墙面有一定的操作距离。排水立管中心与墙面距离及楼板预留孔洞尺寸见表 1-9。

表 1-9　　　　　　　排水立管中心与墙面距离及楼板预留孔洞尺寸　　　　　　　mm

| 管径 | 50 | 75 | 100 | 125~150 |
|---|---|---|---|---|
| 管中心与墙面距离 | 100 | 110 | 130 | 150 |
| 楼板留洞尺寸 | 100×100 | 200×200 | 200×200 | 300×300 |

排水立管固定宜采用管卡,每层至少应设置一个,托在承口的下面,每隔一层应设伸缩节一个,排水立管中心与墙面距离应满足表 1-10。

表 1-10　　　　　　　　　　　排水立管中心与墙面距离　　　　　　　　　　　mm

| 排水立管直径 | 50 | 75 | 100 | 125 | 150 | 200 |
|---|---|---|---|---|---|---|
| 排水立管中心与墙面距离 | 50 | 70 | 80 | 90 | 110 | 130 |

(3)排水横管

排水横管、干管及排出管必须按规定的坡度敷设,以达到自流目的,其标准坡度和最小坡度见表 1-11。

表 1-11　　　　　　　　　　　排水管道标准坡度和最小坡度

| 管径/mm | 生产废水 | 生产污水 | 生活污水 | |
|---|---|---|---|---|
| | 最小坡度 | 最小坡度 | 标准坡度 | 最小坡度 |
| 50 | 0.020 | 0.030 | 0.035 | 0.025 |
| 75 | 0.015 | 0.020 | 0.025 | 0.015 |
| 100 | 0.008 | 0.012 | 0.020 | 0.012 |
| 125 | 0.006 | 0.10 | 0.015 | 0.010 |
| 150 | 0.005 | 0.006 | 0.010 | 0.007 |
| 200 | 0.004 | 0.004 | 0.008 | 0.005 |
| 250 | 0.0035 | 0.0035 | | |
| 300 | 0.003 | 0.003 | | |

底层排水横管多为埋地敷设,或以托架或吊架敷设于地下室、顶棚下或地沟内,其他层都吊在楼板下。吊卡间距不得大于 2 m,且必须装在承口部位。在连接两个或两个以上大便器或三个及三个以上卫生器具的污水管应设置清扫口。

(4)通气管

通气管管径应比排水立管管径大一号,变径一般在顶层楼板下 0.3 m 处,通气管高于屋面不得小于 0.3 m,并大于最大积雪厚度。对于经常有人活动的屋面,通气管则应高出屋面 2 m,并应考虑设防雷装置。通气管出口不宜设在檐口、阳台和雨篷等挑出部分的下面,并应在土建施工屋面保温和防水之前完成通气管安装,通气管超过屋面部分尽量不应有承口露出。

项目演练

# 1.1 单元式卫生间给排水系统安装

卫生间卫生器具管道安装图如图 1-69 所示。

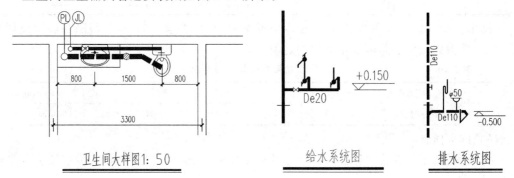

图 1-69 卫生间卫生器具管道安装图

安装说明：

①图 1-69 的标高以 m 计,其余单位以 mm 计,给水管标高为管道中心线标高;排水管标高为管底标高。

②给水管道采用 PP-R 管,管径以 De 表示,热熔连接;室内排水管道采用 UPVC 排水塑料管,管径以 De 表示,承插式胶黏接;

③排水横管均按下列坡度施工。

管径：De50　　　　De75　　　　De110　　　　De160
坡度：$i=0.035$　　$i=0.025$　　$i=0.020$　　$i=0.010$

④管道安装完毕,给水管道系统以 0.6 MPa 水压进行试验,稳压 1 h 压降不大于 50 kPa,然后在工作压力的 1.15 倍状态下稳压 2 h,压力降不超过 30 kPa,同时检查各连接处不得渗漏。排水管道系统应做灌水试验,灌水高度不低于卫生器具的上边缘。满水 15 mm 水面下降后,再灌满,观察 5 min,液面不降,管道及接口无渗漏为合格。排水主立管及水平干管管道均应做通球试验,通球球径不小于排水管道管径的 2/3,通球率必须达到 100%。

⑤UPVC 塑料管安装要求每层安装一个伸缩节,伸缩节安装在距地面 2 m 高度处;横管长度每超过 2 m 应安装一个伸缩节,伸缩节安装、支架安装均参阅《给水排水标准图集》。

⑥给水系统由市政管网直接供水,排水需经隔油池处理后方可排入下水管道。

⑦所有穿越墙体及楼板的管道,均应埋设钢管套管,并用不燃材料填堵管道与套管间的缝隙。套管规格如下：

| 穿管(DN)： | 15 | 20 | 25 | 32 | 40 | 50 | 75 | 100 | 150 |
| --- | --- | --- | --- | --- | --- | --- | --- | --- | --- |
| 套管(DN)： | 25 | 32 | 40 | 50 | 50 | 75 | 100 | 125 | 200 |

⑧施工验收严格执行《建筑给水排水及采暖工程施工质量验收规范》(GB 50242—2002)。

## 1.2  选择卫生器具、给排水管道、附件

每工位所需卫生器具、管道、附件的选择见表 1-12。

表 1-12                              每工位所需卫生器具、管道、附件及数量

| 序号 | 名称 | 单位 | 规格 | 数量 | 备注 |
|---|---|---|---|---|---|
| 1 | 台式洗面盆 | 套 | 510×430×200 | 1 | 瓷质 |
| 2 | 连体式坐式大便器 | 套 | 760×430×555 | 1 | 瓷质、漩涡虹吸式 |
| 3 | 塑料地漏 | 套 | 50DWZ-Ⅲ | 1 | ABS 工程塑料 |
| 4 | PP-R 塑料球阀 | 个 | DN20 | 1 | 1.6 MPa |
| 5 | PP-R 给水管 | 米 | De20 | 6 | S4(1.6 Mpa) |
| 6 | PP-R 塑料三通 | 个 | De20 | 3 | 含备用 1 个 |
| 7 | PP-R 塑料弯头 | 个 | De20 | 4 | 含备用 1 个 |
| 8 | 钢套管 | 个 | DN25 | 1 | 250 mm |
| 9 | 塑料活接头 | 个 | De20 | 1 | |
| 10 | UPVC 硬聚氯乙烯排水管 | 米 | De110 | 6 | |
| 11 | 硬硬氯乙烯 45°斜三通 | 个 | De110 | 4 | 含备用 1 个 |
| 12 | 硬聚氯乙烯 45°弯头 | 个 | De110 | 6 | 含备用 1 个 |
| 13 | 硬聚氯乙烯伸缩节 | 个 | De110 | 1 | |
| 14 | 硬聚氯乙烯检查口 | 个 | De110 | 1 | |
| 15 | 塑料套管 | 个 | De160 | 1 | 250 mm |

## 1.3  选择安装机具

选择安装机具时见表 1-13。

表 1-13                              安装机具的选择

| 序号 | 名称 | 单位 | 规格 | 数量 | 备注 |
|---|---|---|---|---|---|
| 1 | 热熔机 | 台 | | 2 | |
| 2 | 锉刀 | 把 | | 2 | |
| 3 | 钢锯 | 个 | | 1 | |
| 4 | 尼龙刷 | 个 | | 2 | |
| 5 | 切管器 | 台 | | 1 | |
| 6 | 试压泵 | 台 | | 1 | |
| 7 | 水电钻 | 台 | | 1 | |
| 8 | 钢卷尺 | 个 | | 2 | |
| 9 | 水平尺 | 把 | | 2 | |
| 10 | 工作台 | 套 | | 1 | |

# 1.4　安装操作工艺方法和步骤

## 一、PP-R 给水管道安装

PP-R 给水管道采用热熔插接,操作步骤如下:

### 1.下料

下料前必须量尺,目的是获得管段构造长度,最终确定其准确的加工长度。管段是指两管件或阀门之间的直管段,其中心线之间的长度称为管段的构造长度,管子在轴线方向的有效长度称为安装长度,管段安装长度的展开长度称为管段的加工长度,或称下料长度。由于阀门、管件自身占有一定长度,且 PP-R 管插接时还要伸入管件内一段长度,所以量尺所得管段构造长度后,要确定管段的加工长度。常用的下料方法有计算法和比量法,比量法简便实用,实际施工中广泛采用。根据实测比量管段,用细齿锯将管子锯断,并用锉刀进行管端坡口,坡口角度为 $10°\sim15°$,长度为 $2.5\sim3.0$ cm,修整毛刺、毛边。

### 2.热熔器预热

将自调试熔断器接通电源,待绿色指示灯闪烁,说明熔断器预热已达 260 ℃,即为 PP-R 管的焊接温度,即可进行操作。

### 3.插套加热模芯

用洁净软布擦拭管子与管件表面污物,核正管子与管件,使之保持在同一轴线上。刮掉表面氧化层,在管端标出插入深度的位置,无旋转地把管件导入加热模芯内,插入到所标志的深度;同时,把管端无旋转地推入加热模芯的另一端,并到达所标深度的位置。

### 4.承插熔接

加热片刻,待其表面呈流浆状,随即从加热模芯同时退下管子和管件。同时,应迅速平直,均匀平稳地将管端推入管件接头,并直插至所标熔接深度的位置,使接口处形成均匀凸缘。待接头冷却硬化,可以适度调节管接头的位置,严禁旋转、转动管接头。

热熔承插连接操作步骤示意图如图 1-70 所示。

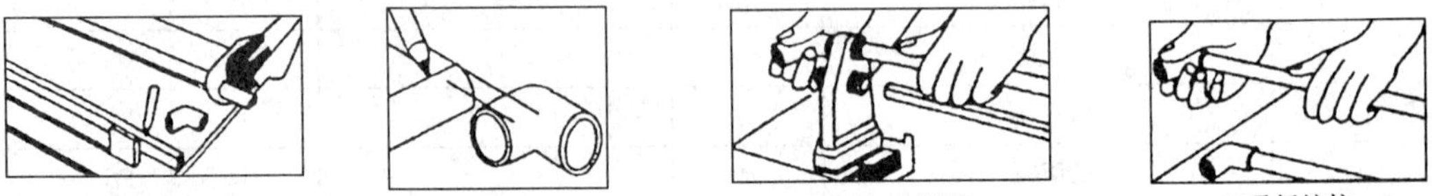

(a)PP-R管切割　　　(b)划线　　　(c)插套加热膜芯　　　(d)承插熔接

图 1-70　热熔承插连接操作步骤示意图

热熔操作技术参数见表 1-14。

表 1-14　　　　　　　　　　热熔操作技术参数表

| 外径/mm | 焊接深度/mm | 加热时间/s | 接插时间/s | 冷却时间/s |
|---|---|---|---|---|
| 20 | 14 | 5 | 4 | 3 |
| 25 | 16 | 7 | 4 | 3 |
| 32 | 20 | 8 | 4 | 4 |
| 40 | 21 | 12 | 6 | 4 |
| 50 | 22.5 | 18 | 6 | 5 |
| 63 | 24 | 24 | 6 | 6 |
| 70 | 26 | 30 | 10 | 8 |
| 90 | 32 | 40 | 10 | 8 |
| 110 | 38.5 | 50 | 15 | 10 |

## 二、UPVC 塑料排水管安装

UPVC 塑料排水管采用承插式黏接，操作步骤如下：

### 1. 下料

先将前后两个管件平放在地上，使其中心距等于构造长度，再将一段承插直管放在两管件旁进行比量，使管子的承口处于前方管件插入位置上，在另一端管件承口的承入深度处，划切割线。选用合适的切管机具进行锯断，断口断面应垂直于管轴线，使用锉刀将管道外插口锉成倒角 $\alpha = 15° \sim 30°$，宽度 $b = (\frac{1}{3} \sim \frac{1}{2})\delta$（$\delta$ 为塑料管壁厚）。用刀具修整毛边，用砂布将管端打磨显粗糙状。

### 2. 试组装，清理黏合面

试组装就是在不涂黏结剂的状态下，管材与管件的试配合连接。并把管子与管件的承插口试插一次，找出最佳装置位置，并在管子表面划出标记，管端插入承口的深度不得小于表 1-15 的规定。用干净抹布将承口内侧和插口外侧表面的灰尘、水迹擦拭干净，当表面粘有油污时，必须用棉纱蘸丙酮擦净。

表 1-15　　　　　　　　　承插黏结口插入深度　　　　　　　　　mm

| 管子公称外径 | 管端插入承口深度 | 管子公称外径 | 管端插入承口深度 |
|---|---|---|---|
| 40 | 20~25 | 110 | 110 |
| 50 | 20~25 | 125 | 125 |
| 75 | 35~40 | 160 | 160 |
| 90 | 40~45 | | |

### 3. 涂刷黏结剂及承插连接

用尼龙刷或鬃刷涂抹黏结剂，先涂承口，后涂插口，操作应迅速、均匀，涂刷应适量，不得流淌或漏涂。涂刷完毕，将管子对准管轴线插入承口，同时旋转 $90°$，不得插到底后再做旋转。插入深度应超过原来标记。黏结完毕即立刻将接头多余胶浆擦净，待静止固化为止。

塑料管黏接操作步骤示意图如图 1-71 所示。

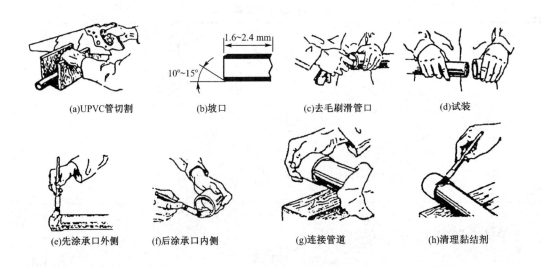

图 1-71　塑料管黏接操作步骤示意图

## 三、低水箱坐式大便器安装

### 1. 定位划线

按已安装好的排水短管的位置,在地面上划出大便器安装的中心线,并引至后墙面,弹画出低水箱安装的中心线。

### 2. 坐便器安装

将坐便器具预埋排水管口清理干净,取出临时封堵,检查有无异物。把坐便器出水口对准预留排水口放平找正,在坐便器两侧固定螺栓孔眼处画出安装十字线标记,并剔孔洞、栽螺栓,将坐便器试稳后,移开坐便器,在排水口处抹油灰,再将坐便器放平放正,用木螺纹、钻垫圈等固定。

### 3. 低位水箱安装

低位水箱安装前,应先组装水箱配件,根据已画出的水箱中心线,按规定安装高度和水箱背面固定孔洞的距离,在后墙上划线、剔洞、栽螺栓,将水箱抬挂在螺栓上放平放正,螺栓加橡皮垫,用扳手拧紧螺母至松紧适度。采用锁母连接的方法,连接冲洗管与水箱出口、坐便器进水口,待坐便器和水箱及冲洗管安装完毕,即可进行试水检漏,合格后可安装坐便器的塑料盖、座圈。

## 四、洗脸盆安装

洗脸盆安装有墙架式、立柱式和台式等。本实训采用台式洗脸盆安装,操作步骤如下:

### 1. 定位划线

在大理石台面上弹出洗面盆安装的中心线,按洗脸盆外沿尺寸预先在大理石板上加工出安装孔,将洗面盆安置在大理石板上。

**2.洗脸盆及配件安装**

盆体安装在大理石板上找平找正,用玻璃胶将盆体固定好。洗脸盆稳固后,将冷、热水龙头及排水栓按相应工艺要求安装在盆体上。排水栓短管可连接存水弯,进水管通过三通、挠管与水龙头连接,各接口用锁母收紧。

**3.洗脸盆给排水管道安装**

量尺配管,按塑料管熔接工艺进行接口,卸下角阀与水龙头的锁母,套至塑料管端,缠绕聚四氯乙烯生料带,插入阀端和水龙头根部,拧紧锁母至松紧适度。

# 1.5　水压试验及灌水试验

## 一、给水管道的水压试验

关闭主管上、下及洗脸盆支管上阀门,开启水表前及坐便器支管上阀门,用试压泵分2～4次缓慢打压,待升压至1.5倍的工作压力或0.6 MPa时,停泵观察,在试验压力下稳压1 h,压力降不应超过0.05 MPa;然后降至工作压力的1.15倍,稳压2 h,压力降不超过0.05 MPa,同时检查各连接处不渗不漏,表明强度试验和严密性试验均合格。

## 二、排水管道灌水试验

试验装置如图1-72所示,用橡胶胆封闭排出管口及各层地面以下的排水口,可用短管临时接至地面上,地下管道甩口和横管末端甩出的清扫口,应及时加以封闭。立管可从检查口放入胆堵。用胶管从检查口向管道内进行灌水,观察卫生器具的水位。坐、蹲式大便器灌水量应至控制水位;洗脸盆灌水量应至溢水处;地漏灌水时水面高于地表面5 mm以上,地漏边缘不得渗水。

在灌水试漏过程中,应设专人检查,如发现漏水处应立即停止灌水,对地漏部位进行及时修复。灌水试漏完成后,应记录水面位置及停水时间。

停灌15 min后,可进行二次补灌满水,使管内水面上升至停灌水面,并再次记录停灌时间。同时观察管道内水位情况,在停灌5 min后,若水面不降,则管道及接口无渗漏,说明灌

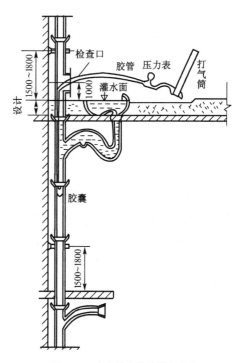

图1-72　室内排水管道灌水试验

水试验合格,若水面下降则认为灌水试验不合格,施工人员应对管道接口、堵口进行检查、修复,重新按上述步骤进行灌水,直至合格。

# 拓展1　建筑消防给水系统

以水为灭火剂的消防方法是经济有效的方法,建筑消防给水系统有消火栓灭火系统、自动喷水灭火系统、水幕系统、水喷雾灭火系统等。

## 一、室内消火栓灭火系统

### 1. 系统组成

室内消火栓灭火系统通常由消防水源(市政给水管网、天然水源、消防水池)、消防给水设备(消防水箱、消防水泵、水泵接合器)、室内消防给水管网(进水管、水平干管、消防立管等)和室内消火栓(水枪、水带、消火栓等)四部分组成,如图1-73所示。

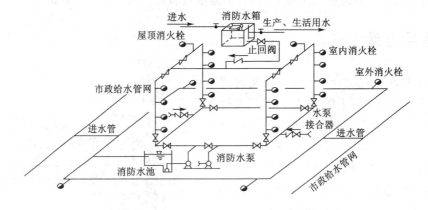

图1-73　室内消火栓灭火系统组成示意图

(1)消防水池

消防水池用于无室外消防水源的情况,可设于室外地下,也可设在室内地下室,可与生活或生产储水池合用,也可单独设置。

(2)消防水箱

消防水箱对扑救初期火灾起着重要作用,为确保供水可靠性,应采用重力自流供水方式。消防水箱宜与生活(或生产)高位水箱合用,以保证水箱内水质良好。水箱安装高度应满足室内最不利消火栓所需的水压要求,且应储存10 min的消防用水量。

(3)水泵接合器

水泵接合器是连接消防车向室内消防给水系统加压供水的装置,一端由消防给水管网水平干管引出,另一端设置在消防车易于接近的地方。水泵接合器分地上、地下和墙壁式三种,如图 1-74 所示。

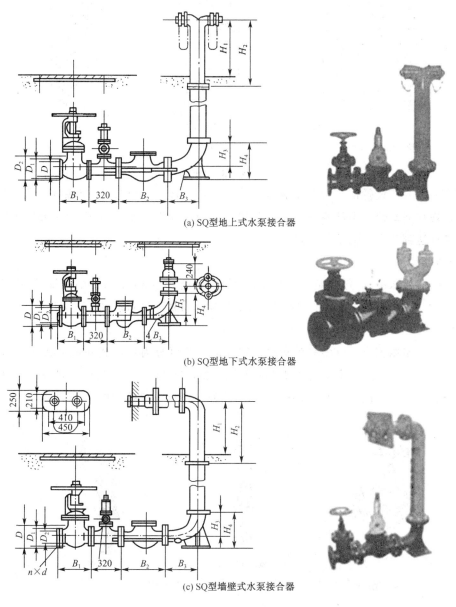

(a) SQ型地上式水泵接合器

(b) SQ型地下式水泵接合器

(c) SQ型墙壁式水泵接合器

图 1-74　水泵接合器及实物图

（4）消火栓箱

消火栓箱安装在建筑物内的消防给水管道上,箱内配有室内消火栓、消防水枪、消防水带等设备。消火栓箱通常用铝合金、冷轧板、不锈钢制作,外装玻璃门,门上设有明显的标志。常见规格:800 mm×650 mm×200(320) mm。消火栓箱根据安装方式可分为明装、暗装、半明装,如图 1-75 所示。

室内消火栓箱应布置在建筑物各层明显、易于取用和经常有人出入的地方,如楼梯间、走廊、大厅、车间的出入口、消防电梯的前室等处。消火栓阀门中心装置高度距地面 1.1 m,

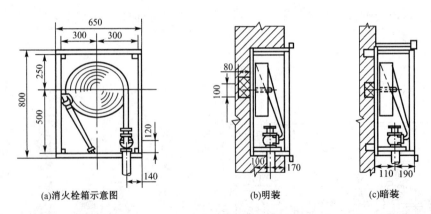

(a)消火栓箱示意图　　　(b)明装　　　(c)暗装

图 1-75　消火栓箱安装图

出水方向宜向下或与设置消火栓的墙面呈 90°角。室内消火栓的布置,应保证两股水柱能同时达到室内任何部位。但建筑高度小于或等于 24 m、体积小于或等于 5000 m³ 的库房,保证一般水柱达到室内任何部位即可。

(5)消防卷盘

消防卷盘又称水喉,一般安装在室内消火栓箱内,由 25 mm 小口径的消火栓、内径 19 mm 的胶带和口径不小于 6 mm 的喷嘴组成,供非专业消防人员自救、扑灭初期火灾用。

(6)消火栓

消火栓分为室内消火栓和室外消火栓。室外消火栓可分为地上式和地下式两种;室内消火栓为内扣式接口的球形阀式龙头,有单出口和双出口之分。双出口消火栓直径为 65 mm;单出口消火栓直径有 50 mm 和 65 mm 两种。常见消火栓如图 1-76 所示。

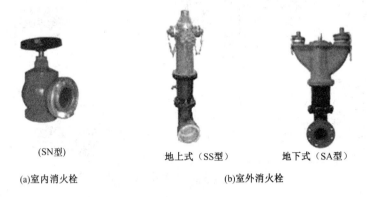

(SN型)

(a)室内消火栓

地上式（SS型）　　　地下式（SA型）

(b)室外消火栓

图 1-76　常见消火栓

(7)水龙带

水龙带用于输送水或其他液体灭火剂,材料有麻织和化纤两种。与室内消火栓配套的水龙带直径有 50 mm 和 65 mm 两种,长度有 15 m、20 m、25 m、30 m 四种。

(8)水枪

水枪是灭火的重要工具,一般用铜、铝合金或塑料制成,它的作用在于产生灭火需要的充实水柱。室内一般采用直流式水枪,喷嘴口径有 13 mm、16 mm、19 mm 三种。喷嘴口径为 13 mm 的水枪配备 50 mm 的水龙带;喷嘴口径为 16 mm 的水枪配备 50 mm 或 65 mm

的水龙带;喷嘴口径为 19 mm 的水枪配备 65 mm 的水龙带。

**2. 消防给水方式**

(1)室外给水管网直接给水的室内消火栓给水系统

当室外给水管网的压力和流量在任何时间都能满足室内最不利点消火栓的设计水压和水量时,采用直接给水方式,如图 1-77 所示。

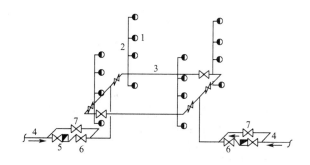

图 1-77  室外给水管网直接给水的室内消火栓给水系统

1—室内消火栓;2—消防立管;3—干管;4—进户管;5—水表;6—止回阀;7—弯通管及阀门

(2)设加压水泵和水箱的室内消火栓给水系统

当室外给水管网的压力和流量经常不能满足室内消防给水系统所需的水量和水压时,宜设加压水泵和水箱的室内消火栓给水系统,如图 1-78 所示。

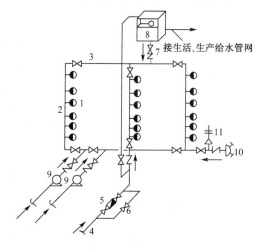

接生活、生产给水管网

图 1-78  设加压水泵和水箱的室内消火栓给水系统

1—室内消火栓;2—消防立管;3—干管;4—进户管;5—水表;6—弯通管及阀门;

7—止回阀;8—水箱;9—水泵;10—水泵接合器;11—安全阀

消防水泵应保证供应生活、生产、消防用水的最大秒流量,并应满足室内最不利点消火栓的水压。水箱应贮存 10 min 的消防用水量。消防水泵应保证在火警 5 min 内开始工作,并保证在火场断电时仍能正常工作。

(3)不分区的消火栓给水系统

建筑物高度大于 24 m 但不超过 50 m,室内消火栓接口处静水压力不超过 1.0 MPa 的工业与民用建筑室内消火栓给水系统,仍可由消防车通过水泵接合器向室内管网供水,可以采用不分区的消火栓给水系统,如图 1-79 所示。

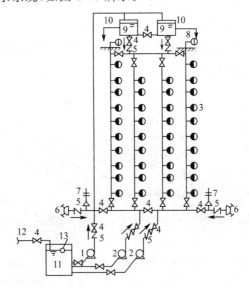

图 1-79　不分区的消火栓给水系统

1—生活、生产水泵;2—消防水泵;3—消火栓及水泵远距离启动按钮;4—阀门;5—止回阀;6—水泵接合器;

7—安全阀;8—屋顶消火栓;9—高位水箱;10—至生活、生产管网;11—贮水池;12—来自城市管网;13—浮球阀

(4)分区消火栓给水系统

建筑物高度超过 50 m 时,消防车已难于协助灭火,室内消火栓给水系统应采用分区供水。分区消火栓给水系统可分为并联给水方式和串联给水方式,如图 1-80 所示。当消火栓口的出水压力大于 0.5 MPa 时,应采用分区减压室内消火栓给水系统,如图 1-81 所示。

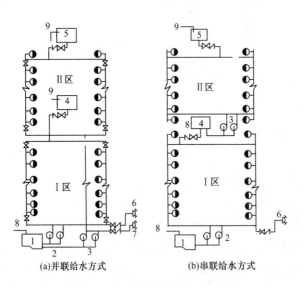

(a)并联给水方式　　(b)串联给水方式

图 1-80　分区室内消火栓给水系统

1—水池;2—Ⅰ区消防水泵;3—Ⅱ区消防水泵;4—Ⅰ区水箱;5—Ⅱ区水箱;

6—Ⅰ区水泵接合器;7—Ⅱ区水泵接合器;8—水池进水管;9—水箱进水管

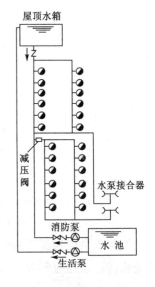

图 1-81　分区减压室内消火栓给水系统

## 二、闭式自动喷水灭火系统

闭式自动喷水灭火系统具有灭火控制率高、灭火效果好的特点,在大型商场、宾馆、剧院等公共建筑中应用极为广泛。

### 1. 湿式自动喷水灭火系统

湿式自动喷水灭火系统为喷头常闭的灭火系统,发生火灾时,着火点温度达到开启闭式喷头时,喷头出水灭火,如图 1-82 所示。这种系统适用于常年室内温度不低于 4 ℃,且不高于 70 ℃的建筑物、构筑物内。系统结构简单,使用可靠,比较经济,因此应用比较广泛。

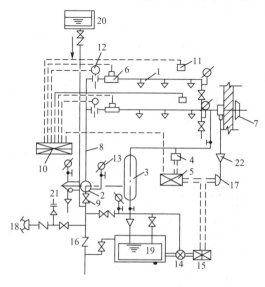

图 1-82　湿式自动喷水灭火系统

1—闭式喷头;2—湿式报警阀;3—延迟器;4—压力继电器;5—电气自控箱;6—水流指示器;7—水力警铃;8—配水管;
9—阀门;10—火灾收信机;11—感烟、感温火灾探测器;12—火灾报警装置;13—压力表;14—消防水泵;15—电动机;
16—止回阀;17—按钮;18—水泵接合器;19—水池;20—高位水箱;21—安全阀;22—排水漏斗

### 2. 干式自动喷水灭火系统

干式自动喷水灭火系统管网中平时不充压力水,而充满空气或氮气,只在报警前的管道中充满有压力的水。发生火灾时,闭式喷头打开,首先喷出压缩空气或氮气,配水管内气压降低,利用压力差将干式报警阀打开。在大型系统中,还可以设置快开器,以加速打开报警阀的速度。干式自动喷水灭火系统适用于采暖期超过 240 天的不采暖房间和室内温度在 4 ℃以下或 70 ℃以上的场所,其喷头宜向上设置,如图 1-83 所示。

### 3. 预作用自动喷水灭火系统

预作用自动喷水灭火系统,如图 1-84 所示。喷水管网中平时不充水,而充以有压力或无压力的气体,发生火灾时,接收到火灾探测器信号后,自动启动预作用阀而向管网充水。当起火房间内温度继续升高,闭式喷头的闭锁装置脱落时,喷头则自动喷水灭火。预作用阀还可以设有手动开启装置。

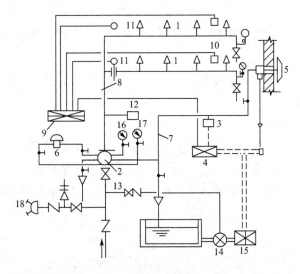

图 1-83 干式自动喷水灭火系统

1—闭式喷头；2—干式报警阀；3—压力继电器；4—电气自控箱；5—水力警铃；6—快干器；

7—信号管；8—配水管；9—火灾收信机；10—感温、感烟火灾探测器；11—报警装置；12—气压保持器；

13—阀门；14—消防水泵；15—电动机；16—阀后压力表；17—阀前压力表；18—水泵接合器

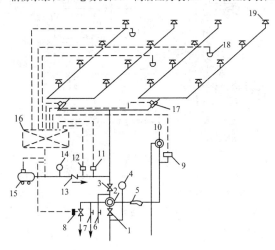

图 1-84 预作用自动喷水灭火系统

1—总控制阀；2—预作用阀；3—检修间阀；4—压力表；5—过滤器；6—截止阀；7—手动开启截止阀；

8—电磁阀；9—压力开关；10—水力警铃；11—压力开关；12—低气压报警压力开关；13—止回阀；

14—压力表；15—空压机；16—火灾报警控制箱；17—水流指示器；18—火灾探测器；19—闭式喷头

## 三、开式自动喷水灭火系统

开式自动喷水灭火系统由火灾探测自动控制传动系统、自动控制预作用阀门系统、带开式喷头的自动喷水灭火系统三部分组成。按喷水形式不同，开式自动喷水灭火系统可分为雨淋喷水灭火系统、水幕喷水灭火系统和水喷雾喷水灭火系统。

**1.雨淋喷水灭火系统**

雨淋喷水灭火系统是喷头常开的灭火系统。建筑物发生火灾时,由自动控制装置打开集中控制阀门,使每个保护区域所有喷头喷水灭火。该系统具有出水量大、灭火及时的优点,适用于火灾蔓延快、危险性大的建筑物或部位,例如,超过 1200 个座位的影剧院、超过2000 个座位的会堂舞台、建筑面积超过 400 $m^2$ 的演播室、建筑面积超过 500 $m^2$ 的电影摄影棚等。

**2.水幕喷水灭火系统**

水幕喷水灭火系统喷头沿线状布置,发生火灾时主要起阻火、隔火、冷却防火隔断和局部灭火作用。该系统适用于需防火隔断的开口部位,如舞台与观众之间的隔断水帘、消防防火卷帘的冷却等。

**3.水喷雾喷水灭火系统**

水喷雾喷水灭火系统是用喷雾喷头把水粉碎成细小的雾状水滴后喷射到正在燃烧的物质表面,通过表面冷却窒息、乳化、稀释的共同作用实现灭火。水喷雾喷水灭火系统既能扑救固体火灾,也能扑救液体火灾、可燃气体火灾和电气火灾。

## 四、自动喷水灭火系统的主要设备

**1.喷头**

(1)闭式喷头

闭式喷头是闭式喷水灭火系统的关键组件,由喷水口、温感释放器和溅水盘组成。按感温元件不同可分为玻璃球洒水喷头和易熔合金洒水喷头,如图 1-85 所示。

(a)玻璃球洒水喷头                (b)易熔合金洒水喷头

图 1-85  闭式喷头

(2)开式喷头

根据用途不同,开式喷头可分为开启式、水幕式、喷雾式三种类型,如图 1-86 所示。

**2.控制信号阀**

(1)报警阀

报警阀的作用是开启和关闭管网的水流,传递控制信号至控制系统,并启动水力警铃直接报警。报警阀分湿式、干式和雨淋式三种类型,如图 1-87 所示。

湿式报警阀用于湿式自动喷水灭火系统;干式报警阀用于干式自动喷水灭火系统;雨淋式报警阀用于雨淋、预作用、水幕、水喷雾的自动喷水灭火系统。

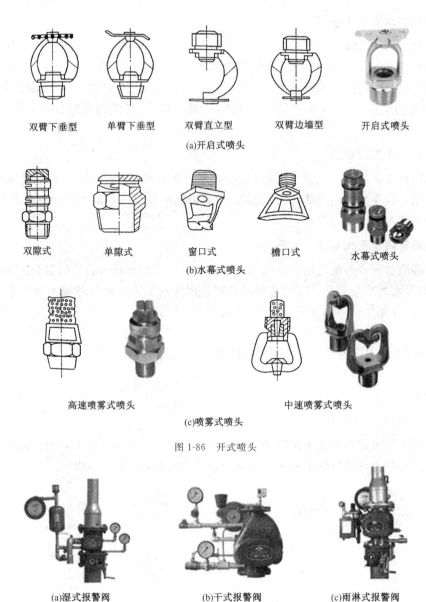

双臂下垂型　　单臂下垂型　　双臂直立型　　双臂边墙型　　开启式喷头

(a)开启式喷头

双隙式　　　　单隙式　　　　窗口式　　　　檐口式　　　　水幕式喷头

(b)水幕式喷头

高速喷雾式喷头　　　　　　　　　　中速喷雾式喷头

(c)喷雾式喷头

图 1-86　开式喷头

(a)湿式报警阀　　　　　(b)干式报警阀　　　　　(c)雨淋式报警阀

图 1-87　报警阀实物图

（2）水力警铃

水力警铃主要用于湿式喷水灭火系统,宜装在报警阀附近。当报警阀打开消防水源后,具有一定压力的水流冲击叶轮打铃报警。

（3）水流指示器

水流指示器用于湿式喷水灭火系统中。当某个喷头开启喷水或管网发生泄漏时,管道中的水产生流动,引起水流指示器中桨片随水流而动作,接通延时电路,20～30 s 之后,继电器触电吸合,发出区域水流电信号送至消防室。通常水流指示器安装于各楼层的配水干管或支管上。

（4）压力开关

压力开关垂直安装于延时器和水力警铃之间的管道上，在水力警铃报警的同时，依靠警铃内水压的升高自动接通电触点，完成电动警铃报警，向消防控制室传送电信号或启动消防水泵。

（5）延迟器

延迟器是一个罐式容器，安装于报警阀和水力警铃（或压力开关）之间，用来防止由于水压波动等原因引起报警阀开启而导致的误报。报警阀开启后，水流需经 30 s 左右充满延迟器后方可冲打水力警铃。

（6）火灾探测器

火灾探测器是自动喷水灭火系统的重要组成部分。目前常用的是感烟、感温探测器。感烟探测器是利用火灾发生地点的烟雾浓度进行探测；感温探测器是通过火灾引起的温升进行探测。火灾探测器一般布置在房间或走廊的顶棚下面，其数量根据探测器的保护面积和探测区面积计算而定。

# 拓展 2　建筑热水供应系统

## 一、热水供应系统的分类与组成

### 1.热水供应系统的分类

建筑热水供应系统按热水供应范围可分为局部热水供应系统、集中热水供应系统和区域性热水供应系统。

局部热水供应系统适用于热水用水点少的公共食堂、理发室及医疗卫生等建筑，可以采用电热、煤气或太阳能热水器直接加热冷水。

集中热水供应系统的范围比局部热水供应系统的范围大，适用于用水点比较集中的建筑物，如高级居住建筑、旅馆、公共浴室、医院病房、体育馆、游泳池等，加热冷水多用锅炉、热交换器等。

区域性热水供应系统多使用热电厂、区域锅炉房引出的热力网输送加热冷水的热媒，可以向建筑群供应热水。

### 2.热水供应系统的组成及工作原理

热水供应系统通常由加热设备、热媒输送管网、热水储存水箱、热水输配管网、循环水管网和末端设备及附件组成，如图 1-88 所示。

工作原理：锅炉产生的蒸汽经热媒管道送入水加热器，把冷水加热。蒸汽放出汽化潜热后变成凝结水，经凝水管排至凝结水箱，凝结水泵把凝结水箱的水打入锅炉再重新加热成蒸汽。水加热器中的热水由配水管送到各个用水点。水加热器中所需要的冷水由冷水箱供给。

为了保证热水温度，循环管（回水管）和配水管中还循环流动着一定数量的循环流量，用来补偿配水管路的热损失,保证了供给热水的水温。

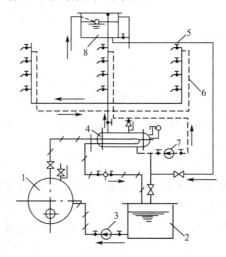

图 1-88　热水供应系统
1—蒸汽锅炉;2—凝结水箱;3—凝结水泵;4—水加热器;
5—配水点;6—循环管;7—循环水泵;8—冷水箱

## 二、热水供应系统的供水方式

　　建筑热水供应系统的供水方式按照加热冷水的方法不同,可分为直接加热和间接加热;按照管网有无循环管道,可分为全循环、半循环和无循环方式,如图 1-89 所示;按照循环方式的不同,可分为机械循环和自然循环方式;按照配水干管在建筑内布置的不同,可分为下行上给和上行下给方式。

　　图 1-89(a)所示为全循环热水供应方式,它所有的供水干管、立管和支管都设有相应的回水管道,可以保证配水管网任意点的水温。冷水从冷水箱经冷水管从下部进入水加热器,热水从上部流出,经上部的热水干管、立管和支管分送到用水点。这种方式适用于要求随时获得稳定的热水温度的建筑,如旅馆、医院、疗养院、托儿所等。当配水干管与回水干管之间的高度差较大时,可以采用不设循环水泵的自然循环系统。

　　半循环热水供应方式是只在干管或立管上设循环管,可分为干管循环(图 1-89(b))和立管循环(图 1-89(c))。干管循环热水供应方式仅保持热水在干管内循环,在使用热水前,需先打开配水龙头放掉立管和支管内的冷水。立管循环热水供应方式是指热水干管和热水立管内均保持有热水的循环,打开配水龙头时只需放掉热水支管中少量的存水,就能获得设计水温的热水。半循环热水供应方式比全循环热水供应方式节省管材,适用于用水较集中或一次用水量较大的场所。

　　图 1-89(d)是不设循环管道的热水供应方式。这种方式的优点是节省管材,缺点是每次供应热水前需放掉管中的冷水。适用于浴室、生产车间等定时供应热水的场所。

　　图 1-89(e)是倒循环热水供应方式。这种布置方式的优点是水加热器承受的水压小,冷水进水管短,阻力损失小,可降低冷水箱设置高度,膨胀排气管短,但必须设置循环水泵,减震消声要求高,一般适用于高层建筑。

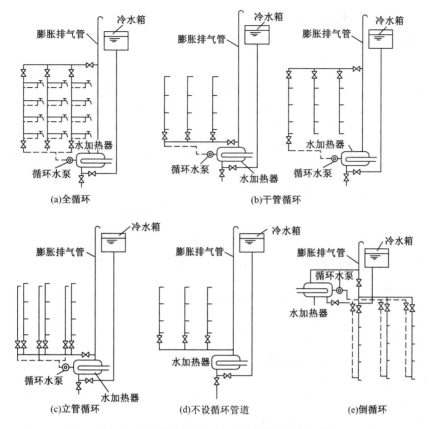

图 1-89　按照管网有无循环管道划分的热水供应系统

## 三、热水供应系统的主要设备

### 1. 燃油热水锅炉

燃油热水锅炉生产热水的优点是设备、管道简单,热效率较高,运行稳定、安全,维修管理简单。这种加热方式适用于用水量稳定,耗热量小于 380 kW(即 20 个淋浴器耗热量)的单层或多层建筑物。

### 2. 燃气水加热器

这种加热方式的优点是设备、管道简单,使用方便,不需专人管理,热效率较高,但若安全措施不完善或使用不当易发生煤气事故。适用于耗热量小于 76 kW(即 4 个淋浴器耗热量)的用户。

### 3. 电水加热器

这种加热方式使用方便、卫生、安全,但由于电量较高和电力值不富余,只适用于燃料和其他热源供应困难的小型单体用户。

### 4. 太阳能水加热器

这种加热方式具有节省能源,设备、管道简单,使用方便等优点。缺点是基建投资较贵,钢材耗量大,适合在日照条件较好,燃料、电力供应困难的地区,或者用于分散浴室、理发室、小型饮食行业、住宅等单体用户。

**5. 容积式水加热器**

容积式水加热器的加热方式示意图如图 1-90 所示。这种水加热器具有一定贮存容积，出水温度稳定，设备可承受一定水压，噪声低，因此可放在任何位置，布置方便。适用于要求供水温度稳定、噪声低、耗热量较大的(一般大于 380 kW)的旅馆、医院等建筑。

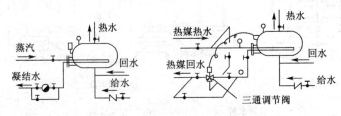

图 1-90　容积式水加热器的加热方式示意图

另外还有快速式水加热器、壳管式水加热器、汽-水混合式水加热器等，这里不再赘述。

## 测 试 题

**单项选择题**

1. 下列哪种管材标注管径规格时应采用公称直径"DN"表示。（　　）
A. 混凝土管　　　　B. 塑料管　　　　C. 无缝钢管　　　　D. 焊接钢管

2. 下列哪种金属管材不宜用作建筑给水系统。（　　）
A. 镀锌钢管　　　　B. 不锈钢管　　　　C. 铜管　　　　D. 给水铸铁管

3. 下列塑料管材宜采用热熔连接的是（　　）。
A. 硬聚氯乙烯(UPVC)管　　　　B. 聚乙烯(PE)管
C. 交联聚乙烯(PEX)管　　　　D. ABS 管

4. 下列塑料管材不宜采用热熔连接的是（　　）。
A. 无规共聚聚丙烯(PP-R)管　　　　B. 聚乙烯(PE)管
C. 聚丁烯(PB)管　　　　D. 交联聚乙烯(PEX)管

5. 某塑料给水管标注 De32，其对应公称直径应为（　　）。
A. DN15　　　　B. DN20　　　　C. DN25　　　　D. DN32

6. 硬聚氯乙烯(UPVC)排水塑料管应采用（　　）连接。
A. 丝扣　　　　B. 法兰　　　　C. 黏接　　　　D. 热熔

7. 可以自动进水、自动关闭，用于水池或水箱内控制水位的阀门应采用（　　）。
A. 截止阀　　　　B. 闸阀　　　　C. 蝶阀　　　　D. 浮球阀

8. 具有体积小、重量轻、启闭灵活，适用于室外较大管径管道或室外消火栓给水主干管上的阀门应采用（　　）。
A. 截止阀　　　　B. 闸阀　　　　C. 蝶阀　　　　D. 浮球阀

9. 给水系统 DN≤50 的管道上，用于关断的阀门应采用（　　）。
A. 截止阀　　　　B. 闸阀　　　　C. 蝶阀　　　　D. 浮球阀

10.为了避免管网和用水设备中压力超过规定范围时受到破坏,需要安装(　　)。

　　A.止回阀　　　　B.浮球阀　　　　C.安全阀　　　　D.延时自闭式冲洗阀

11.给水系统中不允许介质反向流动时,应安装(　　)。

　　A.止回阀　　　　B.浮球阀　　　　C.安全阀　　　　D.延时自闭式冲洗阀

12."三表出户"的三表不包括(　　)。

　　A.水表　　　　B.电表　　　　C.热量表　　　　D.煤气表

13.存水弯是设置在卫生器具受水器泄水口下方与排水管之间的排水附件,存水弯中的水封高度一般为(　　)。

　　A.50~100 mm　　　　　　　　B.100~150 mm

　　C.150~200 mm　　　　　　　　D.200~250 mm

14.检查口是设在排水主立管上,用于清通主立管内污物和杂质,一般每隔一层设置一个,一般距地面(　　)。

　　A.0.5~1.0 m　　B.1.0~1.2 m　　C.1.5~2.0 m　　D.2.0~2.5 m

15.悬吊在楼板下面的排水横管上有三个及三个以上卫生器具时,应在横管始端设置(　　)。

　　A.地漏　　　　B.存水弯　　　　C.清扫口　　　　D.检查管

16.通气帽设于通气管顶端,排除排水系统中臭气和废气,为避免雨水侵入,应高出楼顶至少(　　),北方寒冷地区应高出楼顶(　　)。

　　A.300 mm　　　　B.400 mm　　　　C.500 mm　　　　D.700 mm

17.大便器存水弯宜采用(　　)。

　　A.P 型　　　　B.S 型　　　　C.球型　　　　D.任意

18.小便器存水弯宜采用(　　)。

　　A.P 型　　　　B.S 型　　　　C.球型　　　　D.任意

19.住宅厨房、公共食堂用于洗涤的卫生器具应选择(　　)。

　　A.洗脸盆　　　　B.洗手盆　　　　C.洗涤盆　　　　D.污水盆

20.当室外给水管网的水量、水压在一天内均能满足用水要求时,宜采用(　　)。

　　A.直接给水方式　　　　　　　　B.设水箱的给水方式

　　C.设水泵的给水方式　　　　　　D.气压给水方式

21.水箱或水池的配管,下列哪个配管上不允许安装阀门。(　　)

　　A.进水管　　　　B.出水管　　　　C.溢流管　　　　D.排污管

22.下列给水定压设备最节省投资的是(　　)。

　　A.水塔　　　　B.高位水箱　　　　C.气压罐　　　　D.变频调速给水装置

23.给水管道安装完毕后,应以(　　)的压力进行水压试验。

　　A.0.6 MPa　　　　B.1.0 MPa　　　　C.1.2 MPa　　　　D.1.6 MPa

24.给水引入管与污水排出管的水平间距不得小于(　　)。

　　A.0.5 m　　　　B.0.75 m　　　　C.1.0 m　　　　D.1.5 m

25.生活排水排出管应有不小于(　　)的坡度,坡向室外检查井。

　　A.0.002　　　　B.0.003　　　　C.0.005　　　　D.0.01

26.给排水立管穿楼板处应加设套管,套管管径应比对应立管直径大(　　　),上端应伸出地面(　　　)。

A.1~2 号　　　　B.2~3 号　　　　C.10~20 mm　　　D.20~50 mm

27.室内消火栓灭火系统通常由消防水池、消防水泵、消防给水管网和(　　　)组成。

A.消防水源　　　　　　　　B.消防水泵接合器

C.消防水枪　　　　　　　　D.室内消火栓

28.建筑物高度超过(　　　)时,消防车已难于协助灭火,室内消火栓给水系统应采用分区供水。

A.30 m　　　　　B.50 m　　　　　C.70 m　　　　　D.100 m

29.PP-R 给水管安装必须采用下面哪种施工机具。(　　　)

A.热熔机　　　　B.电焊机　　　　C.套丝机　　　　D.剪板机

30.PP-R 给水管连接的操作步骤是:(　　　)

A.切管　　　加热膜芯　　　划线　　　　承插熔接

B.切管　　　划线　　　　加热膜芯　　承插熔接

C.划线　　　切管　　　　承插熔接　　加热膜芯

D.切管　　　划线　　　　承插熔接　　加热膜芯

# 项目二
## 建筑供暖设备安装

## 项目导入

　　建筑供暖设备是北方集中供热地区必不可少的建筑功能设备。在冬季,为了满足人们日常生产和生活活动所需的环境温度,必须通过散热设备向房间补充热量。本项目以某高层住宅楼室内采暖工程为案例,介绍采暖系统常用设备、常见系统形式、系统组成和工作原理等建筑供暖设备相关知识。并以高层建筑某单元住宅为线索,系统学习低温热水地板辐射供暖系统的施工工艺方法。

# 学习情境1　供暖管道、散热设备及供暖系统附属设备

## 一、供暖管道基础知识

### 1. 公称直径(或公称尺寸)

根据国家标准《管道元件 DN (公称尺寸)的定义和选用》(GB/T 1047—2005),公称直径的定义是用于管道系统元件的字母和数字组合的尺寸标识,它由字母 DN 和无因次的整数数字组成。公称直径用符号"DN"表示,其后注明尺寸,单位为 mm。例如 DN25,即指公称直径为 25 mm 的管子或管件。公称直径主要是人们为了使用方便,人为规定的一种称呼性直径标准。一般情况下,大多数制品其公称直径既不等于实际外径也不等于实际内径,而是与内径相近的一个整数。常用的规格有 15、20、25、32、40、50、65、80、100、125、150、250、300 等。制定公称尺寸的目的是使管道安装连接时接口保持一致,具有通用性和互换性。

### 2. 公称压力

根据国家标准《管道元件 PN (公称压力)的定义和选用》(GB/T 1048—2005),公称压力的定义是与管道系统元件的力学性能和尺寸特性相关、用于参考的字母和数字组合的标识。它由字母 PN 和无因次的整数数字组成。同一种材料,强度会随着温度升高而降低,所以以某一温度下所允许承受的压力作耐压强度标准,此温度称为基准温度。公称压力是管子和附件在基准温度条件下的耐压强度。塑料制品的基准温度是 20 ℃,铸铁和铜的基准温度是 120 ℃,碳素钢的基准温度是 200 ℃,合金钢的基准温度是 250 ℃。公称压力用符号"PN"表示,其后注明数值,数值是以 MPa (兆帕)为单位的公称压力值的 10 倍。例如 PN10,即指公称压力为 1.0 MPa 的管子或管件。管道中常用的公称压力数值有 0.25、0.6、0.8、1.0、1.6、2.5、4.0、6.3、10.0(MPa) 等。公称压力的意义是管子和附件在强度方面的标准。

### 3. 试验压力

试验压力是指在常温下检验管子和附件机械强度和严密性能的压力标准。管道在出厂前及安装之后均应进行压力试验,以检查其强度和严密性能。试验压力以符号"PS"表示,符号后标注试验压力数值。压力试验一般采用水压试验的方法,水压试验时采用常温下的自来水,试验压力取值一般为公称压力的 1.5～2.0 倍,当公称压力达到 20～100 MPa 时,试验压力取值为公称压力的 1.25～1.4 倍。

### 4. 工作压力

工作压力是指管子和附件在正常运行条件下所承受的压力,即管内流动介质的工作压力。工作压力以符号"$P_t$"表示,符号后标注工作压力数值,其中 t 为工作介质最高温度除以

10 所得的整数值,如系统介质温度为 300 ℃,工作压力为 2 MPa,标记为 $P_{30}20$。

工作压力、公称压力和试验压力的关系是公称压力小于试验压力,而工作压力小于或等于试验压力。

## 二、供暖管道

### 1. 供暖管道的分类

(1)按安装部位可分为室外供暖管道和室内供暖管道。

(2)按介质的压力可分为低压管道、中压管道、高压管道和超高压管道。低压管道是指公称压力低于 2.5 MPa 的管道。室内供暖管道多采用的是低压管道。

(3)按介质的温度可分为常温管道、低温管道、中温管道和高温管道。常温管道是指工作温度为 $-40\sim120$ ℃ 的管道。室内供暖管道多采用的是常温管道。

(4)按管道的材质可分为金属管道、塑料管道和复合管道。根据材质和适应输送不同温度热介质的需要,金属管道有焊接钢管、无缝钢管、铜管和不锈钢管等。塑料管道是目前建筑供暖系统中最常用的管道。

### 2. 常用的供暖管道

(1)钢管

含碳量度小于 2.06% 的铁碳合金称为钢。钢管由于含碳量较小,具有承压能力高,机械强度高,抗震性能好,容易加工和安装等优点;但具有耐腐蚀性能差、寿命短等缺点。钢管按加工方法不同可分为焊接钢管和无缝钢管两种。

①焊接钢管

焊接钢管按《低压流体输送用焊接钢管》(GB/T 3091—2008)标准制造。焊接钢管因其过去主要用于输送水、煤气等介质,俗称水煤气焊接管。焊接钢管按其是否镀锌分为镀锌钢管(俗称白铁管)和非镀锌钢管(俗称黑铁管),根据镀锌工艺不同又分为冷镀锌钢管和热镀锌钢管。冷镀锌钢管因对水质有影响,现已经淘汰,热镀锌钢管多用于室内采暖系统的共用立管。

②无缝钢管

无缝钢管的特点是强度高、内表面光滑、水力条件好。无缝钢管按《输送流体用无缝钢管》(GB/T 8163—2008)标准制造,可分为冷轧无缝钢管和热轧无缝钢管。一般压力在 0.6 MPa 以上的管道应采用无缝钢管。所以,室外供暖管道或高层建筑室内共用立管宜采用无缝钢管。

焊接钢管的连接可采用焊接、法兰连接和丝扣连接。无缝钢管因管壁较薄,通常采用焊接和法兰连接的方式。同时焊接广泛用于管道与补偿器等附属设备的连接;法兰连接通常用在管道与设备、阀门等需要拆卸的附件连接上。对于室内供暖管道,当 DN≤32 时,多采用丝扣连接。

(2)不锈钢管

不锈钢由于其表面上富铬氧化膜(钝化膜),所以具有不锈性和耐腐蚀性。不锈钢管按制造方式不同可分为不锈焊接钢管和不锈无缝钢管两种,按管壁厚度不同又可分为不锈钢管与薄壁不锈钢管。20 世纪 90 年代末国内出现薄壁不锈钢管,伴随着推广和应用,薄壁不锈钢管正在逐步为大家所认同和接受。

（3）塑料管

塑料管是合成树脂加入添加剂经熔融成型加工而成的制品。塑料管的优点是耐腐蚀,化学性能稳定;比强度高,轻质高强;内壁光滑,流动阻力小;导热系数小,保温隔热;容易加工,连接方便等。目前供暖系统中常用的塑料管有无规共聚聚丙烯(PP-R)管、交联聚乙烯(PE-X)管、聚丁烯(PB)管等。

（4）复合管

复合管是金属与塑料混合型管材,具有金属和塑料共同的优点,避免了金属和塑料的缺陷,是非常有发展前景的管道材料。常用的复合管有铝塑(PAP)复合管和钢塑(SP)复合管。复合管一般采用螺纹、卡套和卡箍等连接方式。

塑料管和复合管这两种管道在项目一中已经介绍过,这里不再赘述。

**3.供暖管件**

管件是指在管道系统中起连接、变径、转向、分支等作用的零件。管件种类很多,项目一已述及,在此不再赘述。不同材质的管道应采用与管材相应的管件,管件按用途可分为以下几种:

①管道延长连接用管件:管箍(又称管接头或内丝)、对丝等。

②管道分支连接用管件:等径三通、异径三通、等径四通、异径四通等。

③管道节点碰头用管件:活接头、根母等。

④管道转弯用管件:90°弯头、45°弯头等。

⑤管道变径用管件:补芯(又称内外丝)、异径管箍(又称大小头)等。

⑥管道堵头用管件:丝堵、管堵等。

## 三、阀门

阀门是流体管路的控制附件,其基本功能是接通或切断管路介质的流通,改变介质的流动方向,调节介质的压力和流量,保护管路设备的正常运行。阀门一般由阀体、阀瓣、阀盖、阀杆和手轮等组成。

阀门用途广泛,种类繁多,分类方法也较多,一般按动作特点可分为两大类:一类是自动阀门(依靠介质本身的能力而自行动作的阀门),如止回阀、减压阀和安全阀等;另一类是驱动阀门(依靠手动、电动、气动、液动等外力来操纵动作的阀门),如闸阀、截止阀、蝶阀和球阀等。按材质不同,阀门可分为铸铁阀门、铸铜阀门、铸钢阀门和锻钢阀门等。按阀门与管道连接方式不同,阀门可分为法兰阀门、焊接阀门、螺纹阀门、卡套阀门和夹箍阀门等。按压力不同,阀门可分为低压阀门、中压阀门、高压阀门和超高压阀门,其中公称压力 PN ≤ 1.6 MPa 的阀门属于低压阀门,室内供暖系统中多为低压阀门。

阀门产品的型号由七个单元组成,用来表明阀门类别、驱动种类、连接和结构形式、密封面或衬里材料、公称压力及阀体材料。

阀门类别有很多种,代号用汉语拼音字母表示,见表 2-1。

表 2-1　　　　　　　　　　　　　阀门类别及代号

| 阀门类别 | 代号 | 阀门类别 | 代号 |
|---|---|---|---|
| 截止阀 | J | 蝶阀 | D |
| 闸阀 | Z | 节流阀 | L |
| 减压阀 | Y | 调节阀 | T |
| 止回阀 | H | 柱塞阀 | U |
| 安全阀 | A | 疏水阀 | S |
| 旋塞阀 | X | 隔膜阀 | G |
| 球阀 | Q | 排污阀 | P |

供暖管道上常用的阀门有截止阀、闸阀、球阀、蝶阀、止回阀、疏水阀、安全阀、减压阀、平衡阀和调节阀等。

**1. 截止阀**

截止阀通过改变阀瓣与阀座之间的距离(即流体通道截面的大小),达到开启、关闭和调节流量大小的目的。截止阀按结构形式不同可分为直通式、直角式和直流式三种,其中直通式(图 2-1)的应用较普遍,直角式次之,直流式很少用;截止阀按连接形式不同分为螺纹连接和法兰连接两种,其特点项目一已述及。

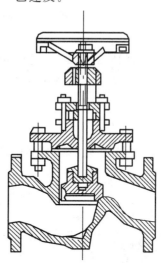

图 2-1　直通式截止阀

**2. 闸阀**

闸阀的工作原理是转动手轮带动阀板的升降,达到开启、关闭阀门的目的,在管路中主要作切断用,适宜用在完全开启或关闭的管路,不宜用在要求调节大小的管路中。阀体内有一平板与介质流动方向垂直,也称为闸板阀,靠平板的升降来启闭介质流。按闸板的结构不同,闸阀可分为楔式、平行式和弹性闸板三种,其中楔式与平行式闸板应用普遍。按阀杆的结构不同,闸阀可分为明杆(图 2-2)和暗杆(图 2-3)两种;按连接形式不同,闸阀可分为内螺纹式与法兰式两种,特点项目一已述及。

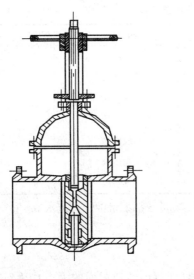

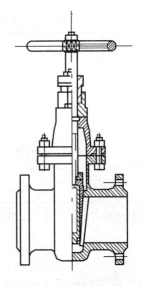

图 2-2　明杆平行式闸板阀　　　　　　　图 2-3　暗杆楔式板阀

**3. 球阀**

　　球阀的工作原理是启闭件（球体）由阀杆带动，并绕阀杆的轴线做旋转运动。球阀在管道中主要起关断作用，也可分配和改变介质的流动方向。球阀可分为浮动球球阀、固定球球阀和弹性球球阀。

　　球阀的特点是除了具有截止阀和闸阀的优点外，还具有体积小、密封好、易操作、安装无方向性的优点，长期以来颇受用户的青睐；缺点是易磨损，维修困难。球阀是一种正逐渐采用的新型阀门。

**4. 蝶阀**

　　蝶阀是利用蝶板在阀体内绕固定轴旋转的阀门，蝶阀结构示意图如图 2-4 所示。阀板在 90°翻转范围内起调节流量和关闭作用。蝶阀可分为手柄式和蜗轮传动式。

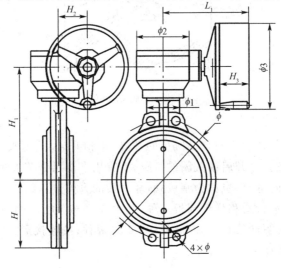

图 2-4　蝶阀结构示意图

蝶阀的特点是结构简单,体积小,质量轻,流体阻力小,阀门的操作扭矩小,启闭方便省力,调节性能优于截止阀和闸阀;但密封性较差,关闭不严密。蝶阀一般用于低压常温水系统。

**5.止回阀**

常用的止回阀有旋启式(图 2-5)和升降式(图 2-6)两种。升降式止回阀的密封性好,多用于 DN<200 mm 的水平管道上;旋启式止回阀的密封性差,一般用在垂直向上流动或大直径的管道上。

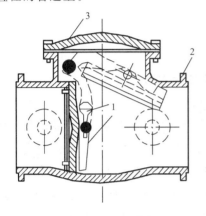

图 2-5　旋启式止回阀
1—阀瓣;2—主体;3—阀盖

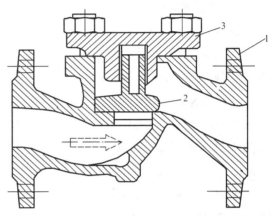

图 2-6　升降式止回阀
1—阀瓣;2—主体;3—阀盖

**6.疏水阀**

疏水阀又叫疏水器,是用于蒸汽供暖系统中自动排放凝结水、阻止蒸汽泄露和排除空气及其他不凝性气体的阀门。按作用原理不同,常用的疏水阀可分为机械型疏水阀、热动力型疏水阀和恒温型疏水阀。

**7.安全阀**

安全阀主要用于介质超压时的泄压,以保护设备和系统。安全阀按结构形式可分为杠杆式、弹簧式和脉冲式三种,按阀体的构造可分为全封闭式、半封闭式和敞开式三种。

**8.调节阀**

调节阀也称节流阀,其外形、结构与截止阀相似,只是密封副不同。调节阀的阀瓣和阀座类似暖水瓶的瓶塞和瓶口,通过阀瓣的移动改变过流面积来调节流量。其作用是调节管道介质流量分配以达到热平衡。调节阀的缺点是流动阻力大,不宜垂直安装,目前已被平衡阀所取代。

## 四、散热器

散热器的作用是将热媒携带的热量传递给室内的空气,以补偿房间的热损失。散热器应该能够承受系统的压强,具有良好的散热能力,不影响室内的美观且具有一定的使用寿命。

目前,国内生产的散热器种类繁多,按其所用材质不同可分为铸铁散热器、钢制散热器、铝制散热器、全铜水道散热器、全铜制散热器及新型复合散热器等;按其构造形式不同可分为翼型、柱型、管型、平板型、串片型、翅片管型、卫浴型等。

**1. 铸铁散热器**

铸铁散热器长期以来得到广泛应用,它具有结构简单,防腐性好,使用寿命长以及热稳定性好等优点。我国目前应用较多的铸铁散热器如下:

(1)铸铁翼型散热器

铸铁翼型散热器分为铸铁圆翼型(图 2-7(a))和铸铁长翼型(图 2-7(b))。

铸铁圆翼型散热器是一根内径为 75 mm 的管子,它是外面带有许多圆形肋片的铸件。管子长度分为 750 mm、1000 mm 两种;对热水的最高工作压力为 $P_b=0.6$ MPa,对蒸汽的最高工作压力为 $P_b=0.4$ MPa。

铸铁长翼型散热器的外表面具有许多竖向肋片,称为翼,外壳内部为一扁盒状空间。标准长度 $L$ 分为 200 mm(俗称小 60)、280 mm(俗称大 60)两种,高度 $H=600$ mm,宽度 $B=115$ mm。最高工作压力为:热媒为热水时,$P_b=0.4$ MPa;热媒为蒸汽时,$P_b=0.2$ MPa。

铸铁翼型散热器虽具有工艺简单、耐腐蚀、造价较低的优点,但因外形不美观、承压低、重量大、不易清扫及选用不方便等缺点,目前设计单位逐渐减少对此类散热器的选用。

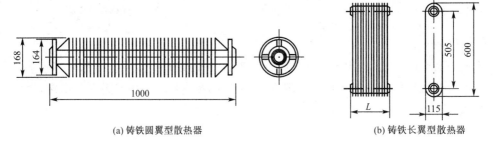

(a) 铸铁圆翼型散热器　　　　　(b) 铸铁长翼型散热器

图 2-7　铸铁翼型散热器

(2)铸铁柱型散热器

铸铁柱型散热器(图 2-8)是呈柱状的单片散热器。根据散热面积的需要,可将各个单片组装在一起形成一组散热器。

我国目前常用的铸铁柱型散热器主要有二柱、四柱两种类型。最高工作压力为:热媒为热水时,$P_b=0.5$ MPa;热媒为蒸汽时,$P_b=0.2$ MPa。国内的铸铁柱型散热器有五种规格,其相应型号标记为:TZ2-5-5(8)、TZ4-3-5(8)、TZ4-5-5(8)、TZ4-6-5(8)、TZ4-9-5(8)。例如,标记 TZ4-6-5 中,TZ4 表示灰铸铁四柱型,6 表示同侧进出口中心距为 600 mm,5 表示最高工作压力为 0.5 MPa。

铸铁柱型散热器有带脚和不带脚两种片型,便于落地或挂墙安装。

铸铁柱型散热器因外形美观,易清除积灰,便于按散热面积选用片数,方便设计,所以得到较广泛的应用。

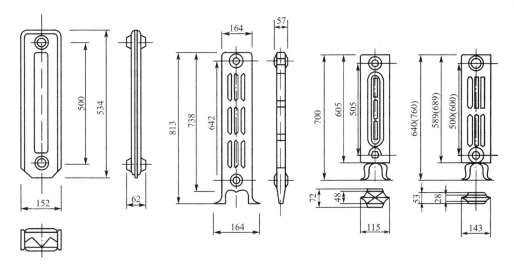

图 2-8　铸铁柱型散热器

## 2. 钢制散热器

（1）钢制柱型散热器

钢制柱型散热器（图 2-9）按结构形式分为整体冲压成柱型、管柱型对接、管柱型搭接三种；其特点是热工性能好、外形美观、占地面积较大、不易清扫、怕氧化腐蚀等。使用时热媒应为热水，停暖时应充水密闭保养，适用于住宅等各种建筑物，产品装饰性较好。

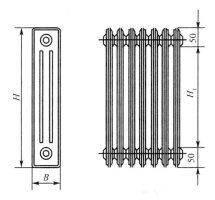

图 2-9　钢制柱型散热器

（2）钢制板型散热器

钢制板型散热器（图 2-10）由面板、背板、进出水口接头、放水门固定套及上下支架组成。其型号可分为 BS60、BS48，其高度有 600 mm、480 mm，其长度有 400 mm、600 mm、800 mm、1000 mm、1200 mm、1400 mm、1600 mm、1800 mm 等多种。钢制板型散热器的特点是体型紧凑、便于清扫、热工性能好、热辐射大、密封焊缝最少、内腔干净、生产工艺简单、生产成本低、外形流畅、重量轻、环保性好、怕氧化腐蚀等。使用时热媒应为热水，适用于住宅等各种建筑物，热媒中含氧量应符合规定，应采用闭式系统，在停暖季节应充水保养，产品装饰性好。

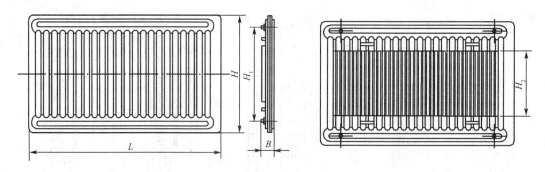

图 2-10 钢制板型散热器

(3)闭式钢串片散热器

闭式钢串片散热器(图 2-11)由钢管、钢片、联箱、放气阀及管接头等组成。其特点是体型紧凑、使用寿命长、可承受的工作压力高、重量轻、金属热强度高、安装方便、外表易清扫。使用时热媒应为热水或蒸汽,适用于任何系统和水质,适用于分户热计量、承压能力高、遇潮易氧化等。

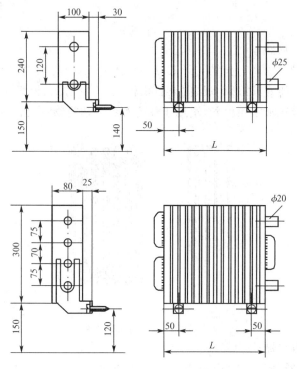

图 2-11 闭式钢串片散热器

(4)钢制翅片管对流散热器

钢制翅片管对流散热器用薄钢带紧固缠绕在钢管上做成螺旋翅片管元件,用多根翅片管元件横排组合用联箱串联,外面加罩做成对流散热器。其特点是水道为钢管,使用寿命长,工作压力高,热工性能好,使用安全,安装维护简单方便,生产工艺简单,罩面易擦拭。使用无条件,适用于任何水质,热媒可为热水或蒸汽,承压能力高,但钢翅片遇潮易氧化腐蚀。

(5)钢制组合型散热器

钢制组合型散热器是将散热面积大的钢串片或钢绕翅片与美观漂亮的钢管柱片组合在

一起。其特点是水道多为标准钢管,承压能力高,重量轻,体型不够紧凑,有一定的装饰效果,结构较复杂。使用时热媒应为热水。

(6)钢制扁管型散热器

钢制扁管型散热器由数根扁管焊接而成,扁管规格为 52 mm×11 mm×1.5 mm(宽×高×厚),两端为 35 mm×40 mm 断面的联箱,分单板、双板、带对流片和不带对流片四种结构形式。钢制扁管型散热器具有耐压强度高,体积小,占地少,易于布置等优点;缺点是宜受腐蚀,使用寿命短。多用于高层建筑和高温水供暖系统。

**3. 铝制柱型散热器**

铝制柱型散热器的主体是挤压成型的铝材,管外有许多翼片,各柱上下用横管连接焊成,上下横管共有 4 个螺纹接口。铝制柱型散热器根据散热翼片的不同可分为柱翼型、管翼型、板翼型。其特点是结构紧凑,占地面积小;板翼型便于清扫,而柱翼型较难清扫;重量轻;铝的导热性好,散热量大,散热快,效率高,金属热强度高;承压能力较高;外形美观;不污染环境,不污染水质,环保好;铝氧化后生成氧化铝,不怕氧化腐蚀,怕碱性水腐蚀。使用时热媒为热水,铝制柱型散热器与系统螺纹连接时,应采用专用非金属或双金属复合管件,以避免电化学腐蚀。

**4. 全铜水道散热器**

全铜水道散热器(图 2-12)最大的特点是:耐腐蚀,使用寿命长,适用于任何水质热媒,铜的导热性好,不污染水质,环保好。适用于分户热计量,强度高,承压高,机械加工和焊接的工艺性好。

图 2-12　全铜水道散热器

图 2-13 所示为全铜水道散热器翅片形式。将许多薄铝片按一定间距串在铜管上,再胀管紧配,便构成一组散热元件。铝片有圆形、方形和矩形。铝片上串铜管有 1 根、2 根或 4 根。铜管孔径多为 15～25 mm。将 1 组、2 组串联,最多 4 组串联的散热元件外面加罩,便构成铜管铝串片对流散热器。

**5. 装饰型散热器**

装饰型散热器(图 2-14)由一排金属管与联箱焊接而成,联箱端头可开设 2～4 个进出水内螺纹接口,金属管可横排也可竖排。金属管有圆管、扁管和异形管。金属管材质有钢制、铝制和铜制。装饰型散热器的特点是体型紧凑,占空间小,便于清扫,美观漂亮,艺术造型丰富多彩,装饰性强,附加功能多,轻型、环保,价格高。使用时热媒应为热水,内腔干净,用于分户热计量。适用于住宅、大厅、卫生间、浴室等各种场所。

图 2-13　全铜水道散热器翅片形式　　　图 2-14　装饰型散热器

**6.其他复合柱翼型散热器**

(1)钢铝复合柱翼型散热器

钢铝复合柱翼型散热器上下联箱和立柱由钢管焊接而成,立柱上套有积压的铝型材。其特点是体型紧凑,占地面积小,钢管适用于集中供暖锅炉直接供热水系统,铝翼造型美观,散热快,适用范围广,适用于任何水质。此类散热器适用于分户热计量,适用于住宅、卫生间等各种场所,也适用于高层建筑。

(2)不锈钢铝复合柱翼型散热器

不锈钢铝复合柱翼型散热器上下联箱和立柱由不锈钢焊接而成,立柱与挤压的铝型材紧密配合。其特点是采用优质不锈钢管作水道,能适用于任何水质,耐腐蚀,寿命长,体型紧凑,外形美观,价格较贵。

(3)铝塑复合柱翼型散热器

铝塑复合柱翼型散热器上下联箱和立柱全是塑料材质,其外套装铝型材。其特点是全塑水道,内壁光滑,不易结垢,承压高,热工性能好,体型紧凑,便于清扫,热惰性大,外形美观。

## 五、供暖系统附属设备

**1.膨胀水箱**

膨胀水箱的作用是用来贮存热水供暖系统加热时的膨胀水量。在自然循环上供下回式系统中,膨胀水箱连接在供水总立管的最高处,除容纳水受热而增加的体积及补水作用外,还起着排气作用;在机械循环热水供暖系统中,膨胀水箱连接在回水干管循环水泵入口前,可以使循环水泵的压力恒定,起着定压的作用。膨胀水箱一般用钢板制成,通常是圆形或矩形。图 2-15 所示为方形膨胀水箱构造图,箱上连有膨胀管、循环管、溢流管、信号管和排水管等管路。

(1)膨胀管

膨胀水箱设在系统的最高处,系统的膨胀水量通过膨胀管进入膨胀水箱。自然循环系统膨胀管接在供水总立管的上部;机械循环系统膨胀管接在回水干管循环水泵入口前,如图

2-16 所示。膨胀管上不允许接阀门,以免偶然关断使系统内压力增高,导致事故发生。

（2）循环管

为了防止水箱内的水冻结,膨胀水箱需设置循环管,循环管不允许设置阀门。

（3）溢流管

用于控制系统的最高水位,当水的膨胀体积超过溢流管口时,水溢出就近排入排水设施中,溢流管不允许设置阀门。

（4）信号管

用于检查膨胀水箱水位,决定系统是否需要补水,信号管末端应设置阀门。

（5）排水管

用于清洗、检修时放空水箱,可与溢流管一起就近接入排水设施,其上应安装阀门。

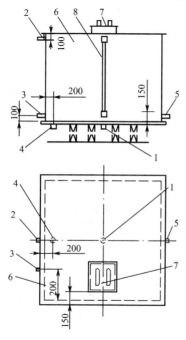

图 2-15　方形膨胀水箱构造
1—膨胀管;2—溢流管;3—循环管;4—排水管;
5—信号管;6—箱体;7—入孔;8—水位计

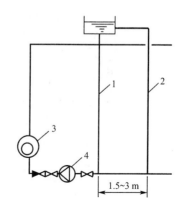

图2-16　膨胀水箱与机械循环系统的连接方式
1—膨胀管;2—循环管;
3—热水锅炉;4—循环水泵

### 2.排除空气的设备

热水供暖系统排除空气的设备可以是手动的,也可以是自动的。国内目前常见的排气设备主要有集气罐、自动排气阀和冷风阀等。

（1）集气罐

集气罐是热水供暖系统中定期排除空气的装置。集气罐一般用 $4\sim5$ mm 厚的钢板卷制而成或用直径为 $100\sim250$ mm 的短管加工制成,有立式和卧式两种,每种又有Ⅰ、Ⅱ两种形式,如图 2-17 所示。在机械循环上供下回式系统中,集气罐应设在系统各分支环路的供水干管末端的最高处,集气管顶部连接 DN15 的排气管,排气管另一端装有阀门,阀门应设在便于操作的地方,排气管的排气口应引至附近的排水设施处。

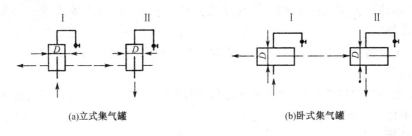

(a)立式集气罐　　　　　　　　　(b)卧式集气罐

图 2-17　集气罐

（2）自动排气阀

自动排气阀通常设在系统管道的最高点和局部高点,用于排除水管中存有的空气。目前国内生产的自动排气阀形式较多,其工作原理都是依靠水对浮体的浮力,通过杠杆机构传动使排气孔自动启阀,实现自动阻力排气的功能。例如,ZP-Ⅰ、Ⅱ型,ZPT-C 型,P21T-4 型,PQ-R-S 型和 ZP88-1 型等。立式自动排气阀如图 2-18 所示。

（3）冷风阀

冷风阀多用在水平式和下供下回式系统中。它旋紧在散热器上部专设的丝孔上,以手动方式排除空气,如图 2-19 所示。

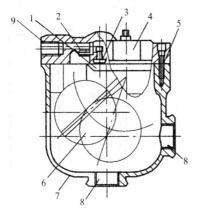

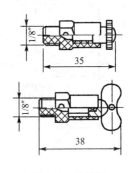

图 2-18　立式自动排气阀　　　　　　　图 2-19　冷风阀

1—杠杆机构;2—垫片;3—阀堵;4—阀盖;
5—垫片;6—浮子;7—阀体;8—接管;9—排气孔

# 学习情境 2　建筑热水供暖系统

建筑物内供暖系统按输送热能的介质不同分为热水供暖系统、蒸汽供暖系统和热风供暖系统。以热水作为热媒的供暖系统称为热水供暖系统,是本项目重点要研究的对象。

热水作为热媒的特点是:热能利用率较高,输送时无效损失较小,散热设备不易腐蚀,使用周期长,且散热设备表面温度低,符合卫生要求。系统操作方便,运行安全,易于实现供水温度的集中调节,系统蓄热能力高,散热均衡,适于远距离输送。

热水供暖系统按热水参数的不同分为低温热水供暖系统(供水温度低于 100 ℃,常用热媒参数:$t_g = 95 \, ℃ , t_h = 70 \, ℃ ; t_g = 80 \, ℃ , t_h = 60 \, ℃$ 等)和高温热水供暖系统(供水温度高于 $100 \, ℃$,常用热媒参数:$t_g = 110 \, ℃ , t_h = 70 \, ℃ ; t_g = 130 \, ℃ , t_h = 70 \, ℃ ; t_g = 150 \, ℃ , t_h = 70 \, ℃$ )。

## 一、两种典型的热水供暖系统

热水供暖系统按循环动力不同可分为自然循环热水供暖系统和机械循环热水供暖系统。

### 1.自然循环热水供暖系统

(1)定义

依靠供水和回水的密度差产生的重力进行循环的系统,称为自然(重力)循环热水供暖系统。

(2)工作原理(图 2-20)

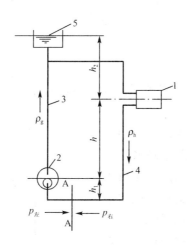

图 2-20　自然循环热水供暖系统的工作原理图
1—散热器;2—热水锅炉;3—供水管路;4—回水管路;5—膨胀水箱

系统运行前,先将系统内充满水,当水在热水锅炉内加热后,水的密度减小,水向上浮升,经供水管道流入散热器,在散热器内被冷却后,水的密度增加,水再沿回水管路返回热水锅炉。整个系统将因供回水密度差的不同而维持循环流动。维持该系统循环流动的压力称为自然作用压力,即重力,因此这种系统称为自然(重力)循环热水供暖系统。

工作原理:假想回水管路的最低点断面 A—A 处有一阀门,若阀门突然关闭,A—A 断面两侧会受到不同的水柱压力,两侧的水柱压力差就是推动水在系统中循环流动的自然作用压力。A—A 断面两侧的水柱压力分别为

$$p_{左} = g(h_1\rho_h + h\rho_g + h_2\rho_g)$$
$$p_{右} = g(h_1\rho_h + h\rho_h + h_2\rho_g)$$

系统的循环作用压力为

$$\Delta p = p_{右} - p_{左} = gh(\rho_h - \rho_g) \tag{2-1}$$

式中　$\Delta p$——自然循环的作用压力,Pa;

　　　$g$——重力加速度,m/s$^2$;

$h$——加热中心至冷却中心的垂直距离,m;

$\rho_h$——回水密度,$kg/m^3$;

$\rho_g$——供水密度,$kg/m^3$。

从式(2-1)可以看出,自然循环作用压力的大小与供回水的密度差和锅炉中心的垂直距离有关。低温热水供暖系统中,供回水温度一定(95 ℃/70 ℃)时,为了提高系统的循环作用压力,应尽量增大锅炉与散热设备之间的垂直距离。

(3)组成

自然循环热水供暖系统一般由热水锅炉、供水管路、回水管路、散热器和膨胀水箱等组成。

(4)特点

自然循环热水供暖系统维护管理简单,不需消耗电能。但由于其作用压力小、管中水流速度不大,所以管径相对大一些,作用范围也受到限制。自然循环热水供暖系统通常只能在单幢建筑物中使用,作用半径不宜超过50 m。

**2.机械循环热水供暖系统**

(1)定义

靠循环水泵提供机械力迫使热水进行循环的系统,称为机械循环热水供暖系统。

(2)工作原理

图2-21所示为机械循环热水供暖系统的工作原理图。

机械循环热水供暖系统中在回水管路上设置了循环水泵,系统运行时,水在热水锅炉中被加热后,靠循环水泵的机械能使水在系统中强制循环,为水循环提供动力,使水沿供水管路进入散热器,放热后沿回水管路送回热水锅炉。膨胀水箱的作用是除了容纳系统中水受热膨胀而增加的体积外,还对系统起着定压作用,这是因为膨胀水箱的连接管连接在循环水泵的吸入口处,可以使整个系统在正压下工作,保证了系统中的热水不致汽化,也可避免出现负压吸入空气。

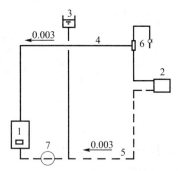

图2-21 机械循环热水供暖系统的工作原理图
1—热水锅炉;2—散热器;3—膨胀水箱;
4—供水管路;5—回水管路;6—集气罐;7—循环水泵

(3)组成

机械循环热水供暖系统一般由热水锅炉、循环水泵、补水系统、膨胀水箱、散热器、排气装置、供回水管路、附属配件及阀门等组成。

(4)特点

机械循环热水供暖系统设置了循环水泵,为水循环提供了充足的动力,这虽然增加了运行管理费用和电能损耗,但系统循环作用压力大,管径较小,系统的作用半径会显著提高。因此,管路较长、建筑面积和采暖热负荷都较大的多层及高层建筑供暖系统多采用此系统。

# 二、热水供暖系统的布置形式

## 1. 自然循环热水供暖系统的布置形式

自然循环热水供暖系统常见形式、适用范围和特色见表 2-2。

表 2-2　　　　自然循环热水供暖系统常见形式、适用范围和特色

| 序号 | 形式名称 | 图式 | 适用范围 | 特色 |
|---|---|---|---|---|
| 1 | 单管上供下回式 | | 作用半径不超过 50 m 的多层建筑 | • 升温慢、作用压力小、管径大、系统简单、不消耗电能<br>• 水力稳定性好<br>• 可缩小锅炉中心与散热器中心距离 |
| 2 | 双管上供下回式 | | 作用半径不超过 50 m 的三层(≤10 m)以下建筑 | • 升温慢、作用压力小、管径大、系统简单、不消耗电能<br>• 易产生垂直失调<br>• 室温可调节 |
| 3 | 单户式 | | 单户单层建筑 | • 一般锅炉与散热器在同一平面,故散热器安装至少提高到 300～400 mm 的高度<br>• 尽量缩小配管长度,减小阻力 |

自然循环热水供暖系统供水干管应顺水流方向设下降坡度,坡度值为 0.005～0.01。散热器支管也应沿水流方向设下降坡度,坡度值不应小于 0.01,以便空气能逆着系统方向上升,聚集到供水干管最高处设置的膨胀水箱从而排除。

回水干管应该有向锅炉方向下降的坡度,以便于系统停止运行或检修时能通过回水干管顺利泄水。

## 2. 机械循环热水供暖系统的布置形式

机械循环热水供暖系统常见形式、适用范围和特色见表 2-3。

表 2-3　　　　　　　　　　　　　　机械循环热水采暖系统常见形式

| 序号 | 形式名称 | 图式 | 适用范围 | 特　色 |
|---|---|---|---|---|
| 1 | 双管上供下回式 | | 室温有调节要求的建筑 | • 最常用的双管系统做法<br>• 排气方便<br>• 室温可调节<br>• 易产生垂直失调 |
| 2 | 双管下供下回式 | | 室温有调节要求,且顶层不能敷设干管或边施工边使用的建筑 | • 缓和了上供下回式系统的垂直失调现象<br>• 安装供、回水干管需要设置地沟<br>• 室内无供水干管,顶层房间美观<br>• 排气不便 |
| 3 | 双管中供式 | | 顶层供水干管无法敷设的建筑 | • 可解决一般供水干管挡窗问题<br>• 解决垂直失调比上供下回式有利<br>• 对楼层扩建有利<br>• 排气不利 |
| 4 | 双管下供上回式 | | 热媒为高温水、室温有调节要求的建筑 | • 对解决垂直失调有利<br>• 排气方便<br>• 能适应高温水热媒,可降低散热器表面温度<br>• 降低散热器传热系数,浪费散热器 |

| 序号 | 形式名称 | 图式 | 适用范围 | 特 色 |
|---|---|---|---|---|
| 5 | 垂直单管<br>上供下回式 | | 一般多层建筑 | • 常用的一般单管系统做法<br>• 水力稳定性好<br>• 排气方便<br>• 安装构造简单 |
| 6 | 垂直单管<br>下供上回式 | | 热媒为高温水的多层建筑 | • 可降低散热器表面温度<br>• 降低散热器传热量,浪费散热器 |
| 7 | 水平单管<br>跨越式 | | 单层建筑串联散热器组数过多时 | • 每个环路串联散热器数量不受限制<br>• 每组散热器可调节<br>• 排气不便 |
| 8 | 垂直单管<br>上供中回式 | | 不宜设置地沟的多层建筑 | • 节约地沟造价<br>• 系统泄水不方便<br>• 排气不便<br>• 影响室内底层房间美观<br>• 检修不便 |

注:垂直单管和水平单管系统,为了达到室温控制调节要求都安装了跨越管两通阀或三通阀;如不需室温控制或利用其他方式调温,可不加跨越管。

①无论系统大小,有条件时,尽量采用同程式,以便压力平衡。

②水平供水干管敷设坡度不应小于0.003,坡向应与水流方向相反,以利排气。

③回水干管的坡度不应小于0.003,坡向应与水流方向相同。

④无水箱直接技术由沈阳直连高层供暖技术有限公司提供。

供暖系统在运行时,除容易出现楼层间冷热不均的现象外,往往还会在水平方向出现远近环路冷热不均的问题,称为水平失调。产生水平失调的原因是连接各立管供回水干管循环回路总坡长度不等,各并联环路阻力损失不易平衡,易出现短环路过热,长环路不热的问题。因此,表 2-3 中各供暖系统均采用同程式系统。同程式系统中连接各立管的循环环路总长度相等,阻力易平衡,在机械循环热水供暖系统中有较多适用,但同程式系统会增加干管的长度,需精心考虑,布置得当。

## 三、其他供暖方式

### 1. 蒸汽供暖系统

其工作原理是水在蒸汽锅炉内被加热成具有一定压力的饱和蒸汽,饱和蒸汽在自身压力下经蒸汽管道进入散热设备,饱和蒸汽放出汽化潜热变成凝结水的同时将热量传给室内空气,凝结水流回凝结水箱,用凝结水泵打回锅炉,继续加热新的饱和蒸汽以产生新的循环。

蒸汽供暖系统根据供汽压力的大小可分为低压蒸汽供暖系统(表压强≤70 kPa)和高压蒸汽供暖系统(表压强>70 kPa)。低压蒸汽供暖系统常用的布置形式有双管上供下回式、双管下供下回式、双管中供式和单管上供下回式四种。高压蒸汽供暖系统回温度较高,易烫伤人,卫生条件差,现已很少使用。

### 2. 热风供暖系统

热风供暖系统以空气作为热媒。在热风供暖系统中所用的热媒可以是室外的新鲜空气,也可以是室内再循环空气,或者是两者的混合气体。常用的主要设备有热风幕和暖风机等。

### 3. 红外辐射供暖系统

红外辐射供暖系统是以电力为能源,以电热膜为发热体,将热源以远红外辐射的方式传达到房间和人体上,散热均匀,调温自由,使人体验到沐浴阳光的舒适感觉。但只有符合电加热条件的建筑才能考虑此种供暖方式,直接将燃煤发电生产出的高品位电能转换为低品位的热能进行供暖,能源利用效率低,不利于节能。由于我国地域广阔、不同地区能源资源差距较大,能源形式与种类也有很大不同,考虑到各地区的具体情况,在只有符合本条所指的特殊情况时方可采用。

### 4. 金属辐射板供暖系统

辐射板的工作原理是将工作元件加热,达到向周边环境进行热辐射供暖的目的。

金属辐射板的分类很多,按热媒不同可分为低温热水式、高温热水式、蒸汽式、热风式、电热式和燃气式;按板面温度不同可分为低温辐射(板面温度低于 80 ℃)、中温辐射(板面温度为 80~200 ℃)、高温辐射(板面温度约为 500 ℃);按辐射板位置不同可分为顶面式、墙面式、地面式和楼面式;按辐射板构造不同可分为埋管式、风道式和组合式等。

# 学习情境 3 分户热计量与低温热水地板辐射供暖系统

## 一、分户热计量供暖系统

### 1.户内供暖系统形式及特点

（1）分户水平单管系统

分户水平单管系统可采用水平顺流式（图 2-22（a））、散热器同侧接管的跨越式（图 2-22（b））和散热器异侧接管的跨越式（图 2-22（c））。水平顺流式在水平支路上设关闭阀、调节阀和热量表，可实现分户调节和分户计量，不能分室改变供热量，只能在对分户水平式系统的供热性能和质量要求不高的情况下使用。两种跨越式除了可在水平支路上安装关闭阀、调节阀和热量表之外，还可在各散热器支管上安装调节阀或温控阀，达到分房间控制和调节室内温度的目的。分户水平单管系统比水平双管系统布置管道方便，节省管材，水力稳定性好。

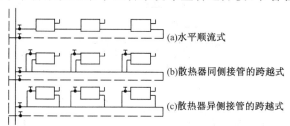

(a)水平顺流式

(b)散热器同侧接管的跨越式

(c)散热器异侧接管的跨越式

图 2-22 分户水平单管系统

（2）分户水平双管系统

分户水平双管系统如图 2-23 所示。该系统一个用户的各散热器并联，在每组散热器上安装调节阀或恒温阀，以实现分室控制和调节室温。分户水平双管系统按供回水干管的敷设位置不同可分为双管上供下回式系统（图 2-23（a））、双管上供上回式系统（图 2-23（b））和双管下供下回式系统（图 2-23（c））。

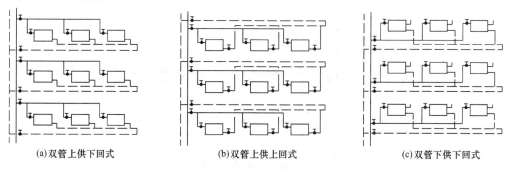

(a)双管上供下回式

(b)双管上供上回式

(c)双管下供下回式

图 2-23 分户水平双管系统

双管上供上回式系统可以把供回水干管敷设在天花板下，优点是便于敷设、安装，易于维护管理；缺点是影响美观，受户内门窗高度的限制，且维修时不宜泄水。双管下供下回式系统的供回水干管均可敷设在楼板面层内，少占室内空间，比较美观，面层内管道可采用塑料管；缺点是施工安装难度大，不便于维护、管理。

（3）分户水平放射式系统

水平放射式系统在每户的供热管道入口设小型分水器和集水器,各散热器并联在分、集水器上,如图 2-24 所示。从分水器引出的散热器支管呈辐射状埋地敷设至各个散热器,散热量可单体调节。户内系统供回水管路均可设在面层内,宜采用无接头的塑料管材（如交联聚乙烯管）,散热器支管上装有调节阀调节各室用热量。

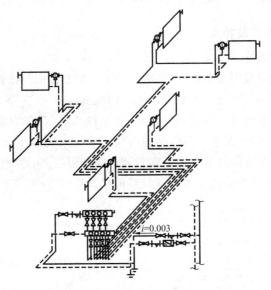

图 2-24　分户水平放射式系统

入户管上装有热计量装置,用于计量各用户供热量,热计量装置可安装在专用管道井内或楼梯间分户外墙上,并均应设置热表箱,方便供暖运行管理人员抄表、维护和管理。热计量装置安装图如图 2-25 所示。

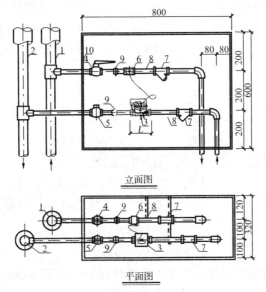

图 2-25　热计量装置安装图

1—供暖供水管;2—供暖回水管;3—热量表传感器;4—锁闭调节阀;5—锁闭阀;6—带温度传感器铜球阀;

7—水过滤器(60 目);8—L30×4 托架;9—活接头;10—热量表箱

**2.分户热计量供暖系统常用管材及附属设备**

(1)分户热计量供暖系统常用管材

分户热计量供暖系统户内普遍采用塑料管材,便于水平管道暗装敷设。供暖系统常用塑料管材有以下几类:

①交联铝塑复合管

内层和外层为密度大于等于0.94 $g/cm^3$的聚乙烯或乙烯共聚物,中间层为增强铝管,层间为用热熔胶黏合成一体的管材。用于输送热水时,内、外层应为交联聚乙烯,称为交联铝塑复合管,通常用XPAP标记。

②聚丁烯管

由聚丁烯-树脂添加适量助剂,经挤出成型的热塑性管材,称为聚丁烯管,通常以PB标记。

③交联聚乙烯管

以密度大于等于0.94 $g/cm^3$的聚乙烯或乙烯共聚物,添加适量助剂,通过化学的或物理的方法,使其线型的大分子交联成网状结构的大分子,由此种材料制成的管材,称为交联聚乙烯管,通常以PE-X标记。

④无规共聚聚丙烯管

以乙烯和适量乙烯的无规共聚物,添加适量助剂,经挤出成型的热塑性管材,称为无规共聚聚丙烯管,通常以PP-R标记。

⑤嵌段共聚聚丙烯管

嵌段共聚聚丙烯管为Ⅱ型聚丙烯管,在德国称为PP-B管,在韩国称为PP-C管。其柔韧性不如PP-R管,但是耐低温冲击能力却比PP-R管强,因此比较适用于北方地区。当热媒温度不超过60 ℃且系统压力小于0.6 MPa时,可采用PP-C管,较适宜用于低温热水地板辐射供暖系统。

(2)分户热计量供暖系统常用附属设备

①热量表(热能表或热表)

热量表如图2-26所示。

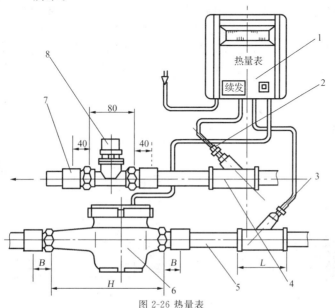

图2-26 热量表
1—积算仪;2—进水温度传感器;3—回水温度传感器;4—斜三通;
5—热力管道;6—流量传感器;7—管箍;8—温控阀

热量表是用于测量及显示水流经热交换系统所释放或吸收热量的仪表。热量表安装在热交换回路的入口或出口,用以对供暖设施中的热量损耗进行准确计量及收费控制。热量表由流量传感器(即流量计)、温度传感器和热能积算仪(也称积分仪)三部分组成;其工作原理是将一对温度传感器分别安装在通过载热流体的上行管和下行管上,流量计安装在流体入口或回流管上(流量计安装的位置不同,最终的测量结果也不同),流量计发出与流量成正比的脉冲信号,一对温度传感器给出表示温度高低的模拟信号,而积算仪采集来自流量和温度传感器的信号,利用积算公式算出热交换系统获得的热量。将传感器和积分仪分开安装的热量表称为分体式热量表,将传感器和积分仪组合在一起的热量表称为一体式热量表。

热量表根据结构和原理不同可分为机械式、超声波式、电磁式等。

②散热器温控阀

散热器温控阀是一种自动控制散热器散热量的设备。它由两部分组成,一部分为阀体部分,另一部分为感温元件控制部分,如图 2-27 所示。

当室内温度高于给定的温度值时,感温元件受热,其顶杆压缩阀杆,将阀口关小,进入散热器的水量会减小,散热器的散热量也会减小,室温随之下降;当室温下降到设置的低限值时,感温元件开始收缩,阀杆靠弹簧的作用抬起,阀口开大,水流量增大,散热器散热量也随之增加,室温开始升高。温控阀的控温范围为 13～28 ℃,控温误差为 ±1 ℃。温控阀具有恒定室温、节约热能的优点,在欧洲一些国家和美国得到广泛应用。目前,在我国已有定型产品投放市场并已得到使用。

(3)分水器和集水器

在供暖系统中,为有利于各水系统分区流量分配和调节,通常在供回水干管上分别设置分水器和集水器,再从分水器和集水器分别连接各水系统分区的供水管和回水管。

分水器和集水器由无缝钢管制作而成。分水器或集水器接出的各管路应设置调节阀和压力表,分水器或集水器底部应设排污管和排污阀,分、集水器构造图详见项目演练相关内容。

(4)调压板

当外网压力超过用户的允许压力时,可设置调压板(图 2-28)来减少建筑物入口供水管上的压力。调压板一般用于有压供水设施,如供暖系统。当建筑物高度相差悬殊,系统中部分建筑在运行时超压,容易造成散热设备及配件损坏漏水,一般应考虑在部分建筑供暖入口装置处送水管上加装调压板,并选取不同调压板孔径来调节压力。当然,也可以在低层建筑供暖系统入口处装设自动泄压装置。

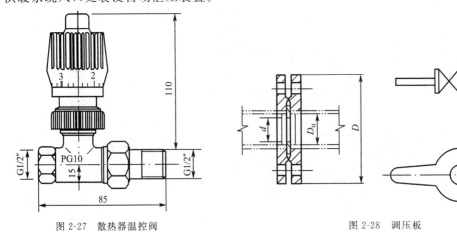

图 2-27　散热器温控阀　　　　　　　　　　　　图 2-28　调压板

调压板的材质:蒸汽供暖系统只能用不锈钢,热水供暖系统可以用铝合金或不锈钢。

(5)除污器和水过滤器

除污器和水过滤器的作用是用来清除和过滤管路中的杂质和污物,以保证系统内水质的洁净,减小阻力,防止管路阻塞,保证各类设备和阀件能正常使用。一般情况下,除污器和水过滤器安装在水泵的吸入管、热交换设备的进水管、供暖系统的入口以及其他如减压阀和自动排气阀等小通径阀件前的管路。

除污器和水过滤器的前后应该设置闸阀,作为在定期检修时与水系统切断之用(平时处于全开状态),安装时必须注意水流方向,在系统运转和清洗管路的初期宜把其中的滤芯卸下,以免损坏。除污器如图 2-29 所示。

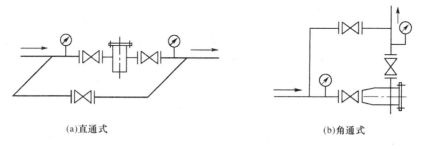

(a)直通式　　　　　　　　　　　　　　　(b)角通式

图 2-29　除污器

(6)平衡阀

平衡阀是一种手动调节阀,具备流量测量、流量设定、关断、泄水等功能。平衡阀的流量测量是通过阀体上的两个测压小孔利用专用智能仪表进行的,使用时必须已知流经该平衡阀的设计流量。平衡阀可以安装在供水管路上,但一般安装在回水管路上。平衡阀前后应各有 5 倍和 2 倍管径长的直管段。图 2-30 所示为数字锁定平衡阀及剖面图。

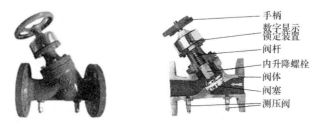

手柄
数字显示
锁定装置
阀杆
内升降螺栓
阀体
阀塞
测压阀

图 2-30　数字锁定平衡阀及剖面图

(7)自力式流量控制阀

自力式流量控制阀是一个新的调节阀,也叫流量调节器、定流量阀、流量平衡阀等。相对于手动调节阀,它的优点是能够自动调节;相对于电动调节阀,它的优点是不需要外部动力。应用实践证明,在热水供暖系统中,使用这种阀门可以很方便地实现系统的流量分配,实现系统的动态平衡,大大简化系统的调试工作,稳定泵的工作状态等。自力式流量控制阀的作用是在阀的进出口压差变化的情况下,使通过阀门的流量恒定,从而使与之串联的被控对象(如一个环路、一个用户等)的流量恒定。其安装简单,调节方便;节能效果明显,可节电 25%~30%,可节煤 15%~20%,可增加供热面积 25%~30%;有利于稳定运行,提高供暖质量。图 2-31 所示为自力式流量控制阀及剖面图。

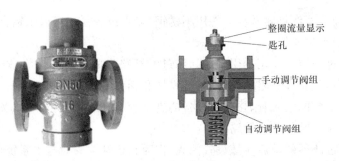

图 2-31    自力式流量控制阀及剖面图

（8）自力式压差控制阀

自力式压差控制阀也称压差调节器、定压差阀等，它不需外来能源而依靠被控介质自身压力变化进行自动调节，自动消除管网的剩余压头及压力波动引起的流量偏差，恒定用户进出口压差，有助于稳定系统运行，特别适用于分户计量或自动控制系统。如果没有自力式压差控制阀，被关闭或调节用户的流量就会强加给其他用户，这样就造成了其他用户多付费甚至造成立管之间的不平衡。图 2-32 所示为自力式压差控制阀及安装图。

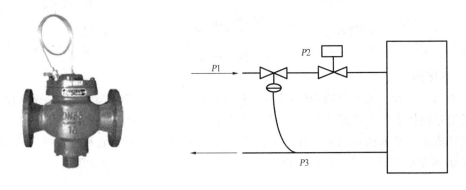

图 2-32    自力式压差控制阀及安装图

（9）锁闭阀

锁闭阀由阀体、阀芯、阀杆和锁闭机构组成。锁闭机构是在阀体锁闭孔中安装与阀芯相连接的阀杆，阀杆上安装弹簧、棘爪和棘轮锁帽；阀体为三通，一通为旁通帽；阀芯也有与阀体相对应的三个贯通孔，调整阀芯位置后，把棘轮锁帽拧上，用户就不能自行开启。锁闭阀具有换向和锁闭功能，对供暖、供水系统一户一组可以控制通断，非破坏性不能开启，可实现有效控制。

## 二、低温热水地板辐射供暖系统

### 1. 低温热水地板辐射供暖概述

低温热水地板辐射供暖是以温度不高于 60 ℃ 的热水为热媒，在加热管内循环流动，加热地板，通过地面以辐射和对流的传热方式向室内供热的供暖方式。《地面辐射供暖技术规程》明确规定：民用建筑供水温度宜采用 35～50 ℃，供、回水温差不宜大于 10 ℃。近年来，低温热水地板辐射供暖发展迅速，广泛用于分户热计量民用住宅的室内供暖系统，尤其是高层建筑供暖系统。

**2. 低温热水地板辐射供暖的特点**

低温热水地板辐射供暖(以下简称辐射供暖)与常规散热器供暖相比有如下特点:

(1)舒适性好

辐射供暖时,人体、室内物件、围护结构内表面直接接受辐射热,减少了人体对周围物体的辐射散热量,人或物体受到辐射照度和环境温度的综合作用,人体感受的实感温度可比室内实际环境温度高2~3 ℃,正好可以增加人体的对流散热量。因此,辐射供暖比对流采暖更舒适些。

(2)供热效率高,能耗少

辐射供暖沿高度方向温度分布均匀,温度梯度小,房间的无效热损失少;另外,室温自下而上、由高到低,给人以脚暖头凉的良好感觉,热能利用率高。

(3)卫生条件好

辐射供暖时,减少了对流散热量,室内空气的流动速度也降低了,避免室内尘土的飞扬,有利于改善卫生条件。

(4)不占室内使用面积辐射供暖时,不需要在室内布置散热器,少占室内的有效空间,也便于布置家居。

(5)适于分户计量,分室调温

辐射供暖的供回水干管为双管系统,只需在每户分、集水器前安装热量表,即可实现分户计量;用户各房间温度可通过调节分、集水器上的环路控制阀门,可方便地调节室温,有条件的用户也可以采用自动温控阀调节。

(6)造价偏高

辐射供暖的造价与常规散热器的造价相比,相对偏高。

**3. 低温热水地板辐射供暖系统的加热盘管敷设方式**

低温热水地板辐射供暖系统的加热盘管敷设方式有回字形、S 形、L 形和 U 形四种,如图 2-33 所示。

　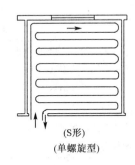　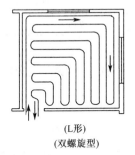　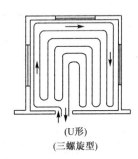

(回字形)　　　　(S形)　　　　　(L形)　　　　　(U形)
(逆向螺旋型)　　(单螺旋型)　　　(双螺旋型)　　　(三螺旋型)

图 2-33　水管铺设方式

低温热水地板辐射供暖因水温低,管路基本不结垢,多采用管路一次性埋设于垫层中的做法。地面结构一般由楼板、找平层、绝热层(上部敷设加热管)、填充层和地面层组成。其中,找平层是在填充层或结构层之上进行抹平的构造层,绝热层主要用来控制热量传递方向,填充层用来埋置、保护加热管并使地面温度均匀,地面层指完成的建筑地面。当楼板基面比较平整时,可省略找平层,在结构层上直接铺设绝热层,当工程允许地面按双向散热进行设计时,可不设绝热层。但对于住宅建筑,由于涉及分户热量计量,不应取消绝热层。与土壤相邻的地面,必须设绝热层,并且绝热层下部应设防潮层;直接与室外空气相邻的楼板、外墙内侧周边,也必须设绝热层。对于潮湿房间,如卫生间等,在填充层上宜设置防水层。低温热水地板辐射供暖系统的安装详见项目演练相关内容。

# 学习情境 4　建筑供暖施工图识读

## 一、建筑供暖施工图制图的基本规定

（1）建筑供暖施工图的图纸幅面、比例、字体、图线（线型）、尺寸标注等内容除了要符合《暖通空调制图标准》（GB/T 50114—2010）外，还应符合《房屋建筑制图统一标准》（GB/T 50001—2010）等现行建筑制图标准的相关规定。

（2）建筑供暖施工图中常用图例可参照标准规定画出，若标准中没有的图例可自行规定。供暖施工图常用水、汽管道代号可参见表 2-4。供暖施工图常用图例可参见表 2-5。

（3）供暖施工中管道标高一律标注中心，单位为 m。标高应注在管段的始、末端，翻身及交叉处，要能反映管道的起伏与坡度变化。

（4）管径规格的标注。焊接钢管一律标注公称直径，并在数字前加符号"DN"，无缝钢管一般按"外径×壁厚"进行标注，并在数字前加符号"D"，如 D89×4。塑料管宜按产品规定的标注要求进行。

（5）散热器的种类尽量采用一种，可以在说明中注明种类、型号。平面图及系统图中只标注散热器的片数、长度或柱数等；当散热器种类在两种以上时，可用图例加以区别，并分别标注。

（6）采暖立管的编号可以用中线单圈，内注阿拉伯数字，立管编号同时标于首层、标准层及系统图所对应的同一立管旁。

表 2-4　　　　　　　　　　　水、汽管道代号

| 序号 | 代号 | 管道名称 | 备注 |
|---|---|---|---|
| 1 | R | （供暖、生活工艺用）热水管 | • 用粗实线、粗虚线区分供水、回水时，可省略代号<br>• 可附加阿拉伯数字 1、2 区分供水、回水<br>• 可附加阿拉伯数字 1、2、3… 表示不同参数的多种管道 |
| 2 | Z | 蒸汽管 | 需要区分饱和、过热、自用蒸汽时，可在代号前分别附加 B、G、Z |
| 3 | N | 凝结水管 | 用粗虚线表示，可附加阿拉伯数字 1、2、3… 表示不同参数的多种管道 |
| 4 | P | 膨胀水管、排污管、排气管、旁通管 | 需要区分时，可在代号后附加一位小写拼音字母即 Pz、Pw、Pq、Pt |
| 5 | G | 补给水管 | 用细实线表示 |
| 6 | X | 泄水管 | 用细实线表示 |
| 7 | XH | 循环管、信号管 | 循环管为粗实线，信号管为细虚线。不致引起误解时，循环管也可为"X" |

表 2-5　　　　　　　　　　　　　供暖常用图例

| 序号 | 名称 | 图例 | 备注 |
|---|---|---|---|
| 1 | 采暖供水（汽）管<br>采暖回（凝结）水管 | 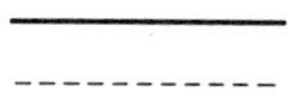 | |
| 2 | 保温管 |  | |
| 3 | 软管 |  | |
| 4 | 方形伸缩器 | 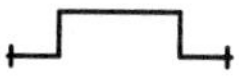 | |
| 5 | 套管伸缩器 | | |
| 6 | 波形伸缩器 | 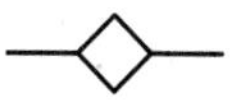 | |
| 7 | 弧形伸缩器 |  | |
| 8 | 球形伸缩器 | 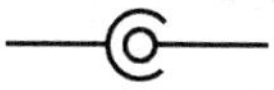 | |
| 9 | 流向 |  | |
| 10 | 丝堵 | | |
| 11 | 管道滑动支架 |  | |
| 12 | 管道固定支架 | 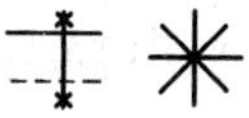 | |
| 13 | 膨胀阀 | 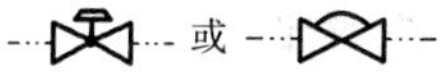 或 | 也称隔膜阀 |
| 14 | 散热器及<br>手动放气阀 | 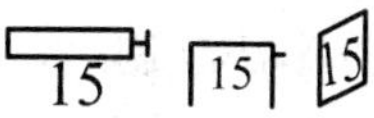 15　15　15 | 左为平面图画法，中为剖面图画法，右为系统图、Y 轴轴侧图画法 |
| 15 | 集气罐、排气装置 | 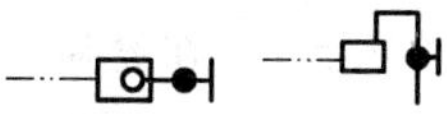 | 左图为平面图 |
| 16 | 自动排气阀 |  | |
| 17 | 疏水阀 |  | 在不致引起误解时，也可用  表示，也称疏水器 |

续表

| 序号 | 名称 | 图　例 | 备　注 |
|---|---|---|---|
| 18 | 角阀 |  或  | |
| 19 | 三通阀 |   | |
| 20 | 四通阀 | 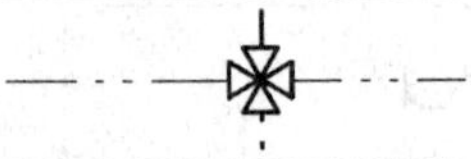 | |
| 21 | 节流孔板、减压孔板 | 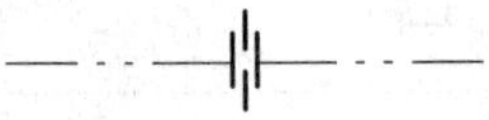 | 在不致引起误解时,也可用 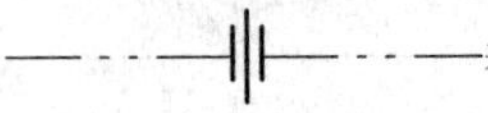 表示 |
| 22 | 管道泵 | | |
| 23 | 除污器(过滤器) | 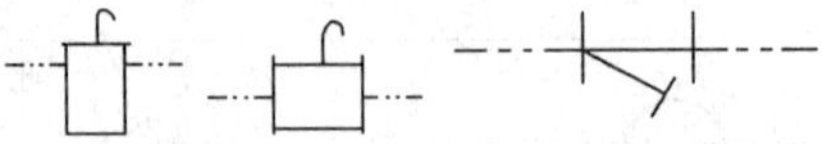 | |
| 24 | 介质流向 |  或  | 在管道断开处时,流向符号宜标注在管道中心线上,其余可同管径标注位置 |
| 25 | 坡度及坡向 | $i=0.0035$ 或 $i=0.003$ | 坡度数值不宜与管道起、止点标高同时标注。标注位置同管径标注位置 |
| 26 | 板式换热器 | 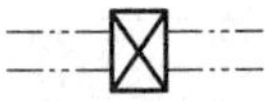 | |

## 二、建筑供暖施工图的表达特点

(1)管道、设备是建筑供暖施工图的重点,通常用单粗线绘制。

(2)建筑供暖施工图中的建筑图部分不是为土建施工而绘制的,而是作为建筑设备的定位基准而画出的,一般用细线绘制,不画建筑细部。

(3)其平面图、详图等图样均采用正投影法绘制。

(4)系统图宜按 45°或 135°正面斜轴测投影法绘制,管道系统图的布图方向应与平面图一致,并宜按同一比例绘制;当局部管道按比例不易表示清楚时,可不按比例绘制。

(5)管道附件和设备等一般采用统一图例表示,在绘制和阅读前,应查阅和掌握与图纸有关的图例及所代表的内容。例如,常用"N"作为室内供暖系统的代号。

(6)管道一般采用单线画法,以粗线绘制,而建筑、结构的图形及有关器材设备均采用中、细实线绘制。

(7)有关管道的连接配件属于规格统一的定型产品,在图中均不予画出。

(8)供暖管道设备的安装应与土建施工图相互配合,尤其在留洞、预埋件、管沟等方面对土建的要求,须在图纸上标明。

## 三、建筑供暖施工图组成

室内供暖系统施工图包括图纸目录、设计施工说明、主要设备材料表、供暖平面图、供暖系统图、详图等。

**1. 图纸目录**

图纸目录中标注了单位工程名称、图号的编码、图纸名称及数量、图纸规格等内容。有些图纸目录将全部施工图纸进行分类编号，并填入图纸目录表格中，一般作为施工图的首页，用于施工技术档案的管理。

**2. 设计施工说明**

主要内容用必要的文字来表明工程的概况及设计者的意图，它是设计的重要组成部分。建筑供暖系统的设计施工说明往往同给排水说明一起写在一份图纸的首页，或者因为系统较小、内容少时直接写在图纸上，主要阐述建筑的采暖热负荷、建筑采暖面积、热源位置及热媒参数等；供暖系统形式、供回水干管进出口压力差，散热器的种类、形式及安装要求，管道的敷设方式、防腐保温、水压试验要求，施工中需参照的有关施工图号或采用的标准图号等；施工中需参照的标准图集等；安装和调节运行时应遵循的标准和规范等。

**3. 主要设备材料表**

为了使施工准备的材料和设备等符合设计要求，对于重要工程中的材料和设备，应编制主要设备材料表，列出设备、材料的名称、规格、型号、单位、数量及附注说明等项目，将在施工中涉及的管材、仪表、设备均列入表中，不影响工程进度和质量的辅助性材料可不列入表中。

**4. 供暖平面图**

供暖平面图可表示建筑物各层供暖管道及设备的平面位置，通常有首层平面图、标准层平面图、顶层平面图或各层平面图等。应包括的主要内容如下：

① 在建筑图上应标明轴线编号、外墙总长尺寸、地面及楼板标高与供暖系统施工安装的相关尺寸；

② 散热器的位置、片数及安装方式(明装、半暗装或暗装)；

③ 干管、立管和支管的水平布置，同时注明干管管径和立管编号，以及干管的坡度和坡向；

④ 主要设备或管件，如补偿器、固定支架、自动排气阀等在平面图上的位置；

⑤ 室内管沟(包括过门地沟)的位置和尺寸；

⑥ 引入口的位置应在底层平面图上标出。

**5. 供暖系统图**

供暖系统图也称供暖系统轴测图，利用轴测作图原理在立体空间反映供暖管路、设备及器具相互关系的透视图形,能够直观反映系统的全貌。供暖系统图主要表达供暖系统中的管道、设备的连接关系、规格与数量,不表达建筑施工图。应包括的主要内容如下:

①供暖系统中的所有管道的走向、空间位置、变径的位置以及管道与管道的连接方式等;

②管道规格、水平管道标高、坡度;

③散热设备的规格、数量、标高,散热设备与管道的连接方式;

④系统中阀门、膨胀水箱的位置及规格,集气罐等附件与系统的连接方式;

⑤立管编号等。

**6.详图**

在供暖平面图和供暖系统图中表示不清楚,而又无法用文字说明的地方,可用详图表示。详图是局部放大比例的施工图,表示供暖系统节点与设备的详细构造及安装尺寸要求,包括节点图、大样图和标准图。

## 四、供暖施工图示例

该设计为一栋 32 层高层住宅楼的一个单元,施工图纸包括设计施工说明(图 2-34)、地下一层采暖管平面图(图 2-35)、一层盘管平面图(图 2-36)、标准层盘管平面图(图 2-37)、采暖立管系统图(图 2-38)和节点大样图(图 2-39、图 2-40)。

室内供暖系统采用低温热水地板辐射供暖方式,热媒由坐落于地下车库的小区热交换站提供热水,供回水温度为 60 ℃/50 ℃,分设低、中、高三个供暖分区,供回水干管均采用 DN70 的无缝钢管,焊接连接。入户引入口设在地下一层专用采暖间,热力引入口处设置热计量装置,热量表安装在回水管上,安装详图执行《采暖管道安装标准图集》。

出热力小室的供回水管贴梁下敷设进入管道竖井,在管道竖井内低、中、高区分别设置供回水主立管,DN≤50 采用热镀锌钢管,DN>50 采用无缝钢管,立管顶部设置自动排气阀。中区在 19 层设置不锈钢波纹补偿器;高区在 29 层设置不锈钢波纹补偿器,补偿器近旁设置固定支架。各分户供水管上设置户用热量表,回水管上设置锁闭阀。户内入户支管的埋地管及户内埋地的加热盘管均采用耐热增强型聚乙烯(PE-RT)管,塑料与钢管之间采用夹紧式连接。户内分、集水器设置在储物间或厨房内,室内有条件的地方加热盘管铺设方式采用双回字形,加热盘管间距详见图 2-36、图 2-37。地板辐射供暖结构层设计及分、集水器安装图如图 2-40 所示。

# 设计施工说明

## 一　设计依据

1.《采暖通风与空气调节设计规范》GB5 0019-2003。

2.《地面辐射供暖技术规程》JG J142-2004。

3.《新建集中供暖住宅分户热计量设置安装》图集X《DBJ01-605-2000）。

4.辽宁省地方标准《采暖管道安装标准图集》辽 2002T901。

5.辽宁省地方标准《居住建筑节能设计标准》J10922-2007。

6.业主对本工程的有关意见及要求。

## 二　主要设计参数

1.室外设计参数

冬季采暖室外计算温度 -16℃　　　冬季室外平均风速 4.0 m/s

2.室内设计参数

起居室、卧室 18℃；卫生间（浴）25℃；用户可在卫生间安装浴霸、辅助采暖、以达到房间设计温度。

3.表面平均温度：人员长期停留区域 24-26℃；阴房 28-30℃；人员短期停留地面散热量。

## 三　采暖设计

1.本工程住宅部份：体形系数为 0.3；各朝向窗墙面积比为：北向 0.18、西向 0.02、南向 0.43、东向 0.02。

2.围护结构传热系数：

a.外墙传热系数：K=0.28 W/m²k　　b.外窗传热系数：K=1.90W/m²k　　c.层顶传热系数：K=0.25 W/m²k

3.采暖取自小区集中供热系统，热媒温度为60-50℃低温热水，换热站采暖总热负荷指标为35.5 W/m²。

4.采暖负荷：采暖负荷为 470.6；采暖负荷为156.3 kW，系统压力损失为 10 kPa;

低区（1~10层）采暖系统：热负荷为138.3 kW，系统压力损失为 21 kPa;

中区（11~21层)采暖系统：热负荷为168.7 kW，系统压力损失为 34 kPa;

高区（22~32层)采暖系统为下供下回异程式，户内采用低温热水地板辐射供暖系统。

本建筑采暖系统干立管供回水。系统最高点设E21自动排气阀。最低点设泄水阀。

5.本工程采暖系统的采用集中供热系统的热力为主。入户采暖管道上、顺水流方向的安装设置TWA型热水驱动器；房间闪设 CFR 型无线房间温控器，且分集水器自分支分户供水干管上均装止回阀。

分户计量装置由设应配套提供，采用机械式旋翼量计，户内系统入口处段DN≤50mm采用热镀锌钢管，丝接。

6.热量分配表由应配套提供。采用采暖管道（含户内系统）DN≤50 mm 采用热镀锌钢管，DN>50 mm采用无缝钢管焊接连接。阀门均采用铜制闸阀门，公称直径

---

8.入户支管的埋地管及户内墙地的管道采用耐热增强型聚乙烯(PE-RT)管，使用等级4级，工作压力 0.8 MPa，埋地入户支管为 De32×3.0。户内盘管 De20×2.3。

绝热层采用聚苯乙烯泡沫塑料板，密度≥20 kg/m³，压缩强度≥100 kPa；导热系数≤0.041 W/m·k。

9.各立管均设竖向复式补偿器，其导向支架式安装于供水厂商设置合确定。

低区设置在5层楼面设竖向中区设置在19层楼面位置井内，具体位置现场定。

高区设置在4层及29层楼面位置井内。

10.明装焊接钢管支架做法采用角钢两侧涂刷白磁漆，保温接管除锈后两道红丹防锈漆。

11.加热管与分集水器连接处卡箍，加热管固定点的两道，直管段固定点间距为 0.5-0.7 m，弯曲管固定点间距为 0.2-0.3 m。

12.加热穿过墙伸缩缝处，应加长度不小于 400 mm 的套管。

13.在墙边设置立水保温层，在各房间门口或过长超过 6 m或面积超过30 m²及平面突出部分设伸缩缝，每间两 6 m设置宽度不小于 8 mm的伸缩缝，伸缩缝宜采用内填发泡聚乙烯泡沫塑料填满弹性膨胀管。

14.地板辐射采暖板构件详见《低温热水地板辐射供暖系统施工安装》03K404。

15.在分集水器出口应设置未性套管，详见《低温热水地板辐射供暖系统施工安装》03K404-P14。

加热管穿出地面至分集水器入口的的弯头处应采用温弯曲。施工安装》03K404。

mm，地面辐射采暖系统施工时，外部加套管前应采用温措施。

16.管道穿墙、楼板、防大管道水压下做法详见《低温热水地板辐射供暖系统施工安装》03K404。

17.填充完毕后，加套地面伸过前每一处，末实层养护过程中，以管道内的锁闭阀门为界，填充完毕前内填满保温材料，防止互通。

18.水压试验：干管与地面水压试验与户内管道水压试验应分开进行，以管于内内的锁闭阀门为界，且地板辐射采暖系统应在垫层凝固完成后进行。水压试验合格后方可进行次。

低温热水地板辐射采暖系统应在垫层施工凝固前水压试验前应将立管加热盘管系统充水冲洗，干立管系统冲洗后，关闭分集水器前的阀门。

a.采暖系统干立管与分集水器连接前，在管道最高点处进行水压试验。

b.采暖系统的干立管与分集水器连接后，在管道处进行保压及前分之前应进行水压试验。

高区：户内管道水压处 0.87 MPa；

中区：户内管道水压试验压力 0.80 MPa。

低区：户内管道水压为 0.80 MPa。

在试验压力下稳压 1 h 后，压力下降不大于 0.05 MPa，同时各连接处不渗不漏为合格。压力表应位于试验部分的最低点。

19.地下室、管井供回水管道均采用离心玻璃棉管壳保温。做法见 0558。

保温厚度：DN25-50　50 mm;DN70-150　60 mm。不采暖楼层的管道内填无保温。

20.地面辐射采暖每个环季的初次运行都应先预热，初次升温应缓慢升高，初始温度宜控制在比当时环境温度高 10℃，且每天升温不得超过 3℃。直至设计供水温度为止。方可正常进行。

21.初次供暖及每个环季的初次运行都应先预热。供热点、供回水温不得骤然升高。供水温度 32℃，循环 48 h 后显升温不得超过 3℃，严禁骤升，严禁骤降，防止系统升温过快。

22.用方加强对用户的管理，严禁重对地面钻孔、打钉射钉等作业，钻孔射钉作业严禁施工过程中，严禁施工人员踩踏管道。

23.地板采暖施工须由经过专门训练的专业队伍施工。结束后，应检验竣工结果，并应准确定地确地标注加热盘管设位置。

图2-34　设计施工说明

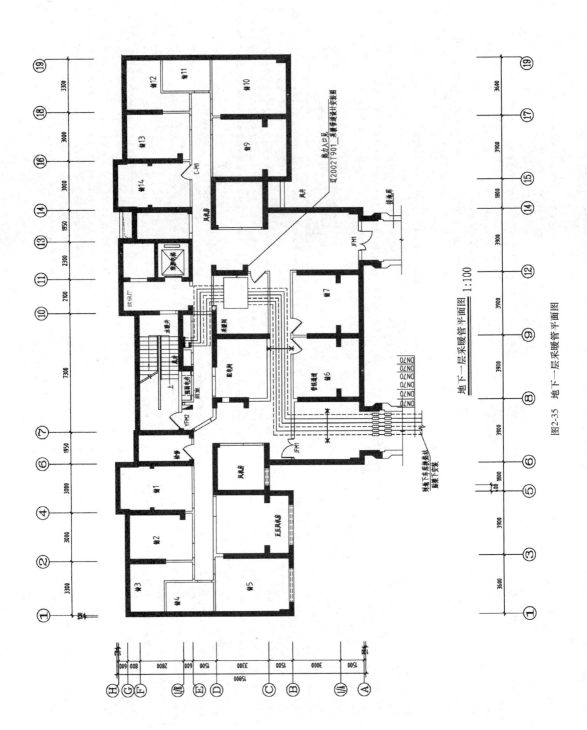

地下一层采暖管平面图 1:100

图2-35 地下一层暖管平面图

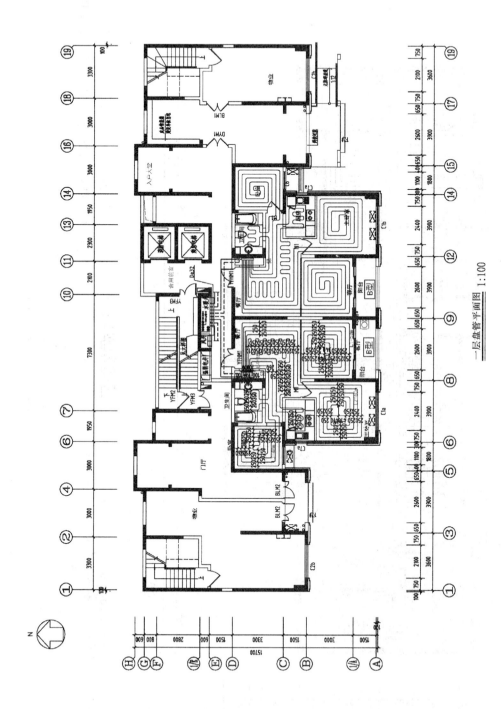

一层盘管平面图 1:100

注: 未定位的尺寸, 管间距均为 250MM, 管子于墙面的间距为200MM

图2-36　一层盘管平面图

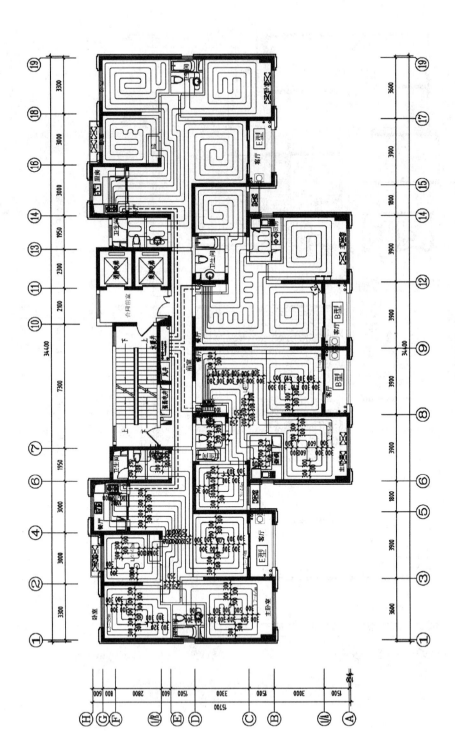

标准层盘管平面图　1:100

注：未定位的尺寸，管间距均为300MM，管子于墙面的间距为200MM

图2-37　标准层盘管平面图

B户型　L1=51m　L2=54m　L3=44m　L4=31m
E户型　L1=74m　L2=64m　L3=58m　L4=42m

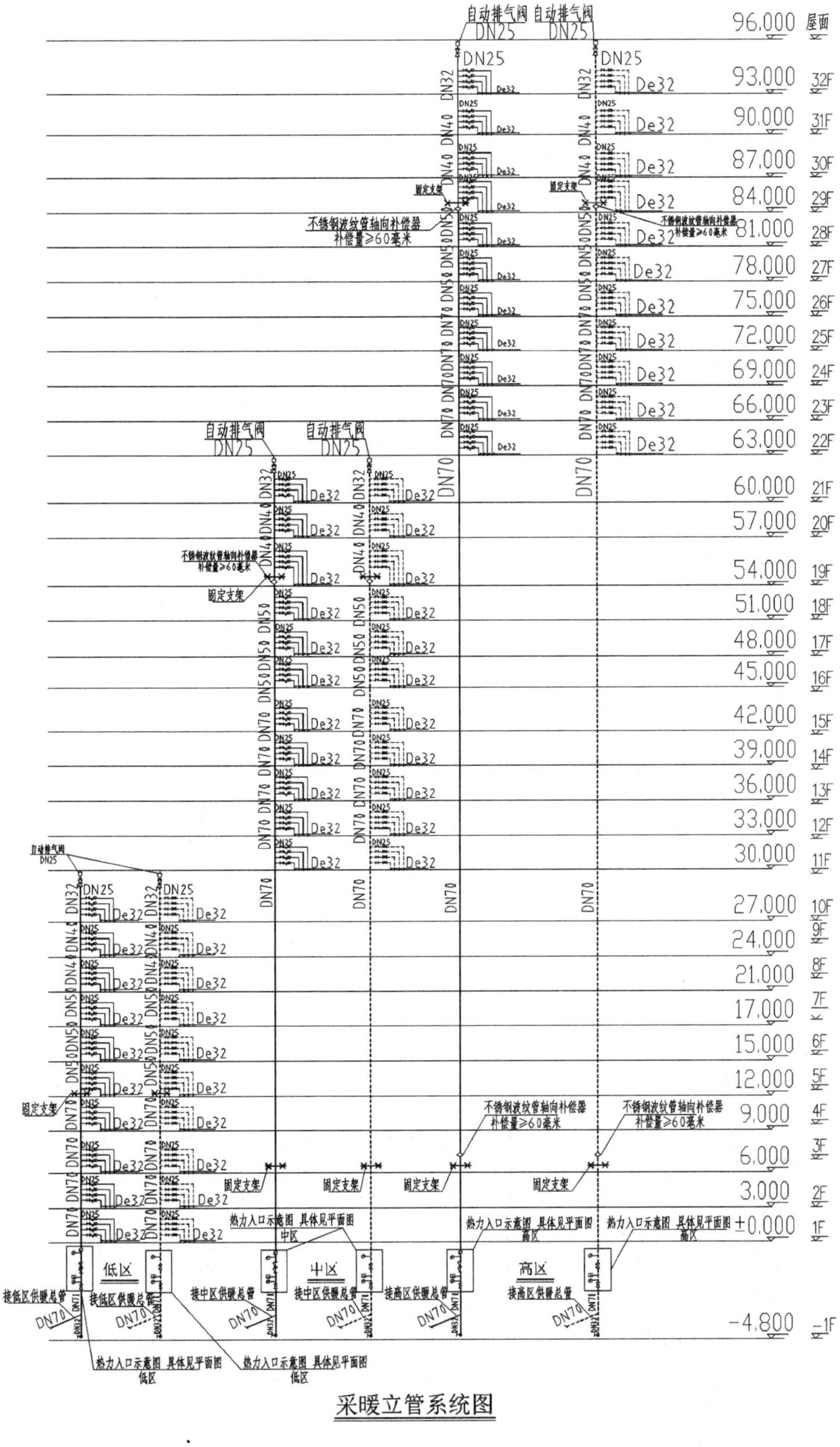

采暖立管系统图

图 2-38　采暖立管系统图

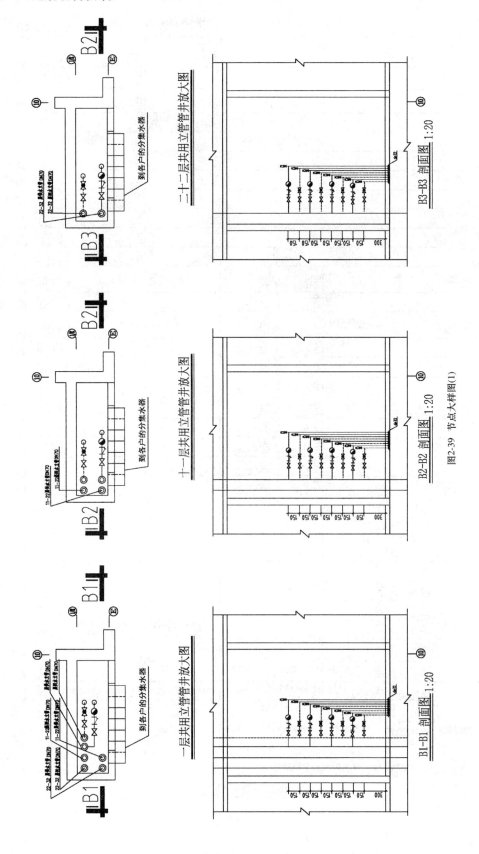

图2-39　节点大样图(1)

图　例

| 供暖供水管 | —— | | 自动排气阀 | |
| 供暖回水管 | ----- | | 热置表 | |
| 偶阀门 | ▷◁ | | 分、集水器 | |
| 截止阀 | ▷◁ | | Y型过滤器 | |
| 闸阀 | ▷◁ | | 温度计 | |
| 差压控制器 | ◇ | | 压力表 | |
| 固定支架 | —×—× | | | |
| 波纹管补偿器 | ◇ | | | |
| 金属软管 | ▭ | | | |

主要设备表

本表仅供参考，定货时请详细核对

| 序号 | 安装位置 | 名称 | 规格 | 单位 | 数量 | 备注 |
|---|---|---|---|---|---|---|
| 1 | 勤力口 | 压力表 | Y-100，0~1.0MPa | 个 | 12 | |
| 2 | 勤力口 | 温度计 | WNG-11，0~150°C | 个 | 6 | |
| 3 | 勤力口 | 阀门 | Z4T-10 型 DN70 | 个 | 6 | |
| 4 | 勤力口 | 自力式压差控制阀 | ZTY47-16(25)G型 DN70 | 个 | 3 | |
| 5 | 勤力口 | Y型过滤器 | M-CAL 机械式滤器15㎡/h | 只 | 3 | |
| 6 | 勤力口 | Y型过滤器 | φ3孔径过滤器 DN70 | 只 | 3 | |
| 7 | 勤力口 | 锁闭调节阀 | 60目精过滤器 DN70 | 只 | 3 | |
| 8 | 户力口 | Y型过滤器 | RLV-S DN25 | 只 | 128 | |
| 9 | 户力口 | Y型过滤器 | 60目精过滤器 DN25 | 只 | 128 | |
| 10 | 户力口 | 入户热量表 | M-CAL 机械式热量表 1.5㎡/h | 只 | 128 | |
| 11 | 户力口 | 分集水器 | DN25(带阀) | 套 | 126 | |

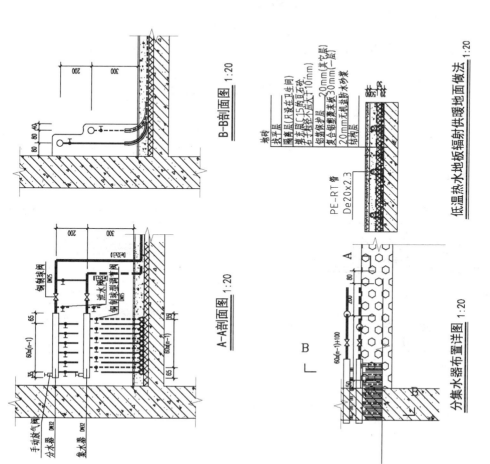

A-A剖面图 1:20

B-B剖面图 1:20

分集水器布置详图 1:20

低温热水地板辐射供暖地面做法 1:20

图2-40 节点大样图(2)

# 学习情境 5　供暖工程安装与土建、装饰专业配合

　　室内供暖系统的管路布置应力求管道短、直,同时又要考虑便于维护管理,不影响房间美观,并尽可能少占房间使用面积。室内供暖系统安装顺序一般是先配合土建预留孔洞或预埋套管,然后安装支、吊架,再进行供暖管道和散热设备安装。供暖系统安装一般先安装散热设备,然后布置干管,再布置立支管。系统各组成部分的安装要与土建、装饰专业配合进行,既要逐一安装,又要全面考虑。

　　室内供暖管道的安装又分明装和暗装两种方式。明装的管道和散热设备一般在土建进行到一定阶段,提供了管道和设备安装的必要工作面后,安装工程可以与土建工程同步进行,装饰工程应在其后进行。但当散热设备明装时,散热设备后部的墙饰面工程应先进行;敷设在地沟内的管道应配合土建在首层地面层施工前进行,应按地沟开挖、地沟砌筑、支架安装、管道安装、管道水压试验、管道绝热层安装、保护层安装、保护层外刷油、隐蔽工程综合验收等顺序逐一进行;直埋的管道还应在综合验收后在敷设管道的地方做明显的标记,标注管道的敷设位置及走向,避免二次装修或后期施工时钉坏管道。

## 一、热力引入口的安装与土建的配合

　　热力引入口是指室内供暖系统与室外供热管网的连接处,一般设置在单幢民用建筑及公共建筑的地沟入口或该用户的地下室或底层专用空间。用户引入口要求有足够的操作和检修空间,净高一般不小于 2 m,各设备之间检修、操作通道不应小于 0.7 m,地面应做 $i=0.01$ 的坡度,坡向集水坑,集水坑尺寸:400 mm×400 mm×500 mm。热力引入口处供回水干管穿过地下室或地下构筑物外墙时,土建应配合预埋套管,套管应采用防水措施,一般可采用刚性防水套管,如图 2-41 所示;对有震动或有严格防水要求的建筑物,必须采用柔性防水套管,如图 2-42 所示。

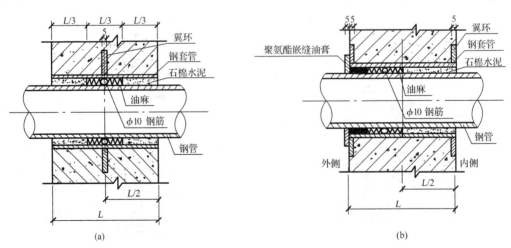

图 2-41　刚性防水套管

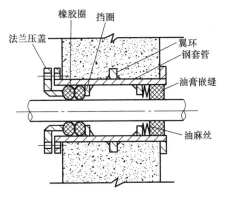

图 2-42　柔性防水套管

## 二、散热器安装与土建的配合

　　散热器应尽量安装在外墙窗下,散热器中心应与外窗中心重合,当安装有困难时,也可靠内墙布置。散热器安装有明装、暗装和半暗装三种形式,一般应明装;当建筑物内部装饰要求较高或者幼儿园、托儿所为避免儿童烫伤、撞伤时,可采用暗装,但应有合理的气流通道和足够的流通面积,并便于维修。

　　散热器安装可以靠墙挂装,也可以借助足片落地安装。柱型落地安装散热器用卡子固定,如图 2-43(a)所示;柱型挂装散热器上部为卡子,下部为托钩,如图 2-43(b)所示。散热器背面与装饰后的内墙表面距离应符合设计或产品说明书要求,如设计无要求,应保证不小于 25 mm 的间距。

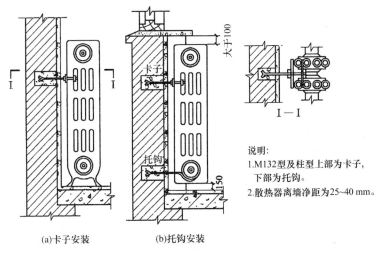

(a)卡子安装　　　　(b)托钩安装

图 2-43　柱型散热器安装

　　散热器安装可以采用托钩、卡子、托架等形式,卡子和托钩如图 2-44 所示。支、托架位置及数量可参阅产品安装说明书或有关标准图集。散热器的托钩和卡子可以采用预埋固定安装形式,也可以采用膨胀螺栓固定的方法。托架一般由生产厂家提供,形式多样,安装时通过膨胀螺栓固定在建筑墙体上;落地支架一般在墙体不能承重时采用。施工时注意:固定卡子孔洞的深度不小于 80 mm;托钩孔洞的深度不小于 120 mm;现浇混凝土墙的深度为 100 mm;使用膨胀螺栓应按膨胀螺栓的要求深度。

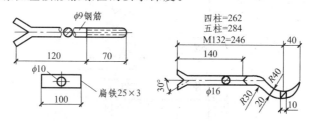

图 2-44　柱型散热器的卡子及托钩

# 三、管道安装与土建的配合

对于上供下回式系统,供水干管多敷设在顶层顶棚下。顶棚的过梁底标高与窗户顶部之间距离应满足供水干管的坡度和设置集气罐所需的高度。

## 1. 管道支架安装

常用管道支架的安装方法有直接埋入墙内、预埋件焊接、用膨胀螺栓安装、采用射钉安装等。钢管水平安装支架间距见表 2-6。

表 2-6　　　　　　　　　　　　　钢管水平安装支架间距表

| 公称直径/mm | | 15 | 20 | 25 | 32 | 40 | 50 | 65 | 80 | 100 | 125 | 150 |
|---|---|---|---|---|---|---|---|---|---|---|---|---|
| 支架间距/m | 无保温 | 2.5 | 3 | 3.5 | 4 | 4.5 | 5 | 6 | 6 | 6.5 | 7 | 8 |
| | 保温 | 1.5 | 2 | 2 | 2.5 | 3 | 3 | 4 | 4 | 4.5 | 5 | 6 |

(1)直接埋入墙内

墙上有预留孔洞的,可将支架横梁埋入墙内。先将埋设支架的孔洞内部清理干净,并用水浇湿,使用1∶3的水泥砂浆和适量的石子将支架载入孔洞,确保支架水平后,再用水泥砂浆灌孔并捣实,水泥砂浆的面应略低于墙面,待土建做饰面工程时再找平。支架埋入墙内的部分不小于 150 mm,且应开脚,如图 2-45 所示。

(2)预埋件焊接

钢筋混凝土构件上的支架,可在现浇钢筋混凝土时,在支架的位置预埋钢板后,将支架横梁焊接在钢板上即可,如图 2-46 所示。

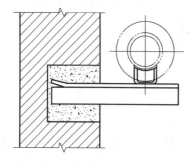

图 2-45　直接埋入墙内的支架安装

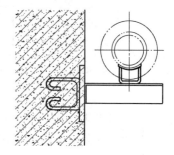

图 2-46　焊接在预埋钢板上的支架安装

（3）用膨胀螺栓安装

在没有预留孔洞和预埋钢板的砖或混凝土构件上，可采用膨胀螺栓固定支架。首先在安装支架的位置钻孔，钻孔应与构件表面垂直，孔的直径与套管外径相等，深度为套管长加 15 mm，然后将套管套在螺栓上，再将螺母带在螺栓上，将螺栓打入孔内，待螺母接触孔口时用扳手拧紧螺母。随着螺母的拧紧，螺栓被向外拉动，螺栓的锥形尾部便把开口的套管尾部胀开，使螺栓和套管一起紧固在孔内。

（4）采用射钉安装

用射钉安装支架时，先用射钉枪将射钉射入安装支架的位置，然后用螺母将支架横梁固定在射钉上，如图 2-47 所示。

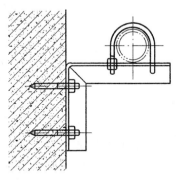

图 2-47　用射钉安装的支架

**2. 穿墙套管安装**

供水干管敷设在顶棚下，不可避免要穿过建筑物房间隔墙，当干管穿墙时，如设计有要求，按设计要求执行；如设计无要求，应加设镀锌铁皮套管，避免管道热胀冷缩时，墙面不均匀开裂或起鼓。镀锌铁皮套管可以预埋，也可以在施工完的墙面上凿洞，镀锌铁皮套管直径应与管道外径相吻合，镀锌铁皮套管长度应与墙面平齐。干管敷设严禁穿越构造柱或承重梁，如遇构造柱或承重梁时，管道应绕行，且在其高位点设置放气装置，低位点设置泄水装置。

回水干管敷设在建筑物底层，有明装和暗装两种形式。当回水管明装在首层地面上时，遇到外门或障碍物时应绕行，可采用门上绕行，如图 2-48 所示；也可采用局部地沟绕行，如图 2-49 所示。

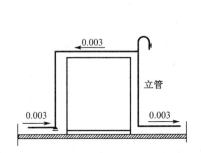

图 2-48　回水干管上部过门

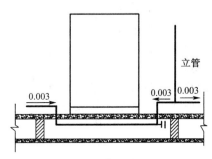

图 2-49　回水干管地沟过门

对于下供式供暖系统，供回水干管均应敷设在建筑物地下室顶板之下或底层地板之下的管沟内，如图 2-50 所示，也可以沿墙明装在底层地面上。无论明装还是暗装，供回水干管均应保证设计坡度的要求。供暖地沟的断面尺寸应由沟内敷设的管道数量、管径、坡度、安装和检修的要求确定，其净尺寸不应小于 800 mm×1200 mm，沟底应设 $i=0.003$ 的坡度，坡向排水设施。供暖地沟上应设有活动盖板或检修入孔。

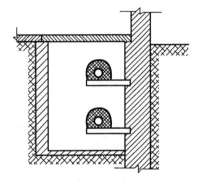

图 2-50　供暖管道在管沟中敷设

**3. 立管的布置与敷设**

尽可能将立管布置在房间的角落,或者在两外墙的交接处。在每根立管的上、下端应安装阀门,以便检修放水。双管系统的供水立管一般置于面向的右侧,当立管与支管相交时,立管应煨弯绕过支管。楼梯间除与辅助房间(如厕所、厨房等)可合用一根立管外,一般宜单独设置立管,以便在检修时不影响用房地供暖。立管应垂直地面安装,穿越楼板时应设钢管套管加以保护,以保证管道自由伸缩且不损坏建筑结构,钢套管底面应和楼板平齐,顶面应高出楼地面至少 10 mm;如套管穿卫生间地面时,套管顶面应高出地面 50 mm。

**4. 支管的布置与敷设**

支管的布置与散热器的位置、进出水的位置有关。散热器的供回水支管应考虑避免散热器上部积存空气或下部放水时放不净,应沿水流方向设下降的坡度。按施工与验收规范规定,当支管长度小于或等于 500 mm 时,坡度值为 5 mm;当支管长度大于 500 mm 时,坡度值为 1 mm。当一根立管接出两根支管时,如其一超过 500 mm,则坡度值均为 10 mm。

支管穿墙均应加套管,以保证管道能自由伸缩且检修时便于抽出。

**5. 其他敷设要求**

对于穿过基础、变形缝的管道以及镶嵌在建筑结构里的立管,应采取防止由于建筑物下沉而损坏管道的措施。当管道必须穿越防火墙时,应在管道穿过处采取固定和密封措施。

# 2.1 单元式低温热水地板辐射供暖系统安装图识读

安装说明:

(1)本安装图中单位以 mm 计,共设置八个工位,每工位占地面积 $3.3 \times 3.3$ m²,每两个工位设置一组分、集水器,设置在分、集水箱内,箱体尺寸:280 mm×150 mm×600 mm。

(2)加热盘管采用 PE-RT 管,管径以 De 表示,管径为 De20×2.3,即外径为 20 mm,壁厚为 2.3 mm。

(3)加热盘管敷设方式采用双回字形,加热盘管间距为 300 mm,用 U 形管卡固定。

(4)供回水主立管采用热镀锌钢管,公称直径为 DN32,安装在 DN50 穿楼板套管内。

(5)分户支管采用 PE-RT 管,管径为 De32×3.0,即外径为 32 mm,壁厚为 3.0 mm,塑料管与钢管采用夹紧式连接。

(6)分户支管供水管上安装铜质球阀、过滤器、热计量装置;回水管上安装自动调节阀(或平衡阀),供回水支管间设置旁通管及旁通阀,供回水支管上均安装泄水阀。

(7)分、集水器采用铜质六路小型分、集水器,分、集水器上设置自动放气阀,公称直径为 DN32,分、集水器上进、出水管上设置铜质球形调节阀,加热盘管与分、集水器采用夹紧式连接。

(8)工位地面层为水泥砂浆找平层,安装时先在找平层上设置聚苯乙烯泡沫塑料板,密度≥20 kg/m³,压缩强度≥100 kPa,厚度 20 mm。

(9)管道安装完毕,应进行水压试验,水压试验应分别在浇捣混凝土填充层前和填充层养护期满后进行两次。水压试验应以每组分、集水器为单位,逐回路进行,试验压力应为工作压力的 1.5 倍,且不应小于 0.6 MPa。在试验压力下稳压 1 h,压力降不应大于 50 kPa。

(10)施工验收严格执行《地面辐射供暖技术规程》(JBJ 142—2004)、《低温热水地板辐射供暖系统施工安装》(03K404)。低温热水地板辐射供暖工位图如图 2-51 所示。

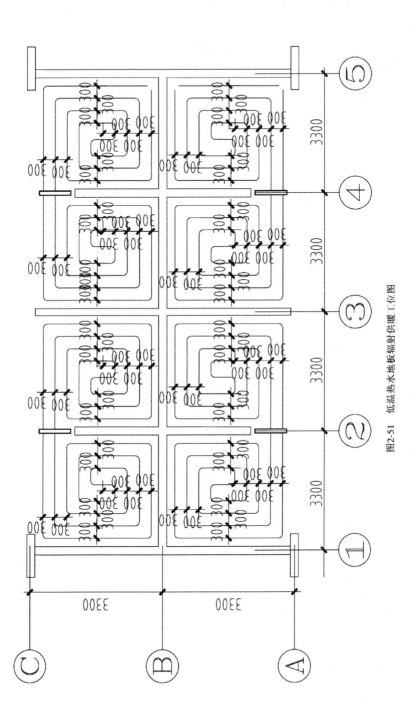

图2-51　低温热水地板辐射供暖工位图

## 2.2 选择低温热水地板辐射供暖系统管材、分集水器及附件

低温热水地板辐射供暖系统管材、分集水器及附件的选择见表 2-7。

表 2-7 每工位所需管道、附件及数量

| 序号 | 名称 | 单位 | 规格 | 数量 | 备注 |
|---|---|---|---|---|---|
| 1 | PE-RT 管 | m | De32×3.0 | 3 | S4(1.6 MPa) |
| 2 | PE-RT 管 | m | De20×2.3 | 44 | S4(1.6 MPa) |
| 3 | 热镀锌钢管 | m | DN32 | 3 | 1.6 MPa |
| 4 | 热镀锌三通 | 个 | DN32 | 2 | 1.6 MPa |
| 5 | 钢塑连接件 | 个 | DN32×De32 | 20 | 含备用2个 |
| 6 | PE-RT 塑料三通 | 个 | De32 | 5 | 含备用1个 |
| 7 | 分、集水器 | 个 | DN32 | 2 | 配放气阀 |
| 8 | 分、集水器箱 | 个 | 280×150×600 | 1 | |
| 9 | 钢套管 | 个 | DN50 | 2 | 250 mm |
| 10 | 铜质球阀 | 个 | DN25 | 3 | 1.6 MPa |
| 11 | 铜质球阀 | 个 | DN15 | 2 | 泄水阀用 |
| 12 | 热计量装置 | 个 | DN25 | 1 | 1.6 MPa |
| 13 | 过滤器 | 个 | DN25 | 1 | 60 目 |
| 14 | 自动调节阀(平衡阀) | 个 | DN25 | 1 | 1.6 MPa |
| 15 | 铜质球阀 | 个 | DN15 | 4 | 1.6 MPa |
| 16 | 柔性套管 | 个 | De20 | 2 | 250 mm |
| 17 | 聚苯乙烯泡沫塑料板 | m² | 3.3×3.3 | 10 | 20 mm(带铝箔) |
| 18 | 塑料卡钉 | 个 | | 若干 | |
| 19 | 豆粒石 | m³ | 10 mm 以内 | 若干 | |

## 2.3　选择安装机具

选择安装机具时见表 2-8。

表 2-8　　　　　　　　　　安装机具的选择

| 序号 | 名称 | 单位 | 规格 | 数量 | 备注 |
|---|---|---|---|---|---|
| 1 | 塑料管剪刀 | 把 | | 8 | |
| 2 | 钢卷尺 | 个 | 5 m | 8 | |
| 3 | 试压泵 | 台 | | 2 | |
| 4 | 射钉枪 | 把 | | 8 | |
| 5 | 切管器 | 台 | | 4 | |
| 6 | 套丝机 | 台 | | 4 | |
| 7 | 螺丝刀 | 把 | | 8 | |
| 8 | 扳手 | 把 | | 8 | |
| 9 | 水平尺 | 把 | | 8 | |
| 10 | 水准仪 | 把 | | 8 | |
| 11 | 工作台 | 套 | | 4 | |

## 2.4　安装操作工艺方法和步骤

### 一、安装前准备工作

（1）设计图纸、文件等技术参数齐全，已进行技术交底。

（2）相关电气预埋等工程完毕，施工现场有供水供电条件，施工环境温度不低于 5 ℃，且有专用的材料堆放场地。

（3）室内装修完毕，待铺管地面应平整清洁，平整度用 1 m 靠尺检查，高低差≤8 mm。

（4）低温热水地板辐射供暖加热管安装前应对管材、管件进行检查、检验，所有进场材料、产品的技术文件应齐全，标志应清晰，应进行遮光包装后运输，不得裸露散装，运输、装卸和搬运时应小心轻放，不得抛、摔、滚、拖，施工过程中应防止油漆、沥青或其他化学溶剂接触污染加热管表面。

### 二、绝热层的铺设

#### 1.敷设边界保温带

低温热水地板辐射供暖系统与墙、柱等构件间的绝热构造是边界保温带，施工时，在供暖房间所有墙、柱与楼（地）板相交的位置应敷设边界保温带。边界保温带应高出精装修地面标高（待精装修地面施工完成后，切除高于地板面以上的边界保温带），边界保温带可用8～10 mm 厚、150～180 mm 宽的聚苯乙烯条，也可使用复合薄膜绝热制品（有 150 mm 和 180 mm 两种宽度）。

### 2. 伸缩缝的布置

为避免现浇层出现开裂，按规定设置的缝称为伸缩缝，也称膨胀缝、分割缝。伸缩缝的布置如图 2-52 所示，伸缩缝的做法如图 2-53 所示。

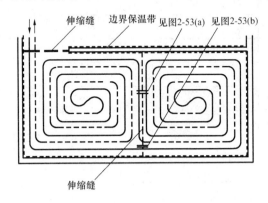

图 2-52　伸缩缝的布置

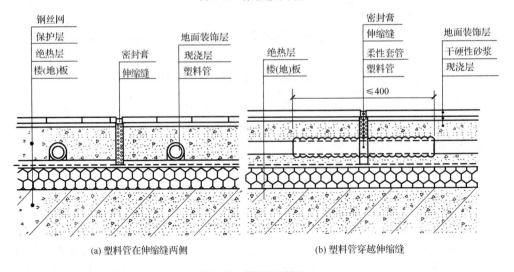

(a) 塑料管在伸缩缝两侧　　　　　　　　(b) 塑料管穿越伸缩缝

图 2-53　伸缩缝的做法

### 3. 铺设保温板

保温板采用贴有铝箔的自熄型聚苯乙烯保温板，必须铺设在水泥砂浆找平层上。铺设保温板时，铝箔面朝上，铺设平整。凡其他管道或电线管穿过楼板保温层时，只允许垂直穿过，不准斜插，其插管接缝用胶带封贴严实、牢靠。

## 三、分、集水器安装

分、集水器安装分明装和暗装两种形式,图 2-54 为分、集水器明装示意图。

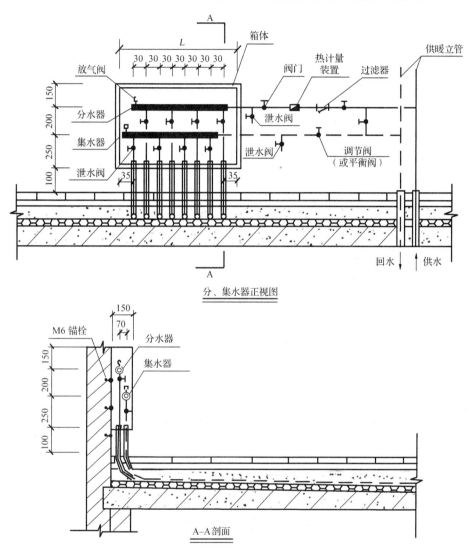

图 2-54　分、集水器明装示意图

安装时先按设计图纸尺寸划线,在箱体上把分、集水器就位,再按分、集水器箱体的位置在墙体上划出安装孔位置,用射钉枪摘入膨胀螺丝,挂好分、集水器箱,上螺栓就位。

## 四、铺设加热盘管(交联聚乙烯管)

(1)加热管应按设计图纸标定的管间距和走向敷设,加热管应保持平直,管间距的安装误差应不大于 10 mm。当加热管安装间断或完毕时,应随时封堵。

(2)加热管切割应采用专用工具,切割管口要平整,断面要平齐且垂直于管轴线。

（3）加热管安装时应防止扭曲，当管子发生弯曲时，应限制圆弧顶角，并用管卡固定，不得出现尖角和"死折"。塑料管、铝塑复合管的弯曲半径不宜小于 6 倍管外径。

（4）交联聚乙烯管铺设的顺序是由远及近逐个圈铺设，加热管的环路布置不宜穿越填充层的伸缩缝，必须穿越时，应加设长度不小于 200 mm 的柔性套管。交联聚乙烯管敷设完毕，应采用专用的塑料 U 形卡及卡钉逐一将管子进行固定。U 形卡距及固定方式如图 2-55 所示。

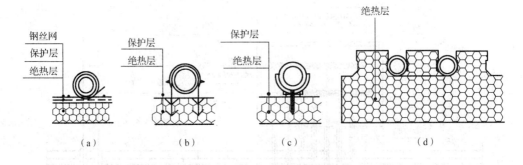

图 2-55　U 形卡距及固定方式

（5）分、集水器与埋地交联聚乙烯管的连接采用管件连接。

（6）在分、集水器附近以及其他局部加热管排列比较密集的部位，当管间距小于 100 mm 时，加热管外部应采取设置柔性套管等措施。

# 2.5　管道冲洗及水压试验

安装完地板上的交联聚乙烯管后进行水压试验。首先接好临时管路及试压泵，灌水后打开排气阀，将管内空气放净后再关闭排气阀，先检查接口，若无异样情况方可缓慢地加压。增压过程观察接口，发现渗漏立即停止，将接口处理后再增压。增压至 0.6 MPa 表压后稳压 10 min，压力降≤0.03 MPa 为合格。

系统试压合格后，应对系统进行清洗，并清理过滤器及除污器。

# 2.6　回填及面层施工

## 一、填充层施工

（1）填充层施工应具备的条件如下：

① 所有伸缩缝已安装完毕；

② 试压验收合格，试压临时管跨暂不拆除，加热管处于有压状态；

③ 隐蔽工程验收合格。

（2）豆石混凝土填充层施工中，加热管内的水压不应低于 0.6 MPa，填充层养护过程中，系统的水压不应低于 0.4 MPa。由土建进行回填，填充的豆石混凝土中必须加进 5% 的防龟裂添加剂。加填过程中,严禁使用机械振捣设备,必须用人工进行捣固密实。施工人员应穿软底鞋,使用平头铁锹。

（3）在加热管的铺设区内,严禁穿凿、钻孔或进行射钉作业。

（4）系统初始加热前,混凝土填充层的养护期不应少于 21 天。施工中应对地面采取保护措施,不得在地面上加以重载、高温烘烤、直接放置高温物体和高温加热设备。

## 二、面层施工

（1）装饰面层宜采用下列材料:水泥砂浆、混凝土地面,瓷砖、大理石、花岗石地面,复合木地板、耐热实木地板等。

（2）面层施工前,填充层应达到面层需要的干燥度,面层施工应在填充层达到要求的强度后进行。

（3）面层施工时,不得剔、凿、割、钻和钉填充层,不得向填充层内楔入任何物件。

（4）石材、面砖在与内外墙、柱等垂直构件交接处,应留有 10 mm 宽伸缩缝,木地板铺设时,应留有不小于 14 mm 的伸缩缝。伸缩缝应从填充层的上边缘做到高出装饰层上表面10～20 mm,装饰层敷设完毕后裁去多余部分。伸缩缝填充材料宜采用高发泡聚乙烯泡沫塑料板。

（5）瓷砖、大理石、花岗石面层施工时,在伸缩缝处宜采用干贴。

# 拓展1　小区热力站设备与施工图识读

## 一、小区热力站设备

集中供热管网通过小区热力站向一个或几个街区的多幢建筑分配热能,热力站是热量分配、传输、调节、计量的枢纽。热力站可以是单独的独立建筑,也可设在某幢建筑（多为大型公用建筑）的地下室内。从集中热力站输送热能到各用户的管网,称为二级供热管网。

热力站应设置必要的检测、计量和自控装置。随着城市集中供热技术的发展,在热力站安装流量调节器以及用微机控制热力站流量的方法,将逐步发展起来。

采用集中热力站比分散的用户热力入口便于管理,易于实现计量、检测的现代化,以提高管理水平和供热质量,节约能源。图 2-56 所示为两种民用集中热力站示意图。

在图 2-56(a)中,供热用户与热水管网路直接连接。当热网供水温度高于供暖用户设计的供水温度时,热力站内设置混合水泵,抽引供暖系统回水,与热网的供水混合,再送回各用户。如果热网供回水有足够的压差（0.08～0.12 MPa）满足水喷射器工作时,也可以把混合水泵改成水喷射器,减少电能消耗。而热水供应用户与热水网路采用的是间接连接,用户的回水和城市生活给水一起进入水-水换热器被热网水加热,用户供水靠循环泵提供动力在用户循环管路中流动。热网与热水供应用户水力工况完全隔开,温度调节器依据用户的供水温度调节进入水-水换热器的网路循环水量,设置上水流量计,计量热水供应用户的用水量。

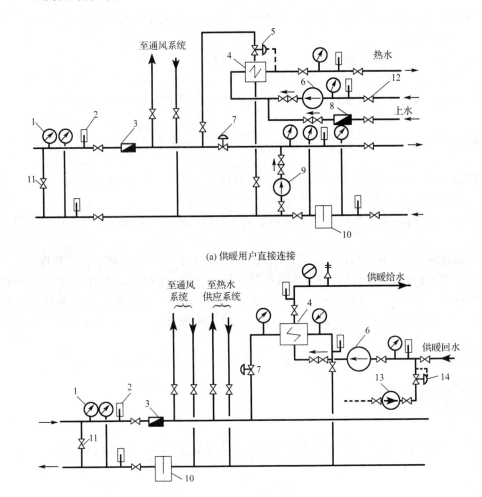

(a) 供暖用户直接连接

(b) 供暖用户间接连接

图 2-56　民用集中热力站示意图

1—压力表；2—温度计；3—热网流量计；4—水-水换热器；5—温度调节器；6—循环水泵；

7—手动调节阀；8—上水流量计；9—供暖混合水泵；10—除污器；11—旁通管；

12—热水供应循环管；13—补给水泵；14—补水调节阀

在图 2-56（b）中，供暖系统与热水网路通过水-水换热器间接连接，图中二级网路为独立的供热管网系统，其循环水泵、补给水泵、补给水箱等的设计方法与热源设备的完全相同，图 2-56(b)中所示至热水供应系统的加热、循环等应与图 2-56（a）相同。

在热力站中不同类型热用户（如供暖、生活热水、通风、空调等）与热水网路连接应采用并联连接。并联用户在三个或三个以上时应设分水器与集水器（图 2-56 中为避免图面拥挤，分水器与集中器未画）。

即使仅有供暖热用户，用户分布不均或供暖面积较大时，也应尽量采用分、集水器的并联连接，有利于分别控制和调节。

热力站内水加热器、水泵、水箱、除污器等设备表面距建筑物墙面应有足够的净距，保证设备检修、安装的操作空间，一般应有不小于 0.7 m 的净距；热力站内所有阀门均应设置在便于控制操作和便于检修时拆卸的位置。

　　民用小区热力站的最佳供热规模应通过技术经济比较确定,以使热力站及室外管网的总基建费用与运行费用最小。一般来说,对新建的居住小区,每一热力站供热规模在 50000～150000 $m^2$ 建筑面积为宜。

　　以上介绍的两种热力站设备组成均以高温热水作为热媒,如供热管网提供热媒为高压蒸汽时,则如图 2-57 所示。

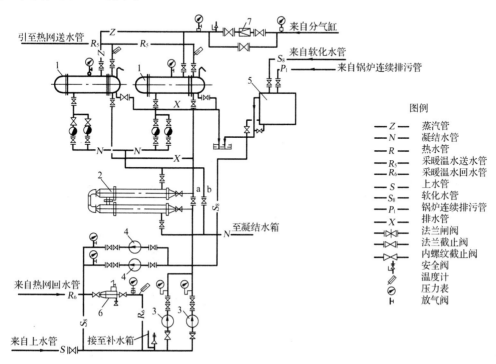

图 2-57　全部使用新蒸汽的热力站示意图
1—汽-水换热器;2—水-水换热器;3—循环水泵;
4—补给水泵;5—补给水箱;6—除污器;7—减压器

　　来自分汽缸的高压蒸汽经减压阀减压后,先进入汽-水换热器凝结放热,高温凝结水再进入水-水换热器继续放出湿热,冷却后的凝结水进入凝结水箱,再用凝水泵送回锅炉。用户回水则先经水-水换热器预热,再进入汽-水换热器继续加热至用户需要的供水温度后送入用户系统。

　　为便于调节水温和方便维修,在水-水换热器和汽-水换热器之间应设旁通管,如图中的 a、b 管段。

## 二、小区热力站施工图识读

　　小区热力站施工图是由平面图、系统图、剖面图、节点详图、设计说明、图例、设备材料表等组成。下面以某住宅小区独立热力站为例,介绍小区热力站的识读方法。

　　该热力站规划供热面积 190000 $m^2$,站内设高、低区两套换热机组,换热机组采用板式换热器、循环水泵、补给水泵联体的一体机,高区供热面积 $3.0×10^8$ $m^2$,低区供热面积 160000 $m^2$,板式换热器、循环水泵、补给水泵均采用一用一备,种类、型号、规格及工艺参数见设备材料明细表,如图 2-58 所示;工艺管线平面布置图如图 2-59 所示,设备选型适当考虑了远期热负荷的发展。

## 图　例

| 符号 | 名称 | 符号 | 名称 |
|---|---|---|---|
| | 可挠曲橡胶接头 | | 一次网供水管 |
| | 安全阀 | | 一次网回水管 |
| | 电阻远传压力表 | | 二次网供水管 |
| | 电接点压力表 | | 二次网回水管 |
| | 压力表 | | 自来水管 |
| | 温度计 | | 闸阀 |
| | 除污器 | | 蝶阀 |
| | 管道支架 | | 止回阀 |
| | 热计量表 | | 电动流量调节阀 |

## 高低区共用设备及主要材料明细表

| 序号 | 名称 | 规格与型号 | 单位 | 数量 | 备注 |
|---|---|---|---|---|---|
| N | 室外温度传感器 | | 个 | 1 | |
| M | 压力表 | 0~1.0MPa（一次供水管前与除污器前后） | 个 | 2 | 含压力表阀门 |
| L | 送去气操阀 | DN150/DN200（用于一次供水管流量表调阀后） | 个 | 各1 | 金属硬密封 |
| K | 闭锁控制阀 | Phi.6 DN100 | 个 | 1 | 成对供货 |
| J | 闸阀 | （水箱进出口DN100/溢水管DN50） | 个 | 3 | |
| I | 补偿水箱 | 3000×3000×2000(mm) | 个 | 1 | |
| H | 送去气操阀 | DN250（用于一次送水管及分通管） | 个 | 4 | 金属硬密封 |
| G | 除污器 | DN80（用于一次除污器ZA1H1.6C） | 个 | 1 | |
| F | 自动反冲洗过滤器 | DN300 | 套 | 1 | |
| E | 热计量表 | 超声波流量计DN150高,（低区一次网回水管） | 台 | 1 | |
| D | 电动流量调节阀 | DN200（用于一次网） | 个 | 2 | |
| C | 送去气操阀 | DN250（热计量表后,（低区一次网回水管） | 个 | 2 | 金属硬密封 |
| B | 送去气操阀 | DN200（高区热计量表出口管） | 个 | 2 | 金属硬密封 |
| A | 送去气操阀 | DN300（一次网除污器出口） | 个 | 2 | 金属硬密封 |

## 高区设备及主要材料明细表

| 序号 | 名称 | 规格与型号 | 单位 | 数量 | 备注 |
|---|---|---|---|---|---|
| 31 | 闸阀 | ZA1H-16　补偿管 DN40 | 个 | 1 | 金属硬密封 |
| 30 | 球阀 | DN25（用于自动排气阀前后-安全阀后） | 个 | 3 | |
| 29 | 自动排气阀 | DN25（二次网回水最高点） | 个 | 9 | |
| 28 | 送去气操阀 | D343 DN125（集水器-二次网出口） | 个 | (4) | 含压力表阀门 |
| 27 | 电阻远传压力表 | 0~1.6MPa | 个 | 2 | |
| 26 | 温度传感器 | 0~100℃ 二次网供回水干管 | 个 | 6 | |
| 25 | 微量排气安全阀 | DN25（用于自动排气阀前后-安全阀后） | 个 | 2 | |
| 24 | 排污阀 | Phi.6 二次网供回水干管 | 个 | 2 | |
| 23 | 微量排气安全阀 | ZA1H1.6C DN80（用于二次网回水干管） | 个 | 1 | |
| 22 | 水处理器 | DN200（用于二次除污器专用管） | 个 | 1 | |
| 21 | 自动反冲洗过滤器 | DN200 | 台 | 1 | |
| 20 | 减震台座 | 用于循环泵基础 | 套 | (1) | 机械配套 |
| 19 | 温度计 | 0~100℃（换热器出口） 0~150℃（换热器进出口） | 个 | (各4) | |
| 18 | 压力表 | 0~1.6MPa | 个 | (8) | 含压力表阀门 |
| 17 | 电接点压力表 | 0~1.6MPa | 个 | 2 | |
| 16 | 压力传感器 | QBE2002-P16 | 个 | 1 | |
| 15 | 球阀 | DN25 | 个 | (4) | |
| 14 | 送去气操阀 | DN25 | 个 | (4) | |
| 13 | 减震头 | DN200 | 个 | (4) | |
| 12 | 减震头 | DN50 | 个 | (4) | |
| 11 | 止回阀 | HH44X-16 DN50 | 个 | (1) | |
| 10 | 送去气操阀 | D343 DN40（补水泵出口） | 个 | (4) | 金属硬密封 |
| 9 | 止回阀 | HH44X-16 DN200 | 个 | (2) | |
| 8 | 送去气操阀 | D343 DN100（换热器-二次网混出口及口） | 个 | (4) | 金属硬密封 |
| 7 | 送去气操阀 | D343 DN200（循环水泵出口） | 个 | (4) | 金属硬密封 |
| 6 | 送去气操阀 | DN20（换热器-二次网混出口口） | 个 | (2) | |
| 5 | 补水泵 | N=2.2 kW | 台 | (1) | |
| 4 | 变频柜 | KQDP32-4-8-10 | 台 | (1) | |
| 3 | 变频柜 | N=22 kW | 台 | (1) | H=80 m |
| 2 | 循环水泵 | KQPL125/150-18.5/2 Q=150 m³/h | 台 | (2) | 黑龙 |
| 1 | 微量换热器 | BR90.36-1.6-100 | 台 | (2) | H=28 m |

## 低区设备及主要材料明细表

| 序号 | 名称 | 规格与型号 | 单位 | 数量 | 备注 |
|---|---|---|---|---|---|
| 38 | 送去气操阀 | D343 DN250（集水器-三级网出口） | 个 | (14) | |
| 37 | 闸阀 | ZA1H-16　补偿管 DN65 | 个 | 1 | 金属硬密封 |
| 36 | 送去气操阀 | DN200（2个）/DN250（4） | 个 | 6 | 金属硬密封 |
| 35 | 分集水器 | DN600 L=2960 | 个 | 1 | |
| 34 | 除污器 | DN600 L=3930 | 个 | 1 | |
| 33 | 电阻远传压力表 | DN100 分水器-集水器 ZA1H1.6C | 个 | 6 | |
| 32 | 温度传感器 | DN25（用于自动排气阀前后-安全阀后） | 个 | 6 | |
| 31 | 球阀 | DN25（二次网供回水干管） | 个 | 2 | |
| 30 | 自动排气阀 | DN350（集水器出口） | 个 | 2 | |
| 29 | 排污阀 | DN350（集水器装置器） | 个 | 3 | 金属硬密封 |
| 28 | 微量排气安全阀 | 0~1.0MPa（分水器-集水器） | 个 | 11 | 含压力表阀门 |
| 27 | 压力表 | 0~100℃（分水器-集水器） | 个 | 9 | 含压力表阀门 |
| 26 | 温度计 | 0~100℃ 二次网供回水干管 | 套 | (1) | |
| 25 | 电阻远传压力表 | DN25 Phi.6 二次网供回水干管 | 个 | | |
| 24 | 除污器 | DN80（用于二次网回水干管 ZA1H1.6C） | 个 | 2 | 机械配套 |
| 23 | 送去气操阀 | DN300（用于二次除污器专用管） | 个 | | |
| 22 | 水处理器 | 微电脑多源（TL-858） | 个 | 1 | |
| 21 | 自动反冲洗过滤器 | DN350 | 台 | 1 | |
| 20 | 减震台座 | 用于循环泵基础 | 套 | (1) | 机械配套 |
| 19 | 温度计 | 0~100℃（换热器进出口） 0~150℃（换热器进出口） | 个 | (各4) | |
| 18 | 压力表 | 0~1.0MPa（换热器进出口） | 个 | (8) | 含压力表阀门 |
| 17 | 电接点压力表 | 0~1.0 MPa | 个 | (1) | 含压力表阀门 |
| 16 | 压力传感器 | QBE 2002-P16 | 个 | (1) | |
| 15 | 球阀 | DN25 | 个 | (4) | |
| 14 | 送水电磁阀 | DN25 | 个 | (1) | |
| 13 | 止回阀 | HH44X-16 DN65 | 个 | (4) | |
| 12 | 止回阀 | IHH44X-16 DN300 | 个 | (4) | |
| 11 | 送去气操阀 | D343 DN65（补水泵出口） | 个 | (4) | 金属硬密封 |
| 10 | 送去气操阀 | D343 DN300（换热器-二次网混出口口） | 个 | (4) | 金属硬密封 |
| 9 | 送去气操阀 | D343 DN300（循环水泵出口） | 个 | (4) | 金属硬密封 |
| 8 | 送去气操阀 | DN20（换热器-二次网混出口口） | 个 | (4) | |
| 7 | 送去气操阀 | DN20（循环泵底部放水） | 个 | (2) | |
| 6 | 变频柜 | N=7.5 kW | 台 | (1) | |
| 5 | 补水泵 | KQP150/200-5.5-2 | 台 | (2) | 黑龙 |
| 4 | 变频柜 | N=90 kW | 台 | (1) | H=50 m |
| 3 | 循环水泵 | KQPL250/315-75/4 Q=550 m³/h | 台 | (2) | H=32 m |
| 2 | 微量换热器 | BRB1.2-1.2-160 | 台 | (2) | |
| 1 | 序号 | 规格与型号 | 单位 | 数量 | 备注 |

图 2-58　设备材料明细表

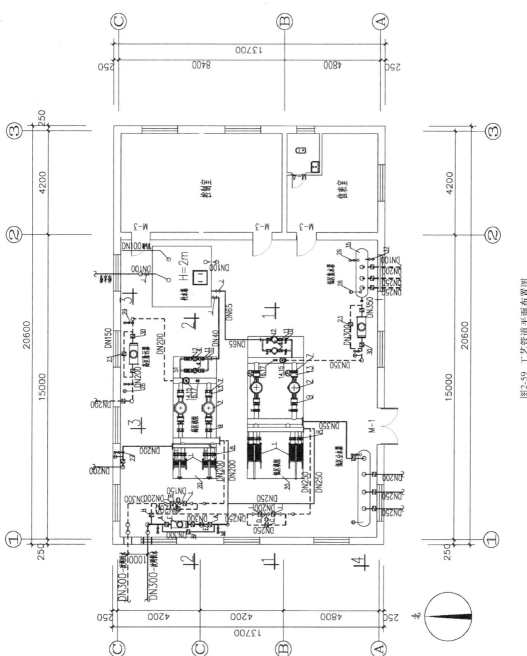

图2-59　工艺管道平面布置图

本小区热力站为民用水-水间接式热力站，一次网(即热源至热力站之间的管网系统)热媒参数:供水温度 120 ℃,回水温度 60 ℃,设计压力 1.0 MPa;二次网(即热力站至热用户之间的管网系统)热媒参数:供水温度 70 ℃,回水温度 50 ℃,设计压力 0.6 MPa。

# 拓展 2　集中供热热源设备与施工图识读

## 一、集中供热热源设备

### 1. 锅炉

锅炉是利用燃料燃烧释放的热能(或其他热能),将工质加热到一定温度和压力的设备。锅炉是热源设备的重要组成部分,广泛用于采暖通风、空气调节、生活热水供应、生产工艺用热等各个领域。

锅炉本体主要是由"锅"与"炉"两大部分组成。"锅"是指容纳内水和蒸汽的受压部件,包括锅筒(又称汽包)、对流管束、水冷壁、集箱(联箱)、蒸汽过热器、省煤器和管道组成的一个封闭的汽水系统。其任务是吸收燃料燃烧释放出的热能,将水加热成为规定温度和压力的热水或蒸汽。

"炉"是指锅炉中使燃料进行燃烧产生高温烟气的场所,是由煤斗、炉排、炉膛、除渣板、送风装置等组成的燃烧设备。其任务是使燃料不断良好地燃烧,释放出热能。"锅"与"炉",一个吸热,一个放热,是密切联系的一个有机整体。

此外,为了保证锅炉正常工作,安全运行,锅炉上还必须设置一些附件和仪表,如安全阀、压力表、温度表、水位警报器、排污阀、吹灰器等。此外,还有构成锅炉支撑结构的钢架。

### 2. 锅炉辅助设备

锅炉辅助设备是保证锅炉安全、经济和连续运行必不可少的组成部分,主要包括燃料供应设备,送、引风设备,除灰渣设备,烟气净化设备,汽、水系统设备以及仪表与自动控制设备。

### 3. 燃料供应设备

其作用是保证供应锅炉连续运行所需要的符合质量要求的燃料,包括:

(1)燃料的储存设备,如煤场、煤仓、储油罐、工作油箱等。

(2)燃料的运输设备,如皮带输送机、埋刮板输送机、多斗提升机、油泵、输油管道、输气管道、过滤器、调压器等。

(3)燃料的加工设备,如破碎机、分离器、型煤机等。

### 4. 送、引风设备

送、引风设备的作用是给炉子送入燃烧所需的空气或给磨煤系统输送热空气干燥剂,并从炉膛内引出燃烧产物——烟气,以保证锅炉正常燃烧。送、引风设备包括送风机、引风机、冷风道、热风道、烟道和烟囱等。

### 5. 除灰渣设备

除灰渣设备的作用是将锅炉的燃烧产物——灰渣,连续不断地除去并运送到灰渣场。除灰渣设备包括马丁除渣机、螺旋除渣机、刮板除渣机、沉灰池、渣场、渣汁、桥式抓斗起重机、推灰渣机等。

### 6. 烟气净化设备

烟气净化设备包括烟气的除尘、脱硫、脱硫设备,它们的作用是除去锅炉烟气中夹带的固体微粒(飞灰)、二氧化硫、氮氧化物等有害物质,以改善大气环境。除尘、脱硫、脱硝设备包括重力除尘器、惯性力除尘器、离心力除尘器、水膜除尘器、二氧化硫吸收塔、脱硝装置等。

### 7. 汽、水系统设备

蒸汽系统设备包括蒸汽管道、附属配件、分汽缸等。

给水系统的作用是将原水(自来水)进行处理,使其符合锅炉给水水质标准后送入锅炉。给水设备包括水泵、水箱、给水管道、渣液管道、水处理设备、除氧设备等。

排污系统的作用是将锅水中的沉渣和盐分杂质排除掉,使锅水符合锅炉水质标准。排污设备包括排污管、附属配件、连续排污膨胀器、定期排污膨胀器、排污降温池等。

### 8. 仪表与自动控制设备

仪表与自动控制设备的作用是对运行的锅炉进行自动检测、程序控制、自动保护和自动调节。仪表与自动控制设备包括温度计、压力表、水位表、流量计、负压表、氧量表、自动调节阀、微机及自动控制系统等。

## 二、锅炉房工艺施工图的识读

本锅炉房为民用采暖锅炉房,锅炉房分主机间、辅机间、水处理间及必要的生活用房。锅炉房的设备及配管平面布置图如图 2-60 所示。主机间设备包括两台 1.4 MW 热水快装锅炉(单锅筒纵置式往复推动炉排),供水温度 95 ℃,回水温度 70 ℃,配有垂直上煤机、鼓风机、螺旋除渣机等附属设备。锅炉出水管采用无缝钢管,焊接连接,规格:外径 133 mm,壁厚 4 mm,变外径 159 mm,壁厚 4 mm,送至水处理间分水缸;锅炉进水来自室外供热管网回水,经集水缸收集送到锅炉后部,采用焊接钢管,总管直径 DN150,进水管直径 DN125;进、出水管上均设法兰闸阀。锅炉前、后联箱还应设置必要的排污管,排污管采用 DN40 焊接钢管,焊接连接,排污管上设法兰闸阀和排污阀,排污水送至排污降温池;锅炉上部设置安全阀,当系统压力过高时,通过泄压管泄压,泄压管采用 DN65 的焊接钢管,直接穿墙而出,与大气相通。

| 序号 | 名称 | 型号与规格 | 单位 | 数量 | 重量 |
|---|---|---|---|---|---|
| 21 | 烟道 | 444×240 L 1.5m | 件 | 2 | δ-3 |
| 20 | 变径管 | 444×240/253×240 L 0.25 m | 件 | 2 | δ-3 |
| 19 | 烟道 | φ175 L 3.5m | 件 | 2 | δ-3 |
| 18 | 烟道 | 1200×600/444×232,L1.8m | 件 | 2 | δ-3 |
| 17 | 排污降温池 | 1200×1200×1000(砖) | 个 | 1 | |
| 16 | 立式除污器 | DN150 | 个 | 1 | |
| 15 | 集水缸 | D325×7 L 1500 | 个 | 1 | |
| 14 | 分水缸 | D325×7 L 1500 | 个 | 1 | |
| 13 | 盐池 | 1200×1200×1000(砖) | 个 | 1 | |
| 12 | 盐泵 | 25FS-16Q 3.6m³/h | 台 | 1 | 45.5kg |
| 11 | 给水泵 | 32LG6.5-1.5,功率 kW | 台 | 2 | 98kg |
| 10 | 软化水泵 | 32LG6.5-1.5,功率 kW | 台 | 2 | 98kg |
| 9 | 循环水泵 | IS100-80-160,功率 W | 台 | 2 | 177kg |
| 8 | 隔板式水泵 | 4200×2800×2000,见 T905-1图集 | 个 | 1 | 2590kg |
| 7 | 钠离子交换器 | φ500 H 3000 | 台 | 2 | 820kg |
| 6 | 除尘器 | XZD/G-4 φ 810 | 台 | 2 | 223kg |
| 5 | 螺旋除渣机 | 锅炉配套供应 | 台 | 2 | |
| 4 | 引风机 | Y4-72-11N03.6A,功率 3kW | 台 | 2 | |
| 3 | 鼓风机 | Y5-48M05C,功率 3kW | 台 | 2 | |
| 2 | 垂直上煤机 | 12L 9m,L170×5L 15m | 个 | 2 | |
| 1 | 锅炉 | DZW1.4-0.7/95/70-AⅡ | 台 | 2 | 13928kg |

主要设备材料明细表

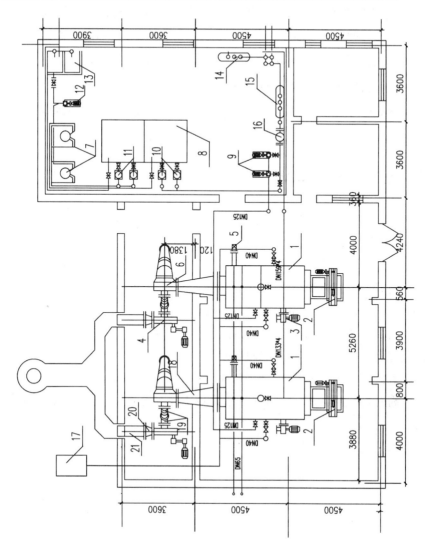

图2-60 锅炉房的设备及配管平面布置图

**测试题**

单项选择题

1. 一个供热系统一般是由(　　)组成的。

A. 热源与热用户　　　B. 热源与热网　　　　C. 热源、热网和热用户

2. 采暖系统中高温水与低温水系统是以(　　)℃加以区分。

A. 100　　　　　　　B. 80　　　　　　　　C. 95

3. 自然循环热水供暖系统是指主要依靠(　　)进行循环的系统。

A. 重力　　　　　　B. 离心力　　　　　　C. 机械力　　　　　D. 水泵

4. 自然循环供暖管道供水水平干管设坡度主要目的是为了(　　)。

A. 便于施工　　　　B. 便于排气　　　　　C. 便于水流动来源

5. 散热器不应设置在(　　)。

A. 外墙外窗下　　　B. 两道外门之间　　　C. 楼梯间

6. 膨胀水箱在机械循环热水供暖系统中主要起(　　)作用。

A. 补充水　　　　　B. 定压　　　　　　　C. 排气

7. 自然循环热水供暖上供下回式系统中供水干管的坡度应(　　)。

A. 抬头走　　　　　B. 平走　　　　　　　C. 低头走

8. 新建住宅热水集中供暖系统,应(　　)。

A. 设置分户热计量和室温控制装置

B. 设置室温控制装置

C. 设置分户热计量

9. 热媒为热水时,多采用(　　)系统。

A. 单管系统　　　　B. 双管系统　　　　　C. 自然循环

10. 自然循环热水供暖系统适用于(　　)。

A. 低层小建筑　　　B. 高层建筑　　　　　C. 超高层建筑

11. 膨胀水箱的配管中,(　　)不允许安装阀门。

A. 进水管　　　　　B. 出水管　　　　　　C. 溢流管

12. 目前民用建筑中的散热器多采用(　　)散热器。

A. 翼型　　　　　　B. 铸铁柱型　　　　　C. 装饰型

13. 异程式供暖系统的优点在于(　　)。

A. 易于平衡　　　　B. 节省管材　　　　　C. 防止近热远冷现象

14. 供暖管道标高一律注管(　　)。

A. 顶部　　　　　　B. 中心　　　　　　　C. 底部

15. 供暖系统轴测图是指采用(　　)原理反映管道及设备空间位置关系的图纸。

A. 正投影　　　　　B. 轴测投影　　　　　C. 单面投影

16. 无缝钢管的直径规格在图纸上用(　　)表示。

A. 内径　　　　　　B. 外径　　　　　　　C. 公称直径　　　　D. 外径×壁厚

17. 下列阀门中安装时不必考虑方向性的是(　　　)。

A. 闸阀　　　　　　　B. 截止阀　　　　　　C. 止回阀

请阅读图 2-61 后回答以下问题:

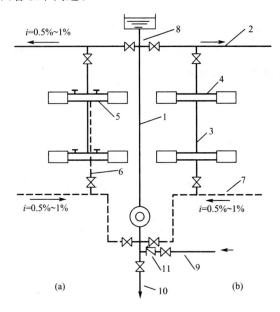

图 2-61　测试题图

18. 图 2-61 供暖系统按循环动力属于(　　　)供暖系统。

A. 自然循环　　　　　B. 机械循环　　　　　C. 离心力循环

19. 在这个系统中水箱的作用主要是(　　　)。

A. 排气　　　　　　　B. 定压　　　　　　　C. 稳压

20. 根据供回水干管的位置,该系统属于(　　　)形式。

A. 上供下回式　　　　B. 下供上回式　　　　C. 中供式

21. 该系统属于同程式系统还是异程式系统?(　　　)

A. 同程式　　　　　　B. 异程式　　　　　　C. 即不是同程式也不是异程式

22. 图中标号 1-(　　　)、2-(　　　)、3-(　　　)、4-(　　　)。

A. 支管　　　　　　　B. 立管　　　　　　　C. 干管　　　　D. 主立管

23. 图 2-61(a)属(　　　)、2-61(b)属(　　　)。

A. 单管系统　　　　　B. 双管系统　　　　　C. 水平式系统

24. 图中标号 9-(　　　)、10-(　　　)、11-(　　　)。

A. 泄水管　　　　　　B. 补水管　　　　　　C. 闸阀　　　　　D. 止回阀

25. 目前建筑供暖系统中管道多采用无规聚丙烯塑料管,即 PP-R 管,此管道在施工现场一般采用(　　　)连接。

A. 丝扣　　　　　　　B. 法兰　　　　　　　C. 热熔

26. 民用建筑集中供暖系统的热媒(　　　)。

A. 宜采用热水　　　　B. 宜采用蒸汽　　　　C. 采用热水、蒸汽均可

27.采暖立管穿楼板时应采取哪项措施?(　　)

A.加套管　　　　　B.采用软接　　　　　C.保温加厚

28.在低温热水辐射供暖系统中,水平干管为了排气一般常采用(　　)的坡度。

A.0.01　　　　　　B.0.001　　　　　　C.0.003

29.低温热水辐射供暖系统中存有空气未能排除,引起气塞,会产生(　　)。

A.系统回水温度过低　B.局部散热器不热　　C.热力失调现象

30.试问在下述有关机械循环热水供暖系统的表述中,(　　)是错误的。

A.供水干管应按水流方向有向上的坡度

B.集气罐设置在系统的最高点

C.使用膨胀水箱来容纳水受热后所膨胀的体积

D.循环水泵装设在锅炉的供水干管上

# 项目三
## 通风与空调设备安装

项目导入

　　舒适性中央空调系统是高档写字楼、办公楼、宾馆、酒店必不可少的建筑功能设备。本项目以某高档办公楼中央空调工程为案例,介绍空调系统常用管材、部件及通风空调设备,以及通风空调常见系统形式、系统组成和工作原理等相关知识。并以某宾馆客房中央空调风管安装为线索,系统学习空调风管加工及安装施工工艺方法。

# 学习情境 1　通风空调系统常用管材、部件及通风设备

## 一、通风空调系统常用管材

通风空调系统的常用材料一般可分为金属材料和非金属材料两种。金属材料主要有普通酸洗薄钢板(俗称黑铁皮)、镀锌薄钢板(俗称白铁皮)和型钢等黑色金属材料,当有特殊要求(如防腐、防火等)时,可用铝板、不锈钢板等材料。非金属材料有硬聚氯乙烯板(塑料板)、玻璃钢等。

### 1.金属材料

(1)普通薄钢板

普通薄钢板由碳素软钢经热轧或冷轧制成。热轧钢板表面为蓝色发光的养护铁薄膜,性质硬而脆,加工时易断裂;冷轧钢板表面平整光洁无光,性质较软,最适合空调工程。冷轧钢板一般为 Q195、Q215 和 Q235,有板材和卷材两种,常用厚度为 0.5～1.5 mm 的薄板制作风管及部件,用厚度为 2～4 mm 的薄板制作空调机、水箱、气柜等。

(2)镀锌钢板

镀锌钢板用普通薄钢表面镀锌制成,俗称"白铁皮"。表面的镀锌保护层起防锈作用,一般不再刷防锈漆。常用的厚度为 0.5～1.5 mm,一般用于空调、超净化等防尘较高的通风系统。

(3)塑料复合钢板

塑料复合钢板是在普通薄钢板表面喷涂一层 0.2～0.4 mm 的塑料,具有耐腐蚀性、耐水性、耐磨性、绝缘性等特点,常用于防尘要求较高的空调系统和温度在 -10～70 ℃ 下耐腐蚀通风系统的风管。

(4)不锈钢板

耐大气腐蚀的镍铬钢叫不锈钢,主要应用于化工高温环境下的耐腐蚀通风系统。

(5)铝板

铝板延展性好,适宜咬口连接,耐腐蚀,且具有良好的传热性,在摩擦时不易产生火花,常用于防爆的通风系统。

### 2.非金属材料

(1)硬聚氯乙烯板

硬聚氯乙烯板通称塑料板,是由聚氯乙烯树脂加稳定剂和增塑剂热压加工而成。对各种酸碱类的作用均很稳定,但对强氧化剂(如浓硫酸、发烟硫酸和芳香族碳氢化合物)的作用是不稳定的。由于硬聚氯乙烯板具有一定的强度和弹性,耐腐蚀性良好,又便于加工成型,所以使用相当广泛。在通风工程中常采用硬聚氯乙烯板制作风管和配件以及加工风机。硬聚氯乙烯板表面应平整,无伤痕,不得含有气泡,厚薄均匀,无离层现象。

**(2)玻璃钢**

玻璃钢是以玻璃纤维制品(如玻璃布)为增强材料,以树脂为黏合剂,经过一定的成型工艺制作而成的一种轻质高强度的复合材料,它具有较好的耐腐蚀性、耐火性和成型工艺简单等优点。由于玻璃钢质轻、强度高、耐热性及耐腐蚀性优良、电绝缘性好及加工成型方便,在纺织、印染、化工等行业常用于排除腐蚀性气体的通风系统中。

**3.辅助材料**

通风系统常用的辅助材料有垫料、紧固件及其他材料等。

**(1)垫料**

垫料主要用于风管之间、风管与设备之间的连接,用于保证接口的密封性。法兰垫料应为不招尘、不易老化和具有一定强度和弹性的材料,厚度为 5～8 mm 的垫料有橡胶板、石棉板、石棉绳、硬聚氯乙烯板等。

**(2)紧固件**

紧固件是指螺栓、螺母、铆钉、垫圈等。

**(3)其他材料**

空调通风工程中还常用到一些辅助性消耗材料,如氧气、乙炔、煤气、焊条、锯条、水泥、木块等。

## 二、常用风管的连接方式

通风空调工程中制作风管和各种配件时,必须将板材进行连接。按连接的目的可分为拼接、闭合接和延长接三种。拼接是指两张钢板板连接,以增大其面积;闭合接是指将板材卷成风管或配件时对口缝的连接;延长接是指两段风管之间的连接。

按金属板材连接的方法,分咬口连接、铆钉连接和焊接三种,其中以咬口连接使用最广。

**1.咬口连接**

咬口连接是指将要相互结合的两个板边折成能互相咬合的各种钩形,钩接后压紧折边。常见的咬口方式有单平咬口、单立咬口、联合角咬口、转角咬口和接扣式咬口等。单平咬口用于板材拼接缝和圆形风管纵向闭合缝以及严密性要求不高的配件连接。单立咬口用于圆形风管管端的环向接缝,如圆形弯管、圆形来回弯和短节间的连接。联合角咬口用于矩形风管、弯管、三通管和四通管转角缝的咬接。转角咬口用于矩形支管的咬缝和净化要求高的空调系统,有时也用于弯管或三通管的转角咬口缝。

**2.铆钉连接**

将要连接的板材板边搭接,用铆钉穿连铆合在一起。铆接主要用于风管与角钢法兰之间的固定连接,如图 3-1 所示。铆钉应垂直板面,铆钉连接应压紧板材密合缝,铆接牢固,铆钉应排列整齐均匀,不应有错位现象。

**3.焊接**

通风空调工程中使用的焊接有电焊、氩弧焊、气焊等。

电焊适用于厚度 $\delta > 1.2$ mm 的普通薄钢板的连接以及钢板风

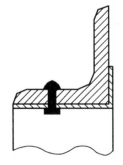

图 3-1　铆钉连接示意图

管与角钢法兰间的连接。

氩弧焊适用于厚度 $\delta > 1.0$ mm 的不锈钢板和厚度 $\delta > 1.5$ mm 的铝板板间连接。

气焊适用于厚度 $\delta = 0.8 \sim 3$ mm 的薄钢板连接,也用于厚度 $\delta > 1.5$ mm 的铝板板间连接。

# 三、通风与空调系统设备和部件

### 1. 通风与空调系统设备

机械送风系统一般由进风室、空气处理设备、风机、风道和送风口等组成;机械排风系统一般由排风口、排风罩、净化除尘设备、排风机、排风道和风帽等组成。此外还应设置必要的调节通风量和启闭系统运行的各种控制部件,即各式阀门。

(1)室内送、排风口

室内送风口是送风系统中风道的末端装置。送风道输入的空气通过送风口以一定的速度均匀地分配到指定的送风地点;室内排风口是排风系统的始端吸入装置,车间内被污染的空气经过排风口进入排风道内。室内送、排风口的装置决定了通风房间的气流组织形式。室内送风口的形式有多种,分别介绍如下:

①百叶式送风口

百叶式送风口是通风空调工程中最常用的一种送风口形式。图 3-2(a)所示的双层百叶式送风口通常装于侧墙上用作侧送风口,双层百叶式送风口有两层可调节角度的活动百叶,短叶片用于调节送风气流的扩散角,也可用于改变气流的方向;而调节长叶片可以使送风气流贴附顶棚或下倾一定角度。图 3-2(b)所示的单层百叶式送风口只有一层可调节角度的活动百叶。百叶式送风口通常由铝合金制成,外形美观,选用方便,调节灵活,安装简单。

②喷口

喷口用于远程送风,属于轴向型风口,送风气流诱导室内风量少、射程远,可以送较远的距离,通常在大空间中用作侧送风口,送热风时可用作顶送风口。喷口包括固定式喷口(图 3-3(a))和可调角度喷口(图 3-3(b))两种。

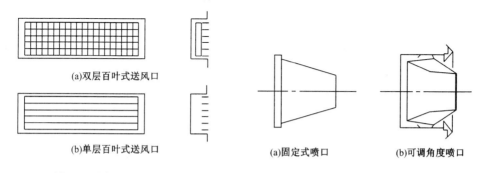

(a)双层百叶式送风口

(b)单层百叶式送风口

图 3-2　活动百叶式送风口

(a)固定式喷口　　(b)可调角度喷口

图 3-3　喷口

③散流器

散流器是由上向下送风的送风口,通常都安装在送风管道端部,明装或暗装于顶棚上。散流器一般分为平送式、下送式散流器两种。平送式散流器是指气流从散流器出来后贴附着棚顶向四周流入室内,使散流与室内空气更好地混合后进入工作区,如图 3-4(a)所示。下送式散流器是指气流直接向下扩散进入室内,这种下送气流可使工作区被笼罩在送风气流中,如图 3-4(b)所示。

(a)平送式方形散流器　　(b)下送式圆形散流器　　(c)圆盘形散流器

图 3-4　散流器

④可调式条形散流器

可调式条形散流器如图 3-5 所示,条缝宽 19 mm,长度为 500～3000 mm,可根据需要选用。调节叶片的位置,可以使散流器的出风方向改变或关闭。

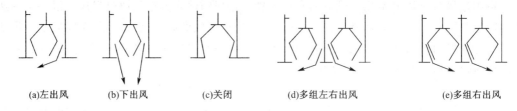

(a)左出风　　(b)下出风　　(c)关闭　　(d)多组左右出风　　(e)多组右出风

图 3-5　可调式条形散流器

⑤固定叶片条形散流器

固定叶片条形散流器如图 3-6 所示,颈宽 50～150 mm,长度为 500～3000 mm,根据叶片形状可以有三种流型。这种条形散流器可以用作顶送、侧送和地板送风。

(a)直流式　　　　　(b)单侧流　　　　　(c)双侧流

图 3-6　固定叶片条形散流器

(2)风道

风道一般采用钢板制作,对于洁净度要求高或有特殊要求的工程常采用不锈钢或铝板制作;对于有防腐要求的工程可采用塑料或玻璃钢制作;采用建筑风道时,风道一般用砖、加气块、钢筋混凝土制作。风道在输送空气的过程中,为了防止风道对某空间的空气参数产生影响,均应考虑风道的保温处理问题。保温材料主要有软木、泡沫塑料、玻璃纤维板等。保温厚度应根据保温要求进行计算。

风道一般采用圆形或矩形风管。圆形风管消耗材料少、强度大,但加工复杂、不易布置,常用于暗装;矩形风管易布置、加工,使用较普遍,矩形宽高比宜小于 6,最大不应超过 10。

(3)室外进、排风装置

通风与空调系统按使用的场合和作用的不同有室外进、排风装置之分。

①室外进风装置

室外进风装置的作用是采集室外新鲜空气供室内送风系统使用。室外进风装置根据设置位置不同可分为窗口型和进气塔型,两种进气口的设计应符合下列要求:

● 进气口应设在空气新鲜、灰尘少、远离排气口的地方。

● 进气口的高度应高出地面 2.5 m,并应设在主导风向上风侧,设于屋顶上的进气口应高出屋面 1 m 以上,以免被风雪堵塞。

● 进气口应设百叶格栅,防止雨、雪、树叶、纸片等杂质被吸入。在百叶格栅里还应设保温门作为冬季关闭进气口之用(适用于北方地区)。

● 进气口的大小应根据系统风量及通过进气口的风速(一般为 2~2.5 m/s)来确定。

②室外排风装置(即排风道的出口)

室外排风装置的作用是将排风系统中收集到的污浊空气排至室外。排气口经常设计成塔式,安装于屋面。排气口的设计应符合下列要求:

● 当进、排风口都设于屋面时,其水平距离要大于 10 m,并且进气口要低于排气口。

● 自然通风系统需在竖排风道的出口处安装风帽,以加强排风效果。

● 排风口设于屋面上时应高出屋面 1 m 以上,且出口处应设排风帽或百叶窗。

● 自然通风的排风塔内风速可取 1.5 m/s,机械通风的排风塔内风速可取 1.5~8 m/s,两者风速取值均不能小于 1.5 m/s,以防止冷风渗入。

③避风天窗与避风风帽

在普通天窗附近架设挡风板或采取其他措施,以保证天窗的排风口在任何风向下都处于负压区的天窗称为避风天窗。常见的避风天窗有矩形避风天窗、下沉式避风天窗、曲(折)线形避风天窗等。

避风风帽是一种在自然通风房间的排风口处利用风力造成的抽力来加强排风能力的装置。避风风帽是在普通风帽的周围增设一圈挡风圈,当室外气流吹过风帽时,在排风口周围形成负压区来防止室外空气倒灌,负压的抽吸作用可增强房间的通风换气能力。此外,风帽还具有防止雨水和污物进入风道或室内的作用。

(4)风机

风机按其作用原理可分为离心式、轴流式和贯流式三种类型,大量使用的是离心式和轴流式,在一些特殊场所使用的还有耐高温风机、防爆风机、防腐风机和耐磨风机等。

离心式风机主要由叶轮、机壳、机轴、吸气口、排气口、轴承、底座等组成。叶轮的叶片类型有流线型、后弯叶型、前弯叶型和径向型四种,风机叶轮在电动机的带动下随机轴高速旋转,叶片间的气体在离心力作用下由径向甩出到达风机出口后被压向风道,同时在叶轮的吸口处形成一定真空,这时,外界气体在大气压力作用下被吸入叶轮内以补充排出的气体,如此源源不断地将气体输送到所需要的场所。离心式风机适用于低压或高压送风系统,特别是低噪音和高风压的系统。

轴流式风机由叶轮、机壳、吸入口、扩压器及电动机组成。叶轮由轮毂和铆在其上的叶片组成,叶片与轮毂平面安装成一定的角度。叶片的类型有机翼型扭曲叶片(或直叶片)、等厚板型扭曲叶片(或直叶片)等。当叶轮在机壳中转动时,由于叶轮有斜面形状,空气一方面随叶轮转动,一方面沿轴向推进,由于空气在机壳中的流动始终沿着轴向,故称为轴流式风机。轴流式风机占地面积小,便于维修,风压较低,风量较大,多用于阻力较小的大风量系统。

诱导风机又称射流风机或接力风机,它通过诱导进行空气的传递,本身得风量很小。诱导风机常用在车库的通风系统中,可搅匀空气,清除局部空气死角,使局部空气得到改善。

（5）空气净化设备

空气净化设备主要有除尘器、空气过滤器、洁净室、空气吹淋室、超净工作台、空气自净器、洁净层流罩等。

①除尘器

其作用是把含尘量较大的空气（几十到几百 mg/m³）经处理后排到大气，对于含尘浓度较高、灰尘分散度及物性差别很大的气体可采用不同类型除尘器进行净化。常用除尘器有重力除尘器、过滤除尘器、电除尘器、筛板除尘器等。

②空气过滤器

其作用是把含尘量不大的空气经净化后送入室内。空气过滤器按作用原理可分为浸油金属网格过滤器、干式纤维过滤器和静电过滤器三种。

③空气吹淋室

空气吹淋室可防止被污染的空气进入洁净室。它利用高速洁净空气流吹掉工作人员身上的灰尘，常与洁净室配套使用。

④空气自净器

为空气循环提供局部洁净工作环境的空气净化设备。室内空气由风机吸入经粗效过滤器和高效过滤器后压出，从出风面吹出的洁净空气可在局部环境连续使用，提高全室洁净度。

**2. 通风与空调系统的部件**

通风与空调系统常用的部件有弯头、三通、来回弯、法兰盘、阀门、柔性短管、风道支架等。

（1）弯头

弯头是用来改变风道方向的配件。根据其断面形状可将弯头分为圆形弯头和矩形弯头。

（2）来回弯

来回弯在通风管中用来跨越或让开其他管道及建筑构件。根据其断面形状可将来回弯分为圆形来回弯和矩形来回弯，如图 3-7 所示。

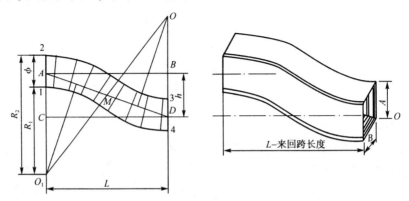

图 3-7 来回弯示意图

（3）三通

三通是通风管道分叉或汇集的配件。根据其断面形状可将三通分为圆形三通和矩形三通。

（4）法兰盘

法兰盘用于风管之间及风管与配件的延长连接，并可增加风管强度。按其断面形状可将法兰盘分为矩形法兰盘和圆形法兰盘。

（5）阀门

通风系统中的阀门主要用于启动风机，关闭风道、风口，调节管道内空气量，平衡阻力等。阀门装于风机出口的风道、主下风道、分支风道或空气分布器之前等位置。常用的阀门有蝶阀和插板阀。蝶阀多用于风道分支处或空气分布器前段。转动阀门的角度即可改变空气流量，如图 3-8 所示。插板阀多用于风机出口或主干道处用作开关，通过拉动手柄来调整插板的位置即可改变风道的空气流量，其效果好，但占用空间大。

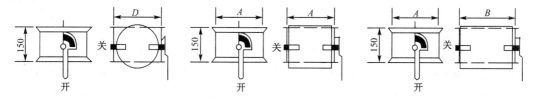

图 3-8　阀门示意图

（6）柔性软管

柔性软管设在离心式风机的出口与入口处，以减小风机震动及噪声向室内传递。一般的柔性软管都用帆布制成，对于输送腐蚀性气体的通风系统，柔性软管用耐酸橡皮或 0.8～1.0 mm 厚的聚氯乙烯塑料布制成。

（7）风道支架

风道支架多采用沿墙、柱敷设的托架及吊架。圆形风管多采用扁钢管卡吊架安装，对直径较大的圆形风管可采用扁钢管卡两侧做双吊杆，以保证其稳固。矩形风管多采用双吊杆吊架及墙、柱上安装型钢托架，矩形风管可置放于型钢托架上。吊架可穿楼板固定，用膨胀螺栓固定或预埋件焊接固定。风道支架不仅承受风道及保温层的重力，也承受输送气体时的动荷载，因此在施工中应按有关图集要求的支架间距安装，不得与土建或其他专业管道支架共用。施工时应保证风管中心位置、风道支架间距，风道支架应牢固平整。

# 学习情境 2　通风系统

## 一、建筑通风的主要任务和功能

建筑通风的主要任务是控制生产过程中产生的粉尘、有害气体、高温、高湿，控制室内有害物量不超过卫生标准，创造良好的空气环境，保障人们的健康，提高劳动生产率，保证产品质量。

通风就是用自然或机械的方法向某一房间或空间送入室外空气，或由某一房间或空间排出空气的过程。送入的空气可以是经过处理的，也可以是不经处理的。通风就是利用室外空气来置换建筑物内的空气，以改善室内空气品质。

建筑通风的功能主要是提供人呼吸所需要的氧气,稀释室内污染物或气味,排除室内工艺过程产生的污染物,除去室内多余的热量或湿量,提供室内燃烧设备燃烧所需的空气。一般建筑通风系统可能只完成其中的一项或几项任务,其中利用通风除去室内余热和余湿的功能是有限的,它受室外空气状态的限制。

## 二、通风方式的分类

按照通风动力的不同,通风系统可分为自然通风和机械通风两大类。

### 1. 自然通风

自然通风是依靠室内外空气的温度差所造成的热压或室外风力造成的风压使空气流动。

在热压或风压的作用下,对于一部分窗孔,室外的压力高于室内的压力,这时室外空气就会通过这些窗孔进入室内;对于另一部分窗孔,室外的压力低于室内的压力,室内部分空气就会通过这些窗孔流向室外,由此可知窗孔内外的压力差是造成空气流动的主要因素。

自然通风可应用于厂房或民用建筑的全面通风换气,也可应用于热设备或高温有害气体的局部排气。

(1)热压作用下的自然通风

热压是由于室内外空气温度不同而形成的重力差。这种以室内外空气温度差引起的压力差为动力的自然通风,称为热压作用下的自然通风,如图 3-9 所示。热压作用产生的通风效应又称为烟囱效应。烟囱效应的强度与建筑高度和室内外温差有关。

(2)风压作用下的自然通风

当建筑物与室外空气流相遇后,在建筑物的迎风面压力升高,相对于原来大气压力而言产生了正压;在背风面产生了涡流使两侧空气流速增加,压力下降,相对于原来的大气压力而言产生了负压。建筑物在风压作用下,具有正值风压的一侧进风,而在负值风压的一侧排风,这就是在风压作用下的自然通风,如图 3-10 所示。

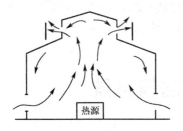

图 3-9 热压作用下的自然通风

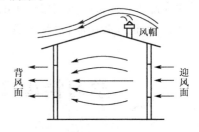

图 3-10 风压作用下的自然通风

(3)热压和风压同时作用下的自然通风

热压与风压同时作用下的自然通风如图 3-11 所示。

对迎风面来说,当热压和风压同时作用时,下部窗孔处其作用方向是一致的,这时窗孔进风量要大于热压单独作用时的进风量。当上部窗孔处风压小于热压时,窗孔排气;当风压大于热压时,上部窗孔进气,即形成了倒灌。

对背风面来说,当热压和风压同时作用时,上部窗孔

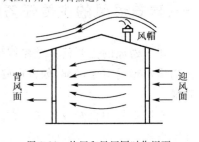

图 3-11 热压和风压同时作用下的自然通风

处其作用方向是一致的,而下部窗孔处其作用方向相反,因此上部窗孔的排风量要大于热压单独作用时的排风量,而下部窗孔的进风量将减小,甚至在下部窗孔排气。

**2.机械通风**

机械通风是依靠风机的动力使空气流动的,由于配置了动力设备(风机),可使空气通过风道输送,并可对所输送的空气进行净化(空气过滤),因此,它有自然通风无可比拟的优越性。其缺点是初投资大,运行及维护费较高。按照通风作用范围的不同,机械通风系统可分为全面通风和局部通风两大类。

(1)全面通风

全面通风又称稀释通风,它一方面用清洁空气稀释室内空气中有害物浓度,同时把污染的空气排出室外,使室内空气中的有害物浓度不超过国家卫生标准规定的最高允许浓度。全面通风由于所需要的风量大,相应的设备也较庞大,设计全面通风系统时,要选择合理的气流组织,合理地布置送风口和排风口,使得送入室内的新鲜空气以最短的路程送入工作区,同时使得被污染的空气以最短的路程排至室外。

(2)局部通风

局部通风系统可分为局部送风和局部排风两种形式,它们都是利用局部气流使某工作区不受有害物的污染,创造良好的工作环境。局部通风系统由于风量小、造价低,设计时应优先考虑。

局部送风系统即只向局部工作区输送新鲜空气,在局部地点造成良好的空气环境。局部送风系统有系统式和分散式两种。系统式局部送风系统是将室外空气经过集中处理后,待达到室内卫生标准要求后直接送入局部工作区;分散式局部送风系统一般采用轴流式风机或喷雾风扇来增加工作区的风速或降低局部空间的气温。局部送风系统由室外进风口、空气处理设备、风道、风机及喷头等组成。

局部排风系统即把局部工作区产生的有害物(空气)收集起来通过风机排至室外。局部排风系统一般由局部排风罩(密闭罩)、风道、除尘器(有害气体净化器)和风机等组成。

## 三、通风系统的组成

通风系统由于设置场所的不同,其系统组成也各不相同,一般通风系统主要由以下各部分组成:进风百叶窗、空气过滤器(加热器)、风机(离心式、轴流式、贯流式)、风道和送风口等。

排风系统一般由排风口(排气罩)、风道、过滤器(除尘器、空气净化器)、风机、风帽等组成。

# 学习情境 3　空气调节系统

为了保证空调房间的温度、相对湿度、空气流速、空气的洁净度等,对空气进行全面处理,即具有对空气进行加热、加湿、冷却、除温和净化等调节技术的系统称为空气调节系统,简称空调系统。

空气调节即人为地对建筑物内的温度、湿度、气流速度、细菌、尘埃、臭气和有害气体等进行控制,为室内提供足够的室外新鲜空气,以创造和维持人们工作、生活所需要的环境或特殊生产工艺所要求的特定环境。

## 一、空调系统的组成

若要对某一建筑物进行空气调节,必须由空气处理设备、空气输送管道、空气分配装置、电气控制部分及冷源、热源部分来共同实现。室外新鲜空气(新风)和来自空调房间的部分循环空气(回风)进入空气处理设备,经混合后进行过滤除尘、冷却和减湿(夏季)或加热和加湿(冬季)等各种处理,以达到符合空调房间要求的送风状态,再由风机、风道、空气分配装置进入各空调房间。

## 二、空调系统的分类

**1. 根据承担室内热负荷、冷负荷和湿负荷的介质分类**

(1)全空气系统

是指以空气为介质,向室内提供冷量或热量,全部由空气来承担房间的热负荷或冷负荷,如图 3-12 所示。

(2)全水系统

是指全部由水来承担室内的热负荷和冷负荷。当为热水时,向室内提供热量,承担室内的热负荷;当为冷水(常称为冷冻水)时,向室内提供冷量,承担室内冷负荷和湿负荷,如图 3-13 所示。

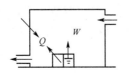 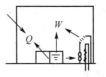

图 3-12　全空气系统　　　　　图 3-13　全水系统

(3)空气-水系统

是指以空气和水为介质,共同承担室内的负荷。空气-水系统是全空气系统与全水系统的综合应用,既解决了全空气系统因风量大导致风管断面尺寸大而占据较多有效建筑空间的矛盾,也解决了全水系统空调房间新鲜空气供应问题,因此这种空调系统特别适用于大型建筑和高层建筑,如图 3-14 所示。

(4)制冷剂系统

以制冷剂为介质,直接用于对室内空气进行冷却、除湿或加热,如图 3-15 所示。

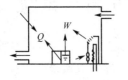 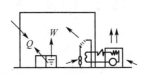

图 3-14　空气-水系统　　　　　图 3-15　制冷剂系统

**2. 根据使用环境、服务对象分类**

（1）舒适空调

以室内人员为服务对象，以创造舒适环境为任务而设置的空调，可用在商场、办公楼、宾馆、饭店、公寓等建筑物内。

（2）工业空调

以保护生产设备和益于产品精度或材料为主，以满足室内人员舒适要求而设置的空调，可用在车间、仓库等场所。

（3）洁净空调或洁净空调室

对空气尘埃浓度有一定要求而设置的空调，可用在电子工业、生物医药研究室、计算机房等场所。

**3. 根据空气处理设备的布置情况分类**

（1）集中式空调系统

集中式空调系统的主要设备都集中在空调机房内，以便集中管理。空气经集中处理后，再由风道分送给各个空调房间，如图 3-16 所示。

这种系统的设备可集中布置、集中调节和控制，水系统简单，使用寿命长，并可以严格控制室内空气的温度和相对湿度，因此适用于房间面积大或多层、多室，热、湿负荷变化情况类似，新风量变化大，以及空调房间温度、湿度、洁净度、噪声、震动等要求严格的建筑物。集中式空调系统的主要缺点是：系统送、回风管复杂，截面大；占据的吊顶空间大。

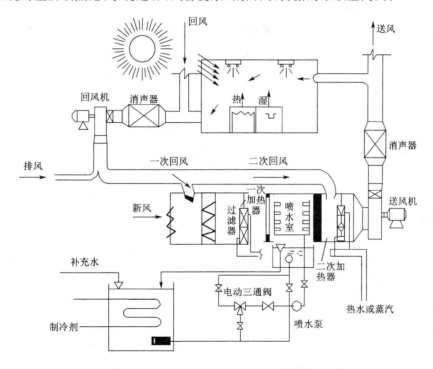

图 3-16　集中式空调系统

（2）半集中式空调系统

又称半分散式空调系统。大部分设备在空调机房内，有些设备在空调房间内，如风机盘管空调系统、诱导器空调系统等。

半集中式空调系统的工作原理是借助风机盘管机组不断地循环室内空气,使之通过盘管而被冷却或加热,以保持房间要求的温度和相对湿度。盘管使用的冷水或热水由集中冷源和热源供应。同时,经新风机组集中处理后的新风,通过专门的新风管道分别送入各空调房间,以满足空调房间的卫生要求。

(3)局部空调系统

又称局部式空调系统或房间空调机组。它是利用空调机组直接在空调房间内或其相邻地点就地处理空气的一种局部空调方式。

局部空调机组有窗式空调机、壁挂式空调机、立柜式空调机及恒温恒湿机组等。它们都是一些小型的空调设备,适用于小的空调环境。其特点是安装方便,使用简单,适用于空调房间比较分散的场合。

**4. 根据空调系统处理空气来源分类**

(1)封闭式空调系统

封闭式空调系统处理的空气全部取自空调房间本身,没有室外新鲜空气补充到系统中来,全部是室内的空气在系统中周而复始地循环,如图 3-17 所示。

(2)直流式空调系统

直流式空调系统处理的空气全部取自室外,即室外的空气经过处理达到送风状态后送入各空调房间,送入的空气在空调房间内吸热吸湿后全部排出室外,如图 3-18 所示。

(3)混合式空调系统

封闭式空调系统没有新风,不能满足空调房间的卫生要求,直流式空调系统的能量消耗大,不经济,所以对大多数有一定卫生要求的场合往往采用混合式空调系统。混合式空调系统既能满足空调房间的卫生要求,又比较经济合理,如图 3-19 所示。

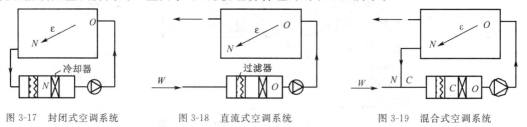

图 3-17　封闭式空调系统　　　　图 3-18　直流式空调系统　　　　图 3-19　混合式空调系统

**5. 根据送风管道中空气流速的大小分类**

(1)低速空调系统

在工业建筑的主风道中风速小于 15 m/s,在民用和公用建筑的主风道中风速小于 10 m/s。低速集中式空调系统为了满足送风量的要求,需采用很大的风道横截面面积,占据较多的建筑空间,且耗用较多的管材。

(2)高速空调系统

在工业建筑的主风道中风速大于 15 m/s,在民用和公用建筑的主风道中风速大于 12 m/s。高速空调系统的噪音较大。

## 三、空气处理设备

对空气处理的设备很多，主要有以下七类：空气加热设备、空气冷却设备、空气加湿和减湿设备、空气净化设备、消声和减震设备等。

**1. 空气冷却和加热设备**

（1）空气冷却设备

在空气调节工程中，除了用喷水室对空气进行加湿处理外，还可以不定期地用表面式换热器处理空气。大部分的表面式换热器既可以作加热器也可以作冷却器。

表面式冷却器可分为水冷式和直接蒸发式两种。水冷式表面式冷却器内用冷水或冷冻盐水作冷媒。直接蒸发式表面式冷却器是以制冷剂作冷媒，靠制冷剂的蒸发吸取空气的热量来冷却空气。在空调工程中常用 R12 和 R22 作制冷剂。

水冷式表面式冷却器是把冷冻水通进换热器内，在构造上与蒸汽或热水加热器相同，也是在管上加肋片，只不过管内通入的是冷媒而已。有时两者就是同一台设备，通冷媒时作冷却用，通热媒时作加热用。

表面式冷却器按制作管的材料不同可分为钢管钢片、铝管铝片、铜管铜片、铜管铝片和钢管铝片表面式冷却器等。按肋片管的加工方法不同可分为绕片式、穿片式、镶片式和轧片式表面式冷却器等。

水冷式表面式冷却器可以水平安装，也可以垂直或倾斜安装。垂直安装时务必要使肋片保持垂直，这是因为空气中的水分在表面式冷却器外表面结露时，会增大管外空气侧阻力，减小传热系数。垂直肋有利于水滴及时流下，保证表面式冷却器良好的工作状态。

空气与冷水两者的流向既可以顺流也可以逆流，因为逆流传热温差大，有利于提高换热量，减小所需表面式冷却器的表面积。表面式冷却器在空调箱内的安装如图 3-20 所示。空气进入空调箱先经过过滤器，除掉空气中的灰尘，再进入表面式冷却器冷却降温（夏天），然后用风机送往空调房间。

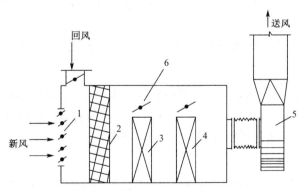

图 3-20　安装表冷器的空调箱
1—百叶窗；2—过滤器；3—表面式冷却器；4—加热器；5—风机；6—旁通阀

（2）空气加热设备

在空调工程中，经常需要对送风进行加热。目前，广泛使用的空气加热设备主要有表面式加热器和电加热器两种。表面式加热器主要用于各种集中式空调系统的空气处理室和半集中式空调系统的末端装置中;电加热器主要用于各空调房间的送风支管上作为精调设备,以及用于空调机组中。

**2.空气加湿和减湿设备**

(1)空气加湿设备

在空调工程中,有时需要对空气进行加湿和减湿处理,以增加空气的含湿量和相对湿度,满足空调房间的设计要求。

对空气的加湿方法很多,喷水式空气加湿设备如图3-21所示,还有喷雾加湿设备和喷蒸汽加湿设备等。喷雾加湿设备有压缩空气喷雾加湿机、电动喷雾机等。喷蒸汽加湿设备有电热式加湿器和电极式加湿器等。

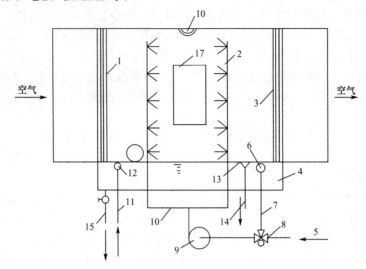

图3-21　喷水式空气加湿设备

1—前挡水板;2—喷水排管;3—后挡水板;4—底池;5—冷水管;6—滤水器;7—循环水管;

8—三通调节阀;9—喷水管;10—供水管;11—补水管;12—浮球阀;13—溢水器;

14—溢水管;15—排水管;16—防水照明灯;17—检查门(密闭门)

(2)空气减湿设备

空气的减湿方法有喷冷冻水减湿、表面冷却器减湿、转轮除湿机减湿和吸湿剂减湿等。

**3.空气净化设备**

室外新风和室内循环回风是空调系统中空气的来源,由于室外环境中的尘埃或空调房间内环境的影响,均会对空调系统中的空气有不同程度的污染。净化处理的目的主要是除去空气中悬浮尘埃,另外还包括消毒、除臭以及离子化等。

**4.空调机组**

空调机组也叫中央空气处理机,有时也叫空调箱。它把空气吸入后经过过滤、加热、冷却、喷淋等处理,然后送往空调房间。根据风量不同,空调机组有大型、小型之分;根据材料不同,空调机组可分为金属空调箱和非金属空调箱等。现在多数空调机组是由厂家加工好,用户直接选用就可以了。当需要的空调箱特别大时,有时需要在现场制作。

装配式空调机组最大的特点是可以根据设计要求直接选用,设计安装都比较方便。标准的空调机组有回风段、混合段、预热段、过滤段、表冷段、喷水段、蒸汽加湿段、再加热段、送风机段、能量回收段、消声段和中间段等。图 3-22 所示为装配式空调箱的结构图。

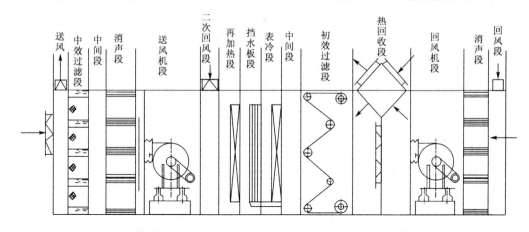

图 3-22　装配式空调机的结构图

回风段的作用是把新风和回风混合;消声段的作用是消除气流中的噪声;回风机段的作用是把新风和回风吸入空调箱,它可克服回风系统的阻力;初效过滤段可过滤掉空气中的大颗粒灰尘;表冷段的作用是对空气进行冷却处理(或冷却减湿处理);挡水板段的作用是除掉空气中的水分;送风机段的作用是由风机把空气送往空调房间;中效过滤段的作用是进一步对空气进行过滤,以达到洁净度的要求。除此之外还有百叶调节阀等设备。

**5. 诱导器系统**

图 3-23 所示为诱导器系统示意图。经过集中空调机处理的新风(一次风)经风管送入各空调房间的诱导器中,由诱导器的高速(20~30 m/s)喷嘴喷出,在气流的引射作用下使诱导器内形成负压,室内的空气(二次风)被吸入诱导器,一次风和二次风混合后经换热器处理,然后送入空调房间。诱导器是用于空调房间送风的一种特殊设备,它由静压箱、喷嘴、冷却盘管和凝水盆组成,如图 3-24 所示。

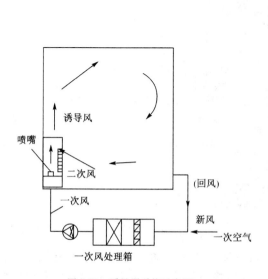

图 3-23　诱导器系统示意图

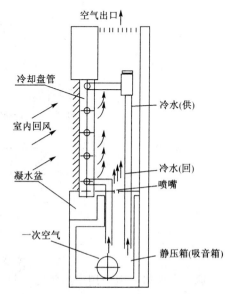

图 3-24　诱导器的构造

**6. 风机盘管系统**

风机盘管系统是另一种半集中式空调系统,它在每个空调房间内设置风机盘管机组。风机盘管的形式很多,可分为立式明装、立式暗装、吊顶暗装等。图 3-25 是立式明装风机盘管的结构图。

风机盘管机组的冷、热水管分四管制、三管制和二管制三种。室内温度可以通过温度传感器来控制进入盘管的水量进行自动调节,也可以通过盘管的旁通门来调节。风机盘管的容量一般为:风量为 0.007～0.236 m³/h,制冷量为 2500～7000 W,风机电功率一般为 30～100 W,水量为 0.14～0.22 L/s。半集中式空调系统特别是风机盘管空调系统在宾馆用得最多,因为它具有造价低、风管占用空间少、安装方便等优点。

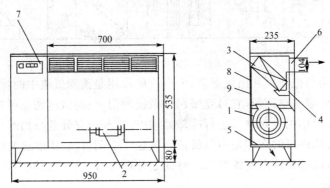

图 3-25 立式明装风机盘管的结构图

1—风机;2—电动机;3—盘管;4—凝水盘;5—过滤器;6—出风口;7—控制器;8—吸声材料;9—箱体

**7. 窗式空调机**

窗式空调机是一种直接安装在窗台上的小型空调机。这种空调机安装简单,噪声小,不需要水源,接上 220 V 电源即可。热泵式窗式空调机的结构原理图如图 3-26 所示。

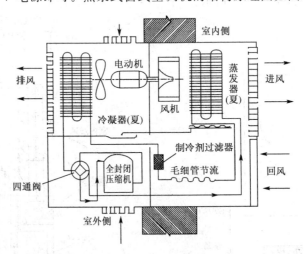

图 3-26 热泵式窗式空调机的结构原理图

窗式空调机一般采用全封闭冷冻机,以氟利昂(R22)为制冷剂。冬季供暖循环时,可将电磁阀换向,进行冷热交换,使制冷剂流向改变,室内换热器改为冷凝器,向室内放热,室外换热器为蒸发器,从室外空气吸热。

冬季用热泵式窗式空调机不能保证室温时,可将电阻式加热器作为辅助加热设备。窗式空调机一般制冷量为 1500~3500 W,风量为 600~2000 $m^3$/h,控制温度范围为 18~28 ℃。

**8.分体式空调机**

分体式空调机由室内机、室外机、连接管和电线组成,根据室内机的不同可分为壁挂式、吊顶式、吸顶式、落地式及柜机等。下面以使用得最多的壁挂式空调机为例进行介绍,如图 3-27 所示。

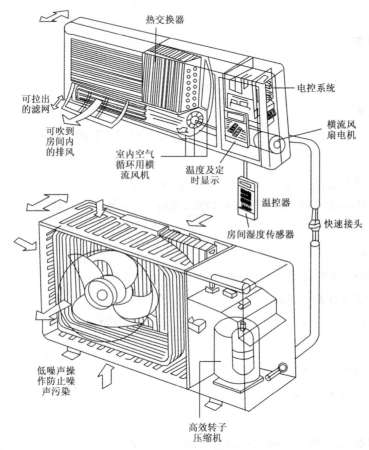

图 3-27  壁挂式空调机的构造

壁挂式空调机分为室内机组和室外机组,室内机组一般为长方形,挂在墙上,室内机组后面有凝结水管,与下水道相连。室外机组内含有制冷设备、电动机、气液分离器、过滤器、电磁继电器、高压开关和低压开关等。连接管道有两根,一根是高压气管,另一根是低压气管。液管和气管都是紫铜管,需要弯曲时,弯曲半径越大越好。低温低压的湿蒸汽进入蒸发器吸热,变成低压蒸汽,然后通过连接管进入压缩机,在压缩机的作用下变成高温高压蒸汽,进入冷凝器放热,变成高压低温液体,再经过毛细管节流变成低压低温湿蒸汽,完成一个循环。在这个工作过程中,压缩机耗电,蒸发器吸热,冷凝器放热。壁挂式空调机的制冷量为 2200~5000 W。

# 学习情境 4　通风与空调施工图识读

通风与空调施工图是建筑物通风与空调工程施工的依据和必须遵守的文件。它可使施工人员明白设计人员的设计意图,施工图必须由正式的设计单位绘制并签发。工程施工时,未经设计人员同意,不能随意对施工图中的内容进行修改。施工图一般应包括以下几部分内容:

## 一、设计说明

通风与空调工程的设计说明主要包括以下内容:

**1. 工程概况**

建筑物的面积、层数与高度,使用功能,对通风与空调工程的要求等。

**2. 设计标准**

①室外气象参数:冬季和夏季的温度、湿度、风速等。

②室内设计标准:各空调房间(如办公室、客房、商场等)夏季和冬季的设计温度、湿度,新风量和噪声标准等。

**3. 空调系统**

对建筑物内各空调房间所采用的空调设备作简要的说明。

**4. 空调系统设备安装要求**

主要对空调系统的末端装置(如风机盘管、柜式空调机及通风机等)提出详细的安装要求。

**5. 空调系统一般技术要求**

对风道适用的材料、保温和安装的要求。

**6. 空调水系统**

包括空调水系统的形式、所采用的管材以及保温要求等。

**7. 机械送、排风**

建筑物内各空调房间,设备层,消防前室,走廊的送、排风要求和标准。

**8. 空调冷冻机房**

列出所采用的冷冻机组、冷冻水泵和冷却水泵的型号、规格、性能和台数,并提出主要的安装要求。

## 二、空调冷冻水及冷却水系统工艺流程图

在空调工程中,风与水两个系统是紧密联系的,但又相互独立,缺一不可。在施工图中给出空调冷冻水和冷却水系统工艺流程图,可使施工人员对整个空调系统有全面的了解。

## 三、送、排风平面图

对空调中的送、排风,消防正压送风,防火排烟等作介绍。注意:冷冻水与冷却水系统工艺流程图和送、排风示意图均是无比例的。

## 四、空调平面图

列出各层、各空调房间的空调系统布置,其中给出风管、冷冻水管、冷却水管和风机盘管的平面布置。

## 五、设备材料表

列出本工程主要设备材料的型号、规格、性能和数量。

## 六、大样图

通常可采用国家或地区的标准图,对本工程中有特殊要求者,由设计人员专门提供。某办公楼空调工程的部分施工图见插页。

# 学习情境5 通风空调与土建、装饰专业的配合

一个好的空调工程应该得到各专业密切的配合,才能达到好的效果。过去的空调工程设计师是在建筑师将近完成的建筑平面图上进行设计的。建筑平面图在开始设计时也很少征求空调设计人员的意见,这样就经常出现分给的设备使用面积不够,或管道与结构发生矛盾。对于一般的采暖工程,以建筑师为主是正确的,而对于有大量设备的空调工程,就不应采取这种设计程序。对于一名建筑师来讲,在设计初就应初步了解空调系统的大致情况,如设备的种类、数量、管道的直径及大致的走向,并给设备工程师以合理的建议。

## 一、通风空调风管的布置

通风与空调系统一般由空气处理设备、输送管道及空气分配装置三部分组成。空气处理设备主要有空气过滤设备、热湿处理设备和冷热源制备设备。风道和通风机是空气输送的组成部分。风道的布置应在进风口、送风口、排风口、空气处理设备、风机的位置确定之后进行。风道布置的原则应该服从整个通风系统的总体布局,并与土建、生产工艺和给排水等各专业互相协调、配合;应使风道少占建筑空间,并不得妨碍生产操作;还应尽量缩短管线,

减少分支,避免复杂的局部管件,便于安装、调节和维修;风道之间或风道与其他设备、管件之间应合理连接以减小阻力和噪声;应尽量避免穿越沉降缝、伸缩缝和防火墙等;对于埋地风道应避免与建筑物基础或生产设备底座交叉,并应与其他管线综合考虑;风道在穿越火灾危险性较大房间的隔墙、楼板处以及垂直于水平风道的交接处,均应符合防火设计规范的规定。

在某些情况下可以把风道和建筑物本身构造密切结合在一起,例如,民用建筑的竖直风道通常就砌筑在建筑物的内墙里。为了防止结露和影响自然通风的作用压力,竖直风道一般不允许设在外墙中,否则应设空气隔离层。对于相邻的两个排风道或进风道,其间距不应小于 1/2 砖;对于相邻的进风道和排风道,其间距不应小于 1 砖。风道的断面尺寸应按砖的尺寸取整数,其最小尺寸为 1/2×1/2 砖,如图 3-28 所示。如果内墙墙壁小于 1.5 砖时,应设贴附风道,如图 3-29 所示,当贴附风道沿外墙内侧敷设时,应在风道外壁和外墙内壁之间留有 40 mm 厚的空气保温层。

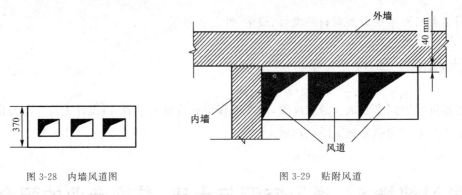

图 3-28　内墙风道图　　　　　　　　　　图 3-29　贴附风道

## 二、管道与建筑的配合

空调管道布置应尽可能和建筑协调一致,保证实用美观。管道走向及管道交叉处,要考虑房屋的高度,对于大型建筑,井字梁的高度达 700～800 mm,给管道的布置带来很大不便。同理,当管道在走廊布置时,走廊的高度和宽度都限制管道的布置和安装,设计和施工时都要加以考虑。特别是当使用吊顶作回风静压箱时,各房间的吊顶不能互相串通,否则各房间的回风量得不到保证,很难使设计参数达到要求。

管道打架问题在空调工程中也很重要,在设计冷热水管、空调通风管道、给排水管道时,各专业应配合好,并且应处理好管道与装修、结构之间的矛盾。为解决这个矛盾,设计和施工时应遵循下列原则:小管道让大管道,在压管道让无压管道。

## 三、空调设备与建筑的配合

空调机在空调机房内布置有以下几个要求:

①中央机房应尽量靠近冷负荷的中心布置。高层建筑有地下室时宜设在地下室。

②中央机房应采用二级耐火材料或不燃材料建造,并有良好的隔声性能。

③空调用冷水机组多采用氟利昂压缩式冷水机组,机房净高不应低于 3.6 m。若采用溴化锂吸收式,设备顶部距屋顶或楼板的距离不应小于 1.2 m。

④中央机房内压缩机间宜与水泵间、控制室隔开,并根据具体情况,设置维修间及厕所等。尽量设置电话,并应考虑事故照明。

⑤机组应做防震基础,机组出水方向应符合工艺的要求。

⑥对于溴化锂机组还要考虑排烟的方向及预留孔洞。

⑦对于大型的空调机房还应做隔声处理,包括门、天棚等。

⑧空调机房应设控制室和休息间,控制室和空调机房之间应用玻璃隔断。

# 某宾馆空调系统安装实训
## 3.1 某宾馆空调系统风管安装图识读

某宾馆空调系统风管安装平面图和系统图如图 3-30 和图 3-31 所示。

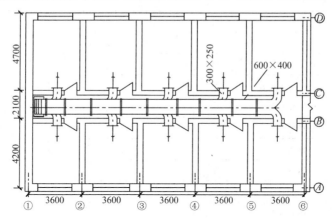

图 3-30 风管安装平面图

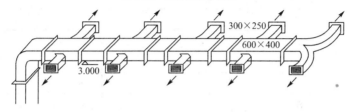

图 3-31 风管安装系统图

安装说明:

(1)本安装图中单位以 mm 计,共设置 10 个空调房间,采用集中式中央空调系统,空气处理设备设置于宾馆专用空调机房内,本实训不述及。

（2）空调房间占地面积有 3.6 m×4.2 m 和 3.6 m×4.7 m 两个规格,各五间,每个房间设置一组双层百叶式送风口,尺寸:300 mm×250 mm。

（3）送风系统设置于宾馆各楼层走廊设备层内,吊装安装,设计标高 3.000 m。

（4）风管采用镀锌铁皮现场加工制作,主干管规格:600 mm×400 mm,分支管规格:300 mm×250 mm。

（5）风管连接采用焊接法兰框翻边固定,铆钉连接。

（6）施工验收严格执行《通风与空调工程施工质量验收规范》(GB 50243—2002)。

# 3.2　选择空调风管加工机具

空调风管加工机具的选择见表 3-1。

表 3-1　　　　　　　　　　　　　选择空调风管加工机具

| 序号 | 名称 | | 单位 | 规格 | 数量 | 备注 |
|---|---|---|---|---|---|---|
| 1 | 机械设备 | 剪板机 | 台 | | 2 | |
| 2 | | 咬口机 | 台 | | 2 | |
| 3 | | 电剪 | 台 | | 2 | |
| 4 | | 电焊机 | 台 | | 4 | |
| 5 | | 台钻 | 台 | | 2 | |
| 6 | | 冲击钻 | 台 | | 2 | |
| 7 | | 砂轮切割机 | 台 | | 2 | |
| 8 | | 电动液压铆接钳 | 台 | | 2 | |
| 9 | | 机械套丝机 | 台 | | 2 | |
| 10 | 测量工具 | 水平尺 | 把 | | 8 | |
| 11 | | 钢卷尺 | 个 | 5 m | 8 | |
| 12 | | 钢直尺 | 个 | | 8 | |
| 13 | | 水准仪 | 台 | | 2 | |
| 14 | | 线坠直角尺 | 把 | | 8 | |
| 15 | | 量角规 | 个 | | 4 | |
| 16 | 常用工具 | 工作台 | 台 | | 4 | |
| 17 | | 扳手 | 把 | | 8 | |
| 18 | | 手剪 | 把 | | 8 | |
| 19 | | 改锥 | 把 | | 8 | |
| 20 | | 木槌 | 把 | | 8 | |
| 21 | | 木方尺 | 把 | | 8 | |
| 22 | | 倒链 | 套 | | 2 | |
| 23 | | 样冲 | 个 | | 4 | |
| 24 | | 衬铁 | 个 | | 4 | |

# 3.3　风管加工制作工艺流程

风管加工制作工艺框图如图 3-32 所示。

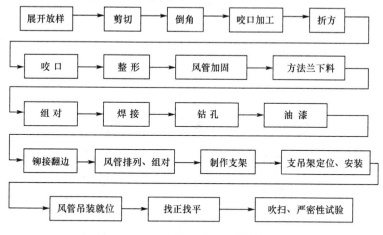

图 3-32　风管加工制作工艺框图

# 3.4　风管加工制作工艺方法及步骤

**1. 矩形直风管的加工制作**

（1）展开放样

矩形直风管的展开图也是一个矩形，一边长度为 2(A+B)，另一边为风管长度 L，如图 3-33 所示。放样画线时，对咬口折合的风管同样按板材厚度画出咬口留量 M 及法兰连接时的翻边量（10 mm）。对画出的展开图一定要用直角尺严格规方，使矩形图样的四个角垂直，每条线都不能歪斜，以避免风管折合时出现扭曲现象。

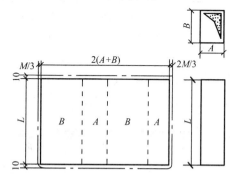

图 3-33　矩形直风管的展开图

（2）剪切

剪切分为手工剪切和机械剪切。

①手工剪切

手工剪切的常用工具有直剪刀、弯剪刀、侧剪刀和手动滚轮剪刀等，依板材厚度及剪切圆形状情况适当选用，剪切厚度在 1.2 mm 以下。

②机械剪切

● 龙门剪板机:适用于板材的直线剪切,剪切宽度为 2000 mm,厚度为 4 mm。

● 振动式曲线剪板机:适用于剪切厚度为 2 mm 以内的曲线板材。

● 双轮直线剪板机:适用于剪切厚度为 2 mm 以内的板材,可作直线和曲线剪切。

本实训采用龙门剪板机剪切,注意剪切位置准确,切口整齐,并注意用剪刀剪出角缝处的翻边斜角。

(3)咬口加工

风管咬口形式有单平咬口、单立咬口、转角咬口、联合角咬口、接扣式咬口等,各种咬口形式如图 3-34 所示。

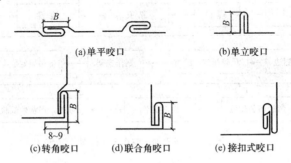

(a)单平咬口　　(b)单立咬口

(c)转角咬口　　(d)联合角咬口　　(e)接扣式咬口

图 3-34　各种咬口形式

咬口宽度和留量根据板材厚度确定,咬口宽度应符合表 3-2 的要求。

表 3-2　　　　　　　　　　　　　咬口宽度　　　　　　　　　　　　　mm

| 咬口形式 | 板厚 | | |
|---|---|---|---|
| | 0.5～0.7 | 0.7～0.9 | 1.0～1.2 |
| 单平咬口 | 6～8 | 8～10 | 10～12 |
| 单立咬口 | 5～6 | 6～7 | 7～8 |
| 转角咬口 | 6～7 | 7～8 | 8～9 |
| 联合角咬口 | 8～9 | 9～10 | 10～11 |
| 接扣式咬口 | 12 | 12 | 12 |

咬口留量的大小与咬口宽度 $B$、重叠层数及使用的机械有关。对于单平咬口、单立咬口和转角咬口,在一块板上的咬口留量等于咬口宽度 $B$,在与其咬口的另一块板上,咬口留量为 $2B$;对于联合角咬口,一块板上的咬口留量为咬口宽度 $B$,另一块板上的咬口留量为 $3B$。

矩形风管的角缝连接多为联合角咬口,将下好料的板材置放于联合角咬口机上分别加工好单、双边。若无条件,也可用手工加工联合角咬口,其加工过程如图 3-35 所示。

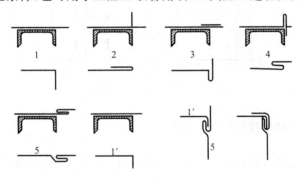

图 3-35　联合角咬口加工过程

（4）折方

矩形钢管若采用一个或两个角咬口连接,需对板材进行折方。折方工序一定是在咬口制作后才能进行。

折方有手工折方和机械折方之分。手工折方工艺:将需折方的板材置放在工作台上,使折边线与工作台上型钢板线重合,若是一个人操作,可用木方尺先把折边线两头折制出棱线,以便控制折边尺寸;然后用左手持一木方尺压住板材折线的上方,右手用力向下撅压至90°。若两个人操作,可分别站立于折板的两端,重复上述步骤至板折为90°;再用木方尺将棱线加以修整,至折边棱角清晰,板面平整即可。

（5）装配合缝

装配合缝前应仔细查看材料单、双边的加工情况,应无弯曲、无死咬,将单边插入双边中,用木方尺平行风管边线置放于咬口上,用方锤击打木方尺,使单边插装到紧贴靠双边,再用方锤将双边由两头包紧,中间选择3～5处包紧,最后用木方尺将双边全部包紧打实,至咬口平直、严密。

**2.矩形弯头的加工制作**

矩形弯头由前后两块侧板、背板及里板共四块板料组成。侧板的宽度以 $A$ 表示,背板及里板的宽度以 $B$ 表示。

（1）展开放样

根据安装图尺寸,画出弯头的侧板图,并依照咬口形式(联合角咬口或接扣式咬口),在背弧和里弧处放出咬口宽度 $B$ 的留量,为使套法兰顺利,应在侧板放出法兰边宽所需的尺寸,即图 3-36 中的 50 mm 与法兰翻边留量,图 3-36(a)所示为侧板展开图。

用丈量或计算方法得到背弧和里弧的长度,以及背板与里板的宽度,画出背板和里板的展开矩形,并在其两侧放出与侧板单边相匹配咬口的大边留量以及法兰翻边留量,如图 3-36(b)、图 3-36 (c)所示。

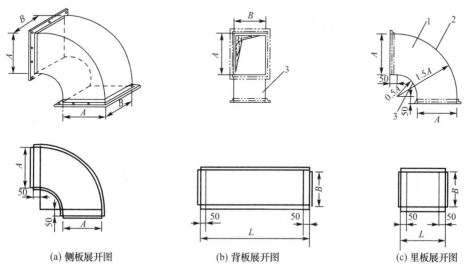

(a) 侧板展开图　　　(b) 背板展开图　　　(c) 里板展开图

图 3-36　矩形弯头展开及咬口设置
1—侧板;2—背板;3—里板

（2）剪切

检查相关尺寸后,即用机械剪切或手工剪切方法对板材实施剪切。

（3）咬口加工

根据所放咬口留量的种类，用机械或手工方法加工出咬口。

（4）煨制背板、里板弧度

圆弧背板和里板加工好咬口后，用手工方法分别将其依次煨制成与弯头侧板弧度一致的1/4圆弧。煨制是将板料放置在大直径的圆钢管上，圆弧应圆滑，并与侧板弧度基本一致。需要注意的是板材咬口的煨制方向，若煨制反了，咬口将无法组装。

（5）组装咬口

把侧板单边插入煨制好弧度的背板或里板的单边中，并用锤轻击单边，使之插入到位后，即可用方锤将包边扣倒包实，用同样方法在1/4圆弧上选择3～5处，待单边插入到位后用方锤扣倒包边，待检查并确认所有单边插装到位后，用木方尺或方锤将包边扣倒包实，并使包边平实、紧贴。

**3. 矩形三通的加工制作**

矩形插管式三通如图3-37所示，它由通风干管的斜插短管组成，斜插短管由两块平面板和一块斜侧板、一块平侧板组成。按实际安装尺寸画出平面板、斜侧板和平侧板的展开图，再根据选用的咬口（此种咬口多为联合角咬口）在两块侧板两侧放出联合角咬口的双边留量，在两块平面板两侧放出联合角咬口的单边留量。插接短管与通风干管可以采用单立咬口或拉铆，若采用拉铆连接需在插接短管大口端放出留量，一般为10～15 mm；若采用单立咬口，需放出双边的咬口留量。

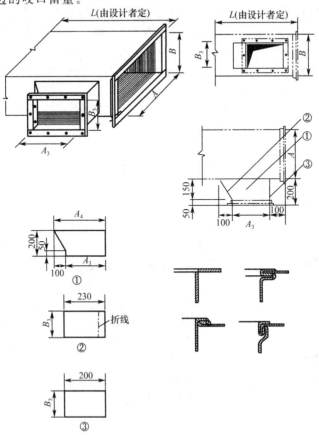

图 3-37　矩形插管式三通

干管开孔若采用拉铆,孔口尺寸按插管大口尺寸开出,注意开孔的中心应是干管的中心线位置,不要开偏;若采用单立咬口连接,所开孔洞周边则应比插接短管大口尺寸各小一个单立咬口的单边尺寸。

分别将短管两块侧板的联合角咬口的大边及两块平板的单边加工好,并将斜侧板折弯至所需角度。将短管组装包紧咬实后,将大口拉铆所需的折边用木方尺敲出。将斜插短管放置在干管上并对准中心线,还应注意带斜边的一侧与气流方向要一致,然后用电钻钻孔,用拉铆钉将干管与斜插短管紧紧连接在一起,最后在接缝处用密封胶进行密封。

**4. 组合式三通的加工制作**

安装图中组合式三通属于弯头与弯头的背面组合,此种组合式三通的特点是由两个独立配件组成,其制作方法是分别展开放样与制作,然后用拉铆钉或螺栓将其连成一体,其工艺同各自配件的制作工艺。

**5. 矩形法兰的加工制作**

矩形法兰是由四根角钢组成,其中的两根等于风管的短边长度,另两根等于风管的长边长度加上两个角钢宽度。按上面的方法计算长度后在角钢上划线。金属矩形风管法兰及螺栓规格见表3-3。

表 3-3　　　　　　　　　　金属矩形风管法兰及螺栓规格

| 风管长边尺寸 $b$ | 法兰材料规格(角钢) | 螺栓规格 |
|---|---|---|
| $b \leqslant 630$ | $25 \times 3$ | M6 |
| $630 < b \leqslant 1500$ | $30 \times 3$ | M8 |
| $1500 < b \leqslant 2500$ | $40 \times 4$ | |
| $2500 < b \leqslant 4000$ | $50 \times 5$ | M10 |

用砂轮切割机切割时一定要控制好下料尺寸,特别是两根短料,一定要准确,参照图3-38的布孔方法,并参照表3-3、表3-4划出法兰螺栓和铆钉孔,并冲眼定位。

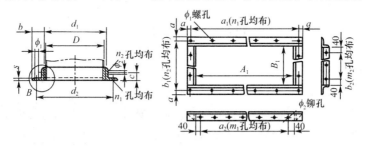

图 3-38　矩形风管法兰构造图

表 3-4　　　　　　　　　　风管法兰铆钉规格及铆钉孔尺寸　　　　　　　　　　mm

| 类型 | 风管规格 | 铆钉孔尺寸 | 铆钉规格 |
|---|---|---|---|
| 立法兰 | 120~630 | 4.5 | 4×8 |
| | 800~2000 | 5.5 | 5×10 |
| 圆法兰 | 200~500 | 4.5 | 4×8 |
| | 530~2000 | 5.5 | 5×10 |

法兰下料后,在角钢内侧去掉角钢厚度至角钢边尺寸,取中钻铆钉孔,焊接后在另一面角钢内侧去掉角钢厚度至角钢边尺寸,取中钻螺栓孔,矩形法兰的四角应设置螺栓孔,风管法兰螺栓及铆钉的间距应小于 150 mm 且均匀分布。排烟系统和高压系统风管法兰的螺栓及铆钉孔距不得大于 100 mm。

铆钉孔应在台钻上钻出。法兰组对一定要在工作平台上进行,以保证法兰平整度。法兰的角度在点焊后应进行测量和调整,使两个对角线长度相等。为保证在焊接过程中法兰不至于扭曲变形,应采用同一方向的逐角的顶角焊接方法(俗称鬼推磨),法兰四角满焊以保证法兰强度及严密性,且必须保证法兰焊接处不漏风。

**6. 角钢法兰与矩形风管的装配**

角钢法兰与矩形风管的装配连接形式有两种:当风管壁厚 $\delta \leqslant 1.5$ mm 时采用翻边加铆接形式;当风管壁厚 $\delta \geqslant 1.5$ mm 时只能采用翻边加点焊或点焊找正后满焊的连接形式。本实训中镀锌薄板厚度按 $\delta = 1.2$ mm 考虑。

安装前为保证法兰与风管、配件的装配质量,法兰的内径或内边长应比风管、配件的外径或边长大,具体尺寸如下:

当 $d$ 或 $B \leqslant 300$ mm 时,为 2 mm;

当 $d$ 或 $B > 300$ mm 时,为 3 mm。

法兰与风管、配件装配前,一定要先进行防腐处理,一般刷两道红丹防锈漆,若有需要还应刷面漆。

采用翻边铆接时,在平整的工作台或地坪上,将两只法兰分别套入风管的两端,并使翻边量外露(预留 6～9 mm 翻边量),先利用电动液压铆接钳进行风管的铆接,最后进行风管端部的翻边,如图 3-1 所示。

为了使风管翻边后的四角不漏风,注意翻边至四个角时,应当用方锤鸭舌面錾延几下再翻边,否则四个角会出现豁口。

**7. 吊架的加工制作**

矩形风管的吊架是由双吊杆、横担(托铁)和螺母组成,如图 3-39 所示。

(1)横担的加工制作

按实际需要的尺寸,在角钢上划线后,用型钢切割机或砂轮切割机将型钢切断;并用样冲打击冲眼,按吊杆选用直径并考虑 2 mm 的余量;选定钻头,用冲击钻钻孔。

(2)吊杆的加工制作

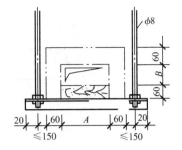

图 3-39　矩形风管吊架安装图

吊杆是吊架的承力构件,矩形风管采用双吊杆安装,应按设计要求选用圆钢直径。一般当风管重量 $G > 300$ kg 或风管长边 $B > 1500$ mm 时采用 10 mm 吊杆,当 $G \leqslant 300$ kg 或 $B \leqslant 1500$ mm 时采用 8 mm 吊杆。按吊杆上下端连接形式的实际需要,准确计算出下料长度,下料长度按安装位置的风管底平面至土建顶面 60 mm 考虑。用砂轮切割机将圆钢切断,其一端用套丝机加工长 70 mm 螺纹,其预留调节距离为 30 mm。套丝前需将套丝一端的圆钢在砂轮机上进行 45°的倒角,以便于板牙进入。

#### 8. 吊架安装

本实训采用吊架安装,吊架是通过悬挂吊杆下部的螺纹与螺帽的连接,用横担由风管底部将风管托起的悬挂机构。吊架的安装关键是悬挂吊杆顶部的固定。吊杆顶部与建筑物实体的固定有刚性固定和弹性固定两种方法。本实训采用膨胀螺栓法固定吊杆,其方法是用冲击电钻在墙体、柱体、横梁、屋顶、混凝土等基础上钻一个与膨胀螺栓套管直径和长度相同的孔洞,再将膨胀螺栓装入孔洞中,当拧紧螺母时,由于它的特殊构造,套管随之在孔内膨胀,螺栓便可被牢固地锚住。

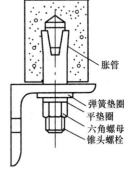

膨胀螺栓的下部通常用一个长约 60 mm 的短角钢与膨胀螺栓相连的一侧中部划线钻孔,孔径比膨胀螺栓的直径大 2 mm,然后用螺帽将膨胀螺栓紧定即可承重,如图 3-40 所示。

吊杆与短角钢的固定方法有两种,一种是直接将吊杆搭接在短角钢上进行焊接;另一种是在短角钢一侧钻孔,孔径比吊杆直径大 2 mm,而吊杆则需弯钩,然后钩挂在短角钢的孔洞中。本实训采用前者。风管吊架安装水平间距:当 $d$ 或 $B{\leqslant}400$ mm 时,间距不超过 4 m;当 $d$ 或 $B{>}400$ mm 时,间距不超过 3 m。

图 3-40　膨胀螺栓

#### 9. 系统风管组对

系统风管组对的操作程序是制垫、穿螺栓并加垫、紧定螺母以及风管吊装等工序。

(1)制垫

本实训垫料采用厚度为 3～5 m 的橡胶板,宽度应与法兰型钢宽度一致。裁制的垫片一般应为整体,必须拼接时,两接头应相互镶嵌,且应在接头处涂密封胶。裁剪垫料成条状后划线钻孔或冲孔。

(2)穿螺栓并加垫

将风管与风管(风管与配件或风管与部件)移位至合适位置,两者间距约为 100 mm,由法兰一侧将螺栓穿入,外露 5 mm,并把垫片套入螺栓,首先在矩形风管的四角及法兰中部穿入螺栓,并戴上螺母旋上三扣或四扣,不要旋紧,再将未穿入螺栓的法兰全部戴上螺母,若法兰孔略有偏差,螺栓穿入困难时,可用自制别棍塞入相邻螺孔中将其撬正,即可穿入螺栓,并戴上螺母。

(3)紧定螺母

待所在螺栓穿入并戴上螺母后,即可用板手紧定螺母。为了使所有螺母受力基本均匀,紧定时应用十字交叉法拧紧。紧定螺母时,一定要检查风管平直度、螺母的松紧度,过松易使法兰连接处漏风,过紧在拧紧时又易滑丝。

(4)风管吊装

风管安装多采用现场地面组装再分段吊装的施工方法,地面组装管段的长度一般为 10～12 m。组装后应进行量测检验,方法是以组合管段两端法兰作基准拉线检测组合的平直度,要求在 10 m 长度内,测线与法兰的量测差距不大于 7 mm,两法兰之间的差距不大于 4 mm。

风管吊装前应再次检查各支架安装位置,标高是否正确、牢固。吊装可用滑轮、麻绳拉吊,滑轮一般挂在梁、柱的节点上或屋架上,起吊管段绑扎牢固后即可起吊。当吊至离地 200～300 mm 时,应停止起吊,再次检查滑轮、绳索等的受力情况,确认安全后再继续吊升直至吊梁上。然后用托架衬垫将吊装的吊杆螺栓找平找正,并进行固定。水平主管安装检测合格后,方可进行分支管安装。

分支管在距地面 3 m 以上连接操作时,应搭设安装平台。

**10. 风管安装安全操作规程**

(1)安装平台要有护栏或安全网,操作者应系好安全带。

(2)搭设脚手架时应稳定牢靠方可上人。当采用梯子安装时,中间应系有绳子以控制其开度,且地面应有专人保护。

(3)当风管在地面由若干节组装成一整体吊架时,起吊前一定要认真检查滑轮或倒链悬挂吊锚点是否牢靠、风管绳索捆绑是否结实,起吊离地后再进行检查,确认无问题后再吊装到位。起吊过程中严禁在风管下站立或走动。

(4)在风管安装过程中,所需用的工具、五金件等物在上下传递时应放入工具袋中用绳索运送,不得抛掷,以避免碰伤操作者。

(5)现场使用冲击钻、手电钻等电动工具时,应注意用电安全,勤检查电绳线的绝缘情况;若电绳线有裸露,应随时用绝缘胶布缠裹或更换新线。

(6)对于现场使用的工作灯,其电压一定不得超过 36 V。

# 拓展 1　空调冷源设备

空调冷源有天然冷源和人工冷源两种。

天然冷源主要是地道风和深井水。深井水可作为舒适性空调冷源处理空气,但如果水量不足,则不能普遍采用;地道风主要是利用地下洞穴、人防地道内冷空气送入使用场所达到通风降温的目的。利用深井水及地道风的特点是节能、造价低,但由于受到各种条件的限制,不是任何地方都能使用。

人工冷源主要是采用各种形式的制冷机制备低温冷水来处理空气或者直接处理空气。人工制冷的优点是不受条件的限制,可满足所需要的任何空气环境,因而被用户普遍采用;其缺点是初投资较大,运行费用较高。

目前,空调工程中常用的制冷机主要有活塞式冷水机组、螺杆式冷水机组、离心式冷水机组、模块式冷水机组、多机头冷水机组、溴化锂吸收式冷水机组以及空调机组(窗式空调机、立柜式空调机)等。

**1. 活塞式冷水机组**

活塞式冷水机组是以活塞式压缩机为主机的冷水机组。根据冷凝器冷却介质的不同,活塞式冷水机组又可分为水冷活塞式冷水机组和风冷活塞式冷水机组两种;根据机组所配压缩机的数量不同,又可分为单机头活塞式冷水机组和多机头活塞式冷水机组。

活塞式冷水机组具有结构紧凑、占地面积小、安装快、操作简单和管理方便等优点。图 3-41 所示为活塞式冷水机组的外形结构。对于整个设备,用户只需做冷冻水管、冷却水管及电动机电源等基础连接,即可进行设备调试。

**2. 螺杆式冷水机组**

螺杆式冷水机组是以螺杆式压缩机为主机的冷水机组。它是由螺杆式制冷压缩机、冷凝器、蒸发器、节流装置、油泵、电气控制箱以及其他控制元件等组成的组装式制冷系统。螺杆式冷水机组具有结构紧凑、运转平稳、操作简便、冷量无级调节、体积小、重量轻以及占地面积小等优点。螺杆式冷水机组的制冷剂通常为 R22,空调冷量为 121～1170 kW。螺杆式冷水机组在安装时可不装地脚螺栓,直接安放在有足够强度的地面或楼板上,连接冷冻水管、冷却水管以及电源就可现场调试。

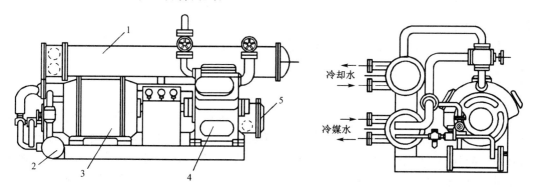

图 3-41　活塞式冷水机组的外形结构
1—冷凝器;2—气液交换器;3—电动机;4—压缩机;5—蒸发器

**3. 离心式冷水机组**

以离心式制冷压缩机为主机的冷水机组称为离心式冷水机组。目前使用的有单级压缩离心式冷水机组和两级压缩离心式冷水机组。

离心式冷水机组由制冷压缩机、蒸发器、冷凝器、其他辅助设备和自动保护装置等组成。图 3-42 所示为离心式冷水机组的外形结构,该机组采用单机封闭式离心制冷压缩机,制冷剂为 R11,卧式壳管式冷凝器和蒸发器被组装在一个筒体内。

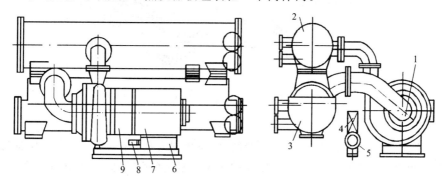

图 3-42　离心式冷水机组的外形结构
1—制冷压缩机;2—冷凝器;3—蒸发器;4—滤油器;5—油冷却器;
6—油箱;7—电动机;8—油泵;9—增速箱

离心式冷水机组的特点是制冷压缩机转速高、流量大,单机冷量通常在 581.4 kW 以上,最大可达 3500 kW。此外,离心式冷水机组能够适应的工况范围比较狭窄。单级离心式冷水机组中,冷凝压力不宜过高,蒸发压力不宜过低。离心式冷水机组的冷凝温度一般控制在 40 ℃左右,冷凝器进水温度一般在 32 ℃左右;蒸发温度为 0～10 ℃,用得较多的是 0～5 ℃,蒸发器冷水出口温度为 5～7 ℃。

离心式冷水机组适用于大中型建筑物,如宾馆、剧院、办公楼等舒适性空调制冷,以及纺织、化工、仪表、电子等工业所需的生产性空调制冷,也可为某些工业生产提供工艺用冷水。

### 4.模块式冷水机组

模块式冷水机组是由多台模块式冷水机单元并联组成。模块式系统中每个单元制冷量为 130 kW,最多可由 13 个单元组合而成,总制冷量为 1690 kW。

每个单元有两个完全独立的制冷系统,各自有双速或单速压缩机、蒸发器、冷凝器及控制器,它以 R22 为制冷剂,空调制冷量为 65 kW。模块式冷水机组的优点:调节方便,节约能耗;备用能力强,方便检修及扩容;节省建筑面积。模块式冷水机组的最大缺点是对水质要求较高。

### 5.多机头冷水机组

多机头冷水机组是装有两个以上压缩机的冷水机组。每个压缩机称为一个机头,机头形式可分为活塞式、螺杆式和涡旋式等,但必须是同一规格同型压缩机。机组内每个压缩机具有独立的制冷剂回路,采用微电脑协调控制多回路工作,同时,每个压缩机都能独立地进行能量调节,这种机组负荷变化适应能力强。由于机组的各机头形式规格相同,故可互为备用,具有较高的运行可靠性。多机头冷水机组采用电子式膨胀阀和微电脑控制,操作管理简单,图 3-43 所示为双机头螺杆式冷水机组。

图 3-43  双机头螺杆式冷水机组

### 6.溴化锂吸收式冷水机组

溴化锂吸收式冷水机组是以水为制冷剂,以溴化锂为吸收剂,通过水在低压状态下蒸发吸热而进行制冷的冷水机组。溴化锂吸收式冷水机组主要分为单效、双效和直燃型三种。

(1)单效溴化锂吸收式冷水机组

单效溴化锂吸收式冷水机组主要由蒸发器、冷凝器、吸收器、热交换器、屏蔽泵等组成。工作过程是:溴化锂稀溶液由发生器泵加压送至热交换器,经过加热后送至发生器内,被发生器盘管中工作蒸汽加热后,溶液中的水分汽化为冷剂水蒸气,这部分冷剂水蒸气经挡板进入冷凝器,被冷凝器盘管内的冷却水吸热冷凝成冷剂水,再经过节流进入蒸发器内,通过蒸发器把冷剂水喷洒到蒸发器内盘管外表面上,蒸发吸收流经盘管内冷水的热量以达到制备冷冻水的目的。冷剂水蒸气蒸发后进入吸收器,被吸收器泵均匀洒在盘管外的混合吸收段成为稀溶液,而这部分吸收热量由吸收器盘管内通过的冷却水带走,从而完成制冷循环。单效溴化锂吸收式冷水机组的工作原理如图 3-44 所示。

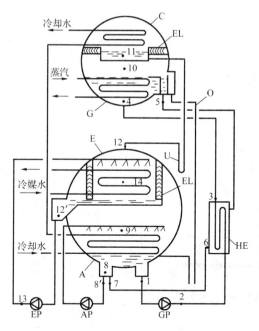

图 3-44 单效溴化锂吸收式冷水机组的工作原理

（2）双效溴化锂吸收式冷水机组

双效溴化锂吸收式冷水机组的工作原理如图 3-45 所示,这种冷水机组主要由蒸发器、冷凝器、高压发生器、低压发生器、热交换器、吸收器和屏蔽泵等组成。与单效溴化锂吸收式冷水机组不同的是,双效溴化锂吸收式冷水机组的稀溶液先进入高压发生器,被高压发生器盘管中的高压蒸汽加热,产生的冷剂水蒸气作为低压发生器的热源,用来加热低压发生器的中间溶液,这样充分利用了其汽化潜热,减少了冷凝负荷。

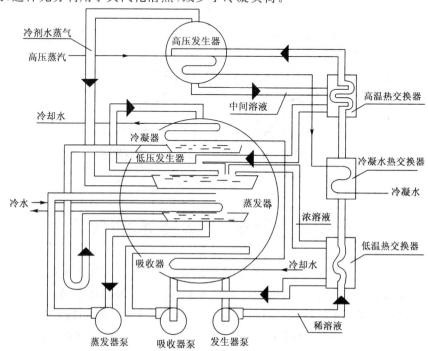

图 3-45 双效溴化锂吸收式冷水机组的工作原理

(3)直燃型冷温水机组

直燃型冷温水机组主要由蒸发器、冷凝器、高压发生器、吸收器、屏蔽泵等组成。与双效溴化锂吸收式冷水机组不同的是其高压发生器的热源是燃油或燃气,而不是用高压蒸汽,高压发生器相当于一个火管锅炉,加热溴化锂稀溶液;高压发生器中产生的冷剂水蒸气作为低压发生器的热源,夏季可供空调用冷冻水,如图 3-46 所示;冬季可用机组直接供暖或空调热水,如图 3-47 所示。

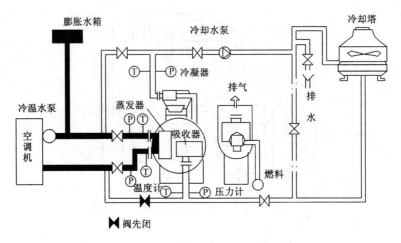

图 3-46　直燃型冷温水机组供冷时水循环示意图

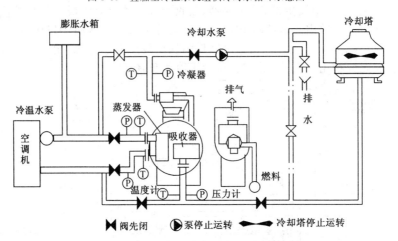

图 3-47　直燃型冷温水机组供热时水循环示意图

# 拓展 2　新能源新技术的应用

随着中国人居环境的改善和人民生活质量的提高,公共建筑和住宅的供热以及空调已成为普遍的需求,由此带来的能源供应紧张已成为当今世界各国面临的一个共性问题。空调系统需要消耗大量的电能以及燃料,在发达国家中,供热和空调的能耗可占到社会总能耗的 25%～30%(美国、日本),有的国家甚至达到 45%(瑞典),而且空调消耗的能量持续以 4%～5%的速度增长。

在我国家用空调的拥有量已经超过 1 亿台，同时此数量正以每年 20％ 的速度增长，商业中央空调和家用空调变得更为普及。空调消耗的电能占城市全部电力消耗的比例逐年上升，已经成为电网负荷增长过快的重要因素。我国的能源结构主要依靠矿物燃料，特别是煤炭。矿物燃料燃烧产生大量污染物，包括大量 $SO_2$、$NO_x$ 等有害气体，以及 $CO_2$ 等温室气体。因此，在我国经济持续发展的现在，空调的普及所带来的节能与环境问题已经成为我国经济发展中的一个重要议题。

为了应对能源危机，全国正在全力发展包括地热能、太阳能在内的新能源以及新技术的开发。作为新能源产业的代表，地热能同太阳能、海洋能、风能、生物能、氢能、核聚变能等一样，具有可再生性、天然性、不易枯竭、基本无环境污染等优势，因此越来越受到人们的重视。

## 一、热泵技术

热泵是一种利用高位能使热量从低位热源流向高位热源的节能装置。顾名思义，热泵就像泵一样，可以把不能直接利用的低位热源(如空气、土壤、水中所含的热能，太阳能，工业废热等)转换为可以利用的高位热能，从而达到节约部分高位能(如煤、燃气、油、电等)的目的。热泵虽然消耗了一定的高位能，但它所供给的热量却是所消耗的高位能和吸取的低位能之和，故采用热泵装置可以节约高位能。

从热力学或工作原理上说，在本质上，热泵就是制冷机，两者的不同之处在于使用目的不同。制冷机利用吸收热量而使对象变冷，达到制冷的目的；而热泵则利用排放热量向对象供热。在《采暖通风与空气调节术语标准》(GB 50155—1992)中，对热泵的解释是：能实现蒸发器和冷凝器功能转换的制冷剂。

在实际应用中，根据热泵系统换热设备中进行热量传递的载能介质(即系统的室外侧和室内侧使用的载能介质)，可以将热泵设备归纳为四种类型。

(1)空气-空气热泵(图 3-48)

在这类热泵中，热源(制冷运行时为冷源或热汇)和用作供热(冷)的介质均为空气。空气-空气热泵是最普通的热泵形式，特别适用于由工厂制造并组装的单元式热泵，它已经广泛地用于住宅和商业之中。

(2)空气-水热泵(图 3-49)

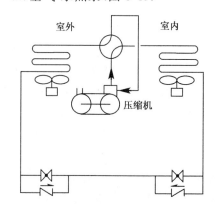

图 3-48　空气-空气热泵简图

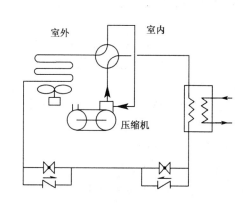

图 3-49　空气-水热泵简图

这也是热泵型冷水机组的常见形式。它与空气-空气热泵的区别在于供热(冷)侧采用热泵工质——水换热器。冬季按制热循环运行,供热水进行采暖;夏季按制冷循环运行,供冷水进行空调。制热与制冷循环的切换通过换向阀改变热泵工质的流向来实现。

(3)水-空气热泵(图 3-50)

这类热泵的热源为水(制冷运行时为冷源或热汇),用作供热(冷)的介质为空气。

(4)水-水热泵(图 3-51)

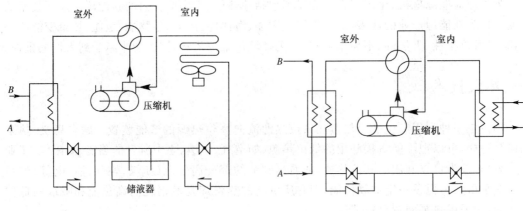

图 3-50　水-空气热泵简图　　　　图 3-51　水-水热泵简图

此种热泵无论是制热还是制冷运行时,均以水作为换热或供热(冷)的介质。一般可用切换热泵工质回路来实现制热或制冷,有时更方便的是用水回路中的三通阀来完成切换。

以建筑物的空调(包括供热和制冷)为目的的热泵系统有很多种,例如,有利用建筑通风系统的热量(冷量)的热回收型热泵系统和应用大型建筑内部不同分区之间的水环热泵系统等。这里主要讨论利用周围环境作为空调冷热源的热泵系统。按其性质来分,国外通常把它们分为空气源热泵和地源热泵两大类。地源热泵又可进一步分为土壤热交换器地源热泵、地下水地源热泵和地表水地源热泵三种形式。我国国家标准《地源热泵系统工程技术规范》(GB 50366—2005)将地源热泵分为地埋管地源热泵系统、地下水地源热泵系统和地表水地源热泵系统三种形式。

## 二、空气源热泵

空气源热泵是指通过空气换热器与室外空气换热制取冷(热)量的热泵系统。在供热工况下将室外空气作为低温热源,从室外空气中吸收热量,经热泵提高温度送入室内供暖,其性能系数(COP)一般为 2~3。空气源热泵系统简单,初投资较低。空气源(风冷)热泵目前的产品主要是家用热泵空调器、商用单元式热泵空调机组和风冷热泵冷热水机组。

空气源热泵的主要缺点是在夏季高温和冬季寒冷天气时,热泵的效率大大降低,且其制冷量随室外空气温度的降低而减少,这与建筑热负荷需求趋势正好相反。因此,当室外空气温度低于热泵工作的平衡点温度时,需要用电或其他辅助热源对空气进行加热。此外,在供热工况下空气源热泵的蒸发器上会结霜,需要定期除霜,这也消耗大量的能量。在寒冷地区和高湿度地区,热泵蒸发器的结霜可能成为较大的技术障碍。在夏季高温天气,由于其制冷量随室外空气温度升高而降低,同样可能导致系统不能正常工作。因此,在寒冷地区应用空气源热泵供热时会受到技术上的限制,而在冬季气候较温和的地区(如我国长江中下游地区),空气源热泵已得到较广泛的应用。

# 三、地源热泵

地源热泵是以地源能(土壤、地下水、地表水、河川水、海水等)作为夏季热泵制冷的冷却源及冬季采暖供热的低温热源,实现采暖、制冷和提供生活热水的热泵系统。简单地说,地源热泵空调系统的主要优点是:环保节能,可持续发展;一机多用,节省建筑空间,无须冷却塔和室外风冷部分;对建筑外观影响小;运行费用低,投资回报快;全年运行,均衡用电负荷。

地源热泵系统是以土壤、地下水或地表水为低温热源,由水源热泵机组、地热能交换系统、建筑物内部系统和控制系统组成的供热空调系统。根据地热能交换系统形式的不同,地源热泵系统分为地埋管地源热泵系统、地下水地源热泵系统和地表水地源热泵系统三种。地源热泵系统通常还被称为地耦合地源热泵系统或土壤源地源热泵系统。在地下水丰富或地表水水源良好的地方,采用地下水或地表水的地源热泵系统换热性能好,换热系统小,能耗低,性能系数高于地埋管地源热泵系统。但是由于地下水或地表水水源并非随处可得,且水质也不一定能满足要求,故其使用范围受到一定的限制。

**1. 地埋管地源热泵系统**(图 3-52)

该系统以水(或防冻水溶液)作为冷、热量的载体,水在埋于土壤内部的换热管道与热泵机组间循环流动,实现机组与大地土壤之间的热量交换。该方式有水平埋管和垂直埋管两种形式,这种方式不需抽取地下水。

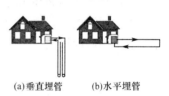

(a)垂直埋管    (b)水平埋管

图 3-52 地埋管地源热泵系统

**2. 地下水地源热泵系统**(图 3-53)

该系统需建造抽水井,将地下水抽出,通过板式换热器或直接将水送到热泵机组,经提取热量或释放热量后,由回灌井回灌到地下。采用这一系统的前提是:政策允许;有足够的地下水量,水质符合要求并能做好回灌工作。

地下水地源热泵系统分为两种,即开式地下水地源热泵系统和闭式地下水地源热泵系统。开式地下水地源热泵系统是将地下水直接供应到每台热泵机组,然后将井水回灌地下。由于可能导致管路阻塞,甚至可能导致腐蚀,通常不建议在地源热泵系统中直接应用地下水。

在闭式地下水地源热泵系统中,地下水和建筑内循环水之间是用板式换热器分开的。该系统通常包括带潜水泵的取水井和回灌井。板式换热器采取小温差换热的方式运行,根据温度和地下水深度的不同,可以在很大程度上抵消开式地下水地源热泵系统在性能上的优势。

**3. 地表水地源热泵系统**(图 3-54)

该系统利用江河、湖泊的水作为机组冷、热源,可分为开式循环系统和闭式循环系统。前者直接抽取地表水,与机组或通过板式换热器进行热交换后排放,不污染水源;后者采用水下盘管,热量载体在水下盘管和热泵机组间的闭式环路内循环流动,达到冷、热量交换的目的。

图 3-53　地下水地源热泵系统　　　　　　图 3-54　地表水地源热泵系统

### 4.地源热泵系统的组成及工作原理

地源热泵系统主要由三部分组成:室外地热能交换系统、水源热泵机组和建筑物内空调末端系统。室外地热能交换系统是指地埋管地热系统中的地下埋管换热器、地下水地源热泵系统中的水井系统以及地表水地源热泵系统中的地表水换热器。水源热泵机组有水-空气热泵机组和水-水热泵机组两种形式,与此对应的空调系统有水-空气空调系统和水-水空调系统。地源热泵系统的三个部分之间靠水(或防冻水溶液)或空气换热介质进行热量的传递。水源热泵机组与地热能交换系统之间的换热介质通常为水或防冻水溶液,与建筑物内空调末端换热的介质是水或空气。

图 3-55 所示为典型的中央闭式环路地下水地源热泵空调系统图。在该系统中使用板式换热器把建筑物内循环水与地下水分开。地下水由配备水泵的水井或井群供给,使用其低位热能后回灌地下。家用或商用系统一般采用间接闭式供水,以保证系统设备和管路不受地下水矿物质的影响。

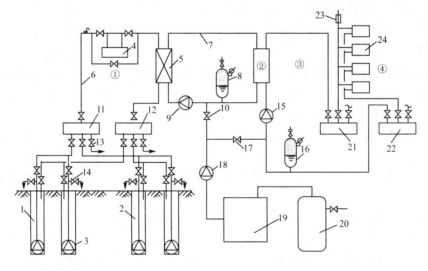

图 3-55　中央闭式环路地下水地源热泵空调系统图

①—地下水换热系统;②—水源热泵机组;③—热媒或冷媒管路系统;④—空调末端系统;

1—生产井群;2—回灌井群;3—潜水泵;4—除沙设备;5—板式换热器;6—一次水环路系统;

7—二次水环路系统;8—二次水环路定压系统;9—二次水循环泵;10—二次水环路补水阀;

11—生产井转换阀门组;12—回水井转换阀门组;13—排污与泄水阀;14—排污与回扬阀;

15—热媒或冷媒循环泵;16—热媒或冷媒管路系统定压装置;17—热媒或冷媒管路系统补水阀;

18—补给水泵;19—补给水箱;20—水处理设备;21—分水缸;22—集水器;23—放气装置;24—风机盘管

## 四、水源热泵

水源热泵机组是一种以水作为冷热源侧传热介质的供热制冷机组,是一种可全年运转的空调设备。按使用侧换热设备的形式不同,水源热泵机组可分为冷热风型水源热泵机组和冷热水型水源热泵机组。按冷热源类型不同,水源热泵机组可分为水环式水源热泵机组、大地水式(包括地表水和地下水)水源热泵机组和地下环路式水源热泵机组。

### 1. 水源热泵机组的组成及工作原理

水源热泵机组的工作原理、系统设备的组成及功能与蒸汽压缩式热泵(制冷)系统是一样的,它主要由压缩机、蒸发器、冷凝器和膨胀阀(或节流阀)组成。图 3-56 所示为水-空气型水源热泵机组的组成。

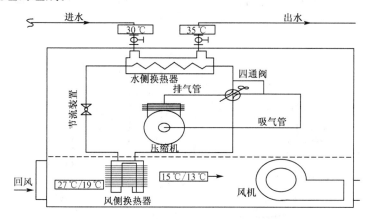

图 3-56　水-空气型水源热泵机组的组成

(1)压缩机

它在系统中起着压缩和输送循环工质从低温低压处到高温高压处的作用,是水源热泵(制冷)系统的心脏。

(2)蒸发器

它是输出冷量的设备。其作用是使经节流阀流入的制冷剂液体蒸发,以吸收被冷却物体的热量,达到制冷的效果;制冷量通过风侧换热器由风机输送至空调空间。

(3)冷凝器

它是输出热量的设备。从蒸发器中吸收的热量连同压缩机消耗功所转化的热量,在冷凝器中被冷却介质带走,达到制热的目的。

(4)膨胀阀(或节流阀)

它对循环工质起到节流降压的作用,并调节进入蒸发器的循环工质流量。制冷工作原理图如图 3-57 所示。在制冷工况下,压缩机把低压制冷剂蒸汽压缩后,成为高压制冷剂气体进入冷凝器(换热器),在冷凝器中通过与水的热交换,使制冷剂冷凝为高压液体,经热力膨胀阀的节流膨胀后进入蒸发器,从而对负荷侧载热介质进行冷却。

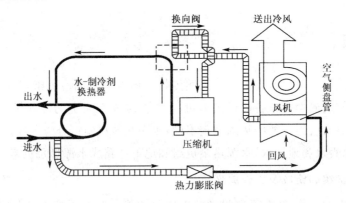

图 3-57 制冷工作原理图

制热工作原理图如图 3-58 所示。在制热工况下,通过换向阀的切换,使制冷工况时的冷凝器在这时变为蒸发器,而制冷工况时的蒸发器这时变为冷凝器。通过蒸发器吸收水的热量,在热泵循环过程中,从冷凝器向负荷侧热量载体(本例中为空气)放热。

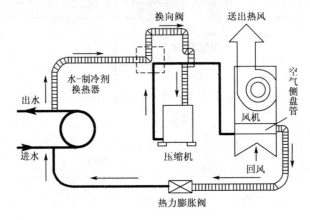

图 3-58 制热工作原理图

**2.冷热风型水源热泵机组的形式**

(1)按功能分类

①冷风型;②热泵型。

(2)按结构形式分类

①整体型;②分体型。

(3)按送风形式分类

①直接吹出型;②接风管型。

(4)按冷(热)源类型分类

①水环式;②地下水式;③地下环路式。

**3.基本参数**

①水源热泵机组电源的额定电压为 220 V 单相直流电或 380 V 三相交流电,额定功率为 50 Hz。

②水源热泵机组正常工作的冷(热)源温度范围见表 3-5。

表 3-5　　　　　　水源热泵机组正常工作的冷(热)源温度范围　　　　　　℃

| 机组形式 | 制冷 | 制热 |
|---|---|---|
| 水环式水源热泵机组 | 20~40 | 15~30 |
| 地下水式水源热泵机组 | 10~25 | 10~25 |
| 地下环路式水源热泵机组 | 10~40 | -5~25 |

## 五、太阳能技术的应用

太阳能是永不枯竭的清洁可再生能源。太阳能既可免费使用又无须运输,对环境无任何污染,是人类可期待的、最有希望的能源。我国幅员辽阔,有着十分丰富的太阳能资源。据估算,我国陆地表面每年接收的太阳辐射能约为 $50×10^{15}$ MJ,全国各地太阳能年辐射总量达 3349~8374 MJ/(m² · a),中值为 5860 MJ/(m² · a)。从全国太阳能年辐射总量的分布来看,西藏、青海、新疆、内蒙古南部、山西、陕西北部、河北、山东、辽宁、吉林西部、云南中部和西南部、广东东南部、福建东南部、海南岛东部和西部,以及台湾省的西南部等广大地区的太阳辐射总量很大,这些为我国太阳能建筑应用奠定了良好的基础。

目前,建筑中应用太阳能主要采用主动式应用方式,即利用相关设备和动力将太阳能转化为需要的能源。具体到建筑中的应用,通常有太阳能供热采暖系统和太阳能制冷空调系统。

太阳能供热采暖系统是指将太阳能转换成热能,供给建筑物冬季采暖和全年其他用热的系统,它由太阳能集热系统、蓄热系统、末端供热采暖系统、自动控制系统和其他能源辅助加热/换热设备集合构成。目前,液体工质太阳能集热器在冬季产生的是低温热水,最适宜的末端设备是低温热水地板辐射供暖系统(供水温度 40~45 ℃),也可以使用太阳能空气集热器加热空气向房间送热风。

太阳能制冷空调系统通过太阳能光热产生的热能来驱动热力制冷机制冷。从根本上来说跟传统的制冷空调系统没有太大的区别,唯一的区别在于传统的制冷空调系统采用常规能源(电、燃气、燃煤或燃油)来驱动,而太阳能制冷空调系统则采用太阳能转化的电力或热力来驱动。目前,这种技术的价格过于昂贵,现仅有一些国家资助的示范性工程项目,例如,北京市太阳能研究所有限公司北苑办公楼、北京天普集团工业园区、上海市建筑科学研究院综合节能实验楼、广东省江门市中国建设银行大楼、山东省乳山市旅游度假村等。

## 测 试 题

**单项选择题**

1. 空调系统不控制房间的（　　　）参数。

A. 温度 　　　　　B. 湿度 　　　　　C. 气流速度 　　　　D. 发热量

2. 空调风管穿过空调机房维护结构处,其孔洞四周的缝隙应填充密实,原因是（　　　）。

A. 防止漏风 　　　B. 避免降温 　　　C. 隔绝噪声 　　　　D. 减少震动

3. 空调机房选择（　　　）的位置不合适。

A. 冷负荷集中 　　　　　　　　　B. 周围对噪声要求高

C. 进排风方便 　　　　　　　　　D. 维修方便

4. 舒适性空调冬季室内温度应采用（　　　）。

A. 16～18 ℃ 　　B. 18～22 ℃ 　　C. 20～24 ℃ 　　D. 24～28 ℃

5. 舒适性空调夏季室内温度应采用（　　　）。

A. 18～22 ℃ 　　B. 20～26 ℃ 　　C. 24～26 ℃ 　　D. 26～30 ℃

6. 一次回风是指回风与新风在空气处理设备之前进行混合,然后再经过各个处理设备,处理后的空气用风道送至空调房间,因此属于（　　　）。

A. 单管系统 　　　B. 双管系统 　　　C. 水平系统 　　　　D. 垂直系统

7. 不能使用焊接连接的管材是（　　　）。

A. 塑料管 　　　　B. 无缝钢管 　　　C. 铜管 　　　　　　D. 镀锌钢管

8. 设计事故排风时,在外墙或外窗上设置（　　　）最适宜。

A. 离心式风机 　　　　　　　　　B. 混流式风机

C. 斜流式风机 　　　　　　　　　D. 轴流式风机

9. 机械送风系统的室外进风装置应设在室外空气比较洁净的地点,进风口距室外地坪不宜小于（　　　）m。

A. 3 　　　　　　B. 2 　　　　　　C. 1 　　　　　　　D. 0.5

10. 机械排烟风道材料必须采用（　　　）。

A. 不燃材料 　　　B. 难燃材料 　　　C. 可燃材料 　　　　D. A、B 两类均可

11. 室外新风进风口下表面距室外绿化带地坪不低于（　　　）。

A. 1 m 　　　　　B. 2 m 　　　　　C. 2.5 m 　　　　　D. 0.5 m

12. 在满足舒适或工艺要求的情况下,送风温差应（　　　）。

A. 尽量减小 　　　B. 尽量增大 　　　C. 恒定 　　　　　　D. 无要求

13. 一般来说,对锅炉或制冷机而言,设备容量越大,其效率（　　　）。

A. 越小 　　　　　B. 越大 　　　　　C. 不变 　　　　　　D. 不一定

14. 在空调冷负荷估算中,一般写字楼的负荷与舞厅相比,应（　　　）舞厅的负荷。

A. 大于 　　　　　B. 等于 　　　　　C. 小于 　　　　　　D. 不一定

15. 空调机房的高度一般为（　　　）。

A. 3～4 m 　　　B. 4～5 m 　　　C. 4～6 m 　　　　D. ＞6 m

16.（　　）不是风管的常用连接方式。

　　A. 咬口连接　　　B. 铆钉连接　　　C. 焊接　　　　　D. 承插连接

17.（　　）不是天然冷源。

　　A. 地下水　　　　B. 土壤　　　　　C. 天然冰　　　　D. 活塞式冷水机组

18. 模块式冷水机组最多可由（　　）个单元组成。

　　A. 6　　　　　　B. 13　　　　　　C. 20　　　　　　D. 17

19. 空调冷源多采用冷水机组，其供回水温度一般为（　　）。

　　A. 5～10 ℃　　　B. 7～12 ℃　　　C. 16～18 ℃　　　D. 12～17 ℃

20. 目前我国生产的板式换热器的板片形状为（　　）。

　　A. 人字形　　　　B. 大字形　　　　C. 回字形　　　　D. 之字形

21.（　　）不是建筑通风的功能。

　　A. 提供氧气　　　　　　　　　　　B. 稀释室内空气

　　C. 排除室内污染物　　　　　　　　D. 恒定室内空气温度

22. 自然通风是热压和（　　）共同作用下的。

　　A. 热压　　　　　B. 水压　　　　　C. 气压　　　　　D. 不一定

23.（　　）不属于机械通风范畴。

　　A. 全面通风　　　B. 热压通风　　　C. 局部通风

24. 全空气系统由（　　）承担房间负荷。

　　A. 水　　　　　　B. 空气　　　　　C. 水和空气　　　D. 制冷剂

25. 室内人员为服务对象，以创造舒适环境为任务的空调系统为（　　）。

　　A. 工业空调系统　　　　　　　　　B. 舒适性空调系统

　　C. 洁净空调系统　　　　　　　　　D. 分体式空调系统

26.（　　）既能满足空调房间的卫生要求，又比较经济合理。

　　A. 混合式系统　　B. 封闭式系统　　C. 直流式系统　　D. 垂直系统

27. 空调风道中空气流速为 13 m/s，该风道属于（　　）。

　　A. 高速风道　　　B. 中速风道　　　C. 低速风道　　　D. 其他

28. 空调风道中空气流速为 20 m/s，该风道属于（　　）。

　　A. 高速风道　　　B. 中速风道　　　C. 低速风道　　　D. 其他

29. 壁挂式空调机属于（　　）。

　　A. 集中式空调系统　　　　　　　　B. 半集中式空调系统

　　C. 中央空调系统　　　　　　　　　D. 局部空调系统

30.（　　）不属于空气净化设备。

　　A. 除尘器　　　　B. 空气自净器　　C. 空气过滤器　　D. 风机

# 项目四
## 燃气供应设备安装

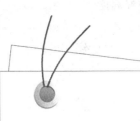

项目导入

　　燃气系统已成为满足人们日常生活需要的必备系统,也是建筑设备安装必不可少的系统。本项目以某建筑物单元式住宅厨房间燃气系统安装为案例,以燃气系统的组成、施工方法为线索,系统学习建筑物燃气系统安装的相关知识。

# 学习情境 1　室内燃气供应系统

## 一、燃气的种类和特性

燃气是气体燃料的总称,它能燃烧放出热量,供城市居民和工业企业使用。与固体燃料和液体燃料相比,燃气具有更高的热能利用率,燃烧温度高,火力调节容易,使用方便,易于实现燃烧过程自动化,燃烧时没有灰渣,清洁卫生,而且可以利用管道和瓶装供应。

燃气和空气混合到一定比例时,易引起燃烧甚至爆炸,火灾危险性较大。因此,对燃气设备及管道的设计、加工和敷设都有严格的要求,同时必须加强维护和管理工作,防止漏气。

燃气作为一种气体燃料,按其来源不同可分为天然气、人工煤气和液化石油气三大类。

### 1. 天然气

天然气系古生物遗骸长期沉积地下,经慢慢转化及变质裂解而产生的气态碳氢化合物,主要成分为甲烷,比空气轻,燃烧过程中基本不产生污染空气的二氧化硫,氮化物排量也不到煤的 50%,每立方米热值约为 8700 千卡,约为人工煤气的 2.3 倍,也不会造成管道、表具、灶具等的腐蚀、阻塞,是一种优质、高效的能源。而且天然气不含一氧化碳,一般不会引起中毒。不过,天然气属于易燃易爆气体,使用时仍需注意安全,防止漏气;另外,天然气燃烧时需大量空气,因此使用天然气应注意通风,否则会造成不完全燃烧现象,造成废气中毒。

### 2. 人工煤气

人工煤气根据制气原料和制气方法可大致分为三种:在隔绝空气的情况下对煤加热而获得的煤气,即干馏煤气;对煤进行气化而产生的煤气,即气化煤气;重油蓄热裂解和蓄热催化裂解而获得的制气,即油制气。目前,人们通常也将通过液化石油气或天然气掺混改质而形成的气体称,即为人工煤气,其化学成分则存在很大差别。

人工煤气是由若干单一气体组成的混合气体,其中各种单一气体的组分随煤种、制气工艺的不同而异。用作民用建筑燃气,每立方米热值一般应在 3500 千卡以上。

一氧化碳是人工煤气的可燃成分之一,它无色、无臭、有剧毒。人在吸入一定量的一氧化碳后,会因血液中缺氧而窒息中毒或死亡。同时,人工煤气和空气混合后浓度达到 5% ～ 50% 时,会形成具有爆炸危险的气体,遇到火种就会引起爆炸。因此,使用人工煤气时,应加倍小心,注意安全。

### 3. 液化石油气

液化石油气(简称液化气,LPG)是从油田或石油炼制过程中得到的较轻成分,是饱和和不饱和的烃类混合物,易燃易爆,每立方米最高热值约 27000 千卡。液化石油气本身无毒,因此素有绿色能源之称,但泄漏后与空气混合后浓度大于 10% 时,会对人体中枢神经产生麻醉作用,因此同样需要注意安全。

## 二、室内燃气管道的组成

城市燃气管道可分为分配管道、用户引入管道和室内燃气管道。分配管道是供气地区将燃气分配给工业企业用户、公共建筑用户和居民用户的管道。分配管道包括街区分配管道和庭院分配管道。用户引入管道将燃气从分配管道引到用户室内管道引入口处的总阀门。室内燃气管道则通过用户管道引入口的总阀门将燃气引向室内,并分配到各个燃气用具上。室内燃气管道系统由用户引入管、水平干管、立管、用户支管、燃气表、用具连接管和燃气用具等组成,如图 4-1 所示。

## 三、室内燃气管道的安装

室内燃气管道的安装既要满足用户安全、稳定、方便实用的要求,又要便于日常维护管理,达到牢固、美观的效果。所以,室内燃气管道的安装应考虑多方面的因素,切实做好现场调查研究工作。厨房面积一般较小,又有自来水管、排水管、电灯线、碗橱、水池等设施,使得有限的厨房空间显得更加狭小。室内燃气管道及其用气设备的布置既要考虑自身的安全,方便使用和维修,还要不影响其他管道及设备。施工之前,施工人员应认真阅读图纸,并到施工现场仔细核对,发现问题及时与设计人员研究解决。施工中应做到按图施工,质量达标,搞好协调工作。

### 1. 引入管

引入管在室外地下与庭院管相连,室内地上与户内管道相连接,引入管一般从室外直接进入厨房,不得穿过卧室、浴室、地下室、易燃易爆品的仓库、配电室、电缆沟、烟道和进风道等地方。

输送人工煤气的引入管的最小公称直径应不小于 25 mm,输送天然气和液化石油气的引入管的最小公称直径不应小于 15 mm,它们的埋设深度应在土壤冰冻线以下,并应有不低于 0.005 坡向庭院管的坡度。地下弯管处以内应使用热煨弯管,弯曲半径不小于弯管直径的 4 倍,地下部分应做好防护工作。

引入管的引入方式可分为地上引入和地下引入。

地上引入适合温暖地区。引入管在建筑物墙外引出地面,在墙上打洞穿入室内,穿墙部分外加套管,留有防止建筑沉降的余量,套管两端应用油麻密封。室外引入管的上端应加带丝堵的三通,便于日后维修。对于底层是非住宅的建筑物,引入管往往从二楼以上引入,称为高架引入。这时,在距地面 1 m 左右,上下立管轴线应错开加一段水平管,如图 4-2 所示。

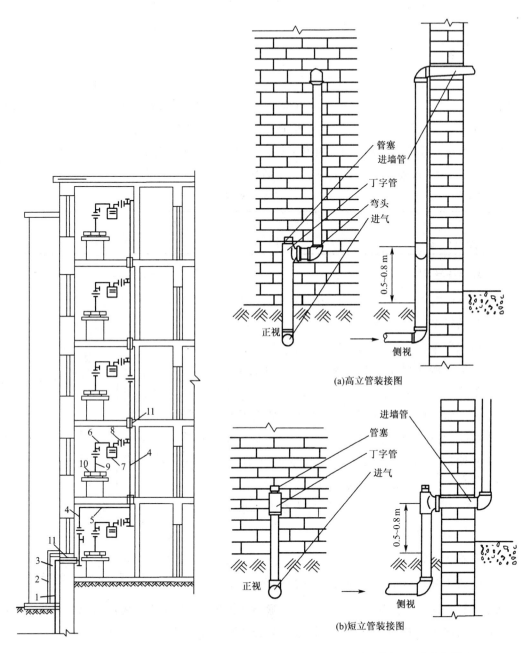

图 4-1　室内燃气管道系统

1—用户引入管;2—砖台;3—保温层;4—立管;5—水平干管;

6—用户支管;7—燃气计量表;8—旋塞阀及活接头;

9—用具连接管;10—燃气用具;11—套管

图 4-2　地上引入高立管与短立管的装接图

地下引入适用于寒冷地区。引入管在地下穿过建筑物基础,从厨房地下进入室内,室外地面上不见引入管。引入管穿基础部分外有套管,套管内的环形空间应满足建筑物的沉降需要。引入管套管的环形空间用细沙填充,套管两端应做好防水处理。

### 2. 立管

立管就是穿过楼板贯通各个厨房的垂直管。立管上装有水平干管和水平支管,将燃气输送到各厨房。立管穿过楼板处应有套管,套管的规格应比立管大两号(表 4-1)。套管内不应有管接头。套管上部应高出地面 5~10 mm,管口做密封,套管下部与房顶平齐。套管外部用水泥砂浆固定在楼板上,如图 4-3 所示,立管上、下端应设有丝堵,每层楼内应有至少一个固定卡子,每隔一层立管上应装一个活接头。

**表 4-1**              套管规格

| 立管直径/mm | 15 | 20 | 25 | 32 | 40 | 50 | 65 | 80 | 100 | 150 |
| --- | --- | --- | --- | --- | --- | --- | --- | --- | --- | --- |
| 套管直径/mm | 32 | 40 | 32 | 50 | 65 | 80 | 100 | 125 | 150 | 200 |

### 3. 水平干管

每个建筑单元同层往往有多个厨房,也就是有多个燃气立管,当引入管数量少于立管数量时,一个引入管就要带两根以上的立管,这时就需要用水平干管将几根立管连接起来。在北方地区,水平干管一般装在二楼,通过门厅及楼梯间,安装高度距地面不低于 2 m,穿墙部分燃气管道不允许有接头,管外有穿墙套管。每间隔 4 m 左右装一个托钩,每通过一个自然间或长度超过 10 m 时,应设一个活接头,管道有不小于 0.003 的坡度,水平干管中部不能有存水的凹洼地方。水平干管距房顶的净距不小于 150 mm。

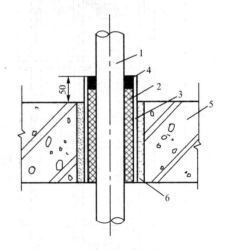

图 4-3  穿越楼板的燃气管和套管

1—立管;2—钢套管;3—浸油麻丝;4—沥青;

5—钢筋混凝土楼板;6—水泥砂浆

### 4. 水平支管

立管中的燃气通过水平支管分流到各厨房。水平支管的管径一般为 15~20 mm,用三通与立管相连。水平支管距厨房地面不低于 1.8 m,上面装有燃气表及表前阀门。每根水平支管两端应设托钩。

### 5. 下垂管

水平支管与灶具之间的一段垂直管线称为下垂管。其管径为 15 mm,灶前下垂管上至少设一个管卡,若下垂管上装有燃气嘴时,可设两个管卡。室内燃气管道应为明设,管道安装应横平竖直,水平管道应有 0.003 的坡度,并分别坡向立管和灶具,不准发生倒坡和凹陷。室内燃气管道与墙面的净距:当管径小于 25 mm 时,不小于 30 mm;管径为 25~50 mm 时,不小于 50 mm;管径大于 50 mm 时,不小于 70 mm。立管安装时,距墙角的垂直投影距离不小于 300 mm,距水池不小于 200 mm。室内燃气管道与其他管线的净距应符合有关规范的要求。

室内燃气管道施工必须断气后进行,如无法断气,可采取临时措施,可打开门窗保证室内空气流通,降低施工现场的燃气浓度。

室内燃气管道一般采用丝扣连接,管件螺纹有圆柱形螺纹和圆锥形螺纹之分。圆柱形螺纹管用在活接头上,没有锥度。圆锥形螺纹管用在管子和管件上,有 1∶16 的锥度,螺纹密封性较好。丝扣的密封填料采用聚四氟乙烯生料带。用铰板加工丝扣时,要两遍成活,不要一遍铰成。加工出的丝扣要完整,表面要光滑。丝扣拧紧后,在管件外露 2～3 扣为宜。上管件时,要避免出现拧过头再往回退的情况,以免管扣松动而漏气。为了减少管道的局部阻力,减少漏气机会,应尽量少用管件,并要选用符合质量要求的管件。

室内燃气管道一般选用镀锌钢管。若采用黑铁管时,施工前一定要做好除锈工作,安装后做好防腐工作。在管道上涂刷油漆可起到防腐和美观的效果,与室内环境相协调。

## 四、室内燃气管道阀门的安装

### 1. 进户总阀门

当管径为 40～70 mm 时,应选用球阀,四口连接,阀后设活接头;当管径大于 80 mm 时,应选用法兰闸阀。阀门一般安装在水平管上,水平管两端用带丝堵的三通分别与穿墙引入管和户内立管相连,总阀门也可以装在立管上。

### 2. 表前阀

对于额定流量在 3 m³/h 以下的家用燃气表,其表阀门采用接口式旋塞。

### 3. 灶前阀

用钢管与灶具硬连接时,可采用接口式旋塞。用胶管与灶具软连接时,可用单头或双头燃气旋塞(燃气嘴)。

### 4. 隔断阀

为了在较长的燃气管道上实现分段检修,可在适当的位置设隔断阀。在高层建筑的立管上,每隔六层应设置一个隔断阀。隔断阀一般选用球阀,阀后应设有活接头。

总阀门一般装在离地面 0.3～0.5 m 的水平管上,或者装在离地面 1.5 m 的立管上。表前阀装在离地面 2 m 左右的水平支管上。软连接的灶前燃气旋塞安装在距燃具台板 0.15 m,距地面 0.9 m 处,并靠近台板边缘,便于开关。

球阀及旋塞的阀体材料一般采用灰口铸铁,该材料材质脆弱,机械强度不高,安装时应掌握好力度,达到既不漏气又不损坏阀门的要求。旋塞的阀体与塞芯的严密性能是经过制造厂家对各个旋塞配合研磨而成,零件间不具备互换性。

## 五、燃气表、灶具的安装

### 1. 燃气表的安装

燃气表是广大燃气用户不可缺少的一种量具。为了保障用户安全使用燃气,又便于抄表收费及维护保养,对燃气表的安装是有严格要求的。

一般应回避下列场所:

①卧室、机要室及一般人员不易进入的房间。

②储藏危险品的仓库,有腐蚀性、放射性介质的场所,人防设施和潮湿处所。

③地下室、锅炉房、配电房及超高温处所。

④建筑物外部。

燃气表安装前应具备以下条件:燃气表的出厂合格证;煤气公司有关部门检验合格证;无任何明显损伤;距出厂期不超过 6 个月;户内燃气管道系统施工和施压工作完毕。

燃气表的安装方式可分为高位安装和低位安装。高位安装指燃气表的底面距厨房地面 1.8 m 左右,低位安装是指燃气表装在灶台下面,表底距地面 0.05 m 以上。

燃气表的连接方式可分为单管表和双管表。单管表外管(水平管)进气,里管(顶部)出气。双管表是一侧进气,另一侧出气。有的双管表又分为右侧表和左侧表,根据燃气表位于立管方位的不同,选用不同的双管表,这样安装方便,节省管材及管件。燃气表应安装表前阀,保证操作方便。燃气表后的燃气管道应安装平整,不得使燃气表受到管线安装不正的外力作用。安装后应用肥皂水检查各个接口是否漏气。

### 2. 燃气灶的安装

安装前应认真检查灶具的制作加工质量,必须符合设计规定的加工精度和技术要求。清除燃烧器腔内以及引射器中的杂物,检查喷嘴是否畅通,喷嘴一定要安装在引射器的中轴线上,喷嘴出口到引射器喉管的距离必须按设计规定安装。一次空气口不得堵塞,调峰板旋转应灵活。

采用硬连接安装双眼灶时,钢管直径不小于 15 mm,并用活接头连接,双眼灶的放置应保持水平。采用软连接时,钢管与胶管连接处应有节门控制;胶管长度不应超过 2 m,中间不许有接头;胶管应耐油;胶管连接口应用管卡或锁母固定;胶管不得穿越墙、门和窗。两个双眼灶并排安装时,其净距应大于 0.4 m;两个单眼灶并排安装时,其净距应大于 0.15 m。灶具距墙的距离不应小于 0.2 m,与对面墙的距离不应小于 1 m。燃气表与灶具的水平净距不得小于 0.3 m。

灶具的安装位置应光线充足,避免穿堂风直接吹在灶具上,周围一定范围内没有易燃易爆物品。

### 3. 热水器的安装

安装前应仔细阅读热水器的说明书,检查热水器零配件是否齐全,外观有无缺陷,各旋钮是否开关灵活,安装有无特殊要求,热水器使用的燃气种类是否与安装地点的燃气种类相同,热水器质量标准应符合国家标准规定。

燃气表的出口装有三通,燃气分流到燃气灶和热水器。热水器前应装有阀门,阀后一般采用钢管与热水器相连接。直排式热水器应安装在空气流通的地方,不允许装在浴室里。烟道排气式热水器和平衡式热水器应有专门的烟道。

热水器的冷水管上应装有阀门。热水器的安装高度以热水器的观火孔与人眼高度相平齐为宜,一般距地面 1.5 m。热水器应安装在耐火的墙壁上,与墙的净距应大于 20 mm,与对面墙之间应有大于 1 m 的通道,与燃气表和燃气灶的水平净距应大于 0.3 m,其顶部距天花板应大于 0.6 m,上部不得有电力明线、电器设备和易燃物,其四周保持 0.2 m 以上的空间,便于通风。热水器两侧的通风孔不要堵塞,以保证有足够的空气助燃。热水器不要装在灰尘多的地方,强风能吹到的地方,空间狭小、空气不流通的地方,其他灶具的上方以及堆放易燃易爆有腐蚀性物质的地方。严禁生产安装在浴室内的前制式燃气热水器,只允许生产安装在浴室外的后制式燃气热水器。排烟道应用薄钢板制成,排烟口的形状应注意排烟方向,防止倒风。

# 学习情境 2 　燃气供应系统施工图识读

目前,燃气安装已成为住宅楼建设的重要组成部分。燃气管道的分布近似于给水管道,燃气供应系统施工图的绘制方法和要求与给水排水施工图大体相同。

## 一、燃气供应系统施工图的组成

燃气供应系统施工图一般由设计说明、平面图、系统图和详图组成。

**1. 燃气供应系统平面图**

燃气供应系统平面图主要给出煤气进户管、立管、支管、煤气表和燃气灶的平面位置及相互关系。

**2. 燃气管道系统图**

燃气管道系统图用于表明燃气设施、管道、阀门、附件的空间相互关系,管道的标高、坡度和管径等。

## 二、燃气供应系统施工图的识读

燃气供应系统施工图的识读方法是以系统为单位,按燃气的流向先找系统的入口,按总管及入口装置、干管、立管、支管、用户软管到燃气用具的进气顺序识读,且平面图和系统图要相互对照识读。

识图举例:某住宅楼燃气工程施工图如图 4-4～图 4-7 所示。识图方法与识读室内给水排水施工图相似。

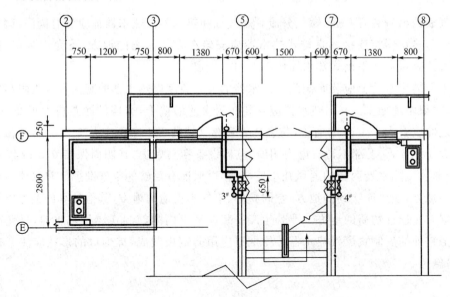

图 4-4  某住宅楼一层燃气工程平面图

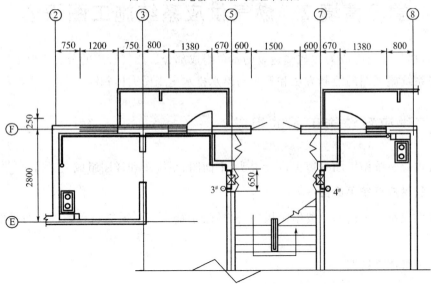

图 4-5  某住宅楼二至五层燃气工程平面图

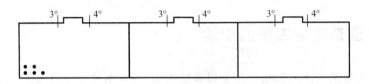

图 4-6  某住宅楼燃气工程单元平面组合图

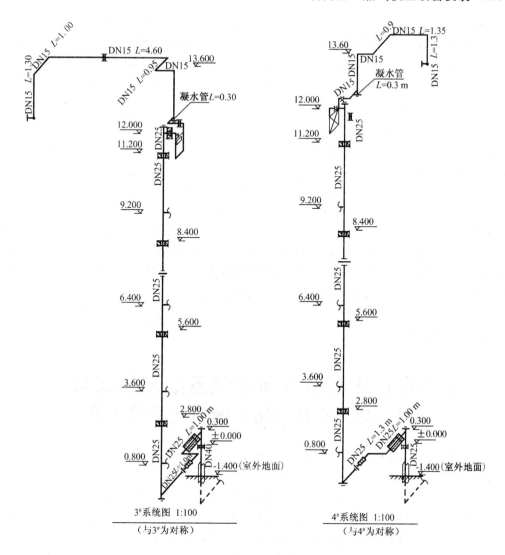

图 4-7 某住宅楼燃气工程系统图

说明:①以一层地面为±0.000;

②本设计执行《城镇燃气设计规范》;

③施工及验收执行《城镇燃气室内工程施工及验收规范》;

④未尽事宜见有关规范。

**1. 燃气工程平面图**

某住宅楼一层燃气工程平面图如图 4-4 所示。3#燃气进户管位于轴线⑤左侧 670 mm 处,从室内北侧地下进入室内,向上翻一根短立管,南行穿轴线⑤外墙进入餐厅,向右转向上设一根燃气立管向楼上各层供燃气;在立管上接一根燃气水平支管,经燃气表,由表后接一根用户支管沿墙向北到轴线 F 外墙内侧,沿餐厅外墙转向左穿轴线③内墙,继续向前行到轴线②外墙,转向南在厨房烟道的北侧向下接一根立管。图 4-4 中还标明了烟道的平面位置。

某住宅楼二至五层燃气工程平面图如图 4-5 所示。本图无燃气进户管,从餐厅轴线⑤

内墙角的燃气立管上引一根水平支管,再接燃气表,其他同一层燃气工程平面图。

某住宅楼燃气工程单元平面组合图如图 4-6 所示。该住宅楼分为三个单元,从每个单元的楼梯口两侧引入燃气进户管,共 6 根,即 6 个燃气系统,编号分别为 3#、4#、4#′、4#、4#′、3#。其中,3# 与 3#、4# 与 4#′ 为对称,该住宅楼为五层单元式住宅,有三个单元,每单元两户,上下层厨房、餐厅相互对应。

**2. 燃气工程系统图**

某住宅楼燃气工程系统图如图 4-7 所示。燃气进户管从室外地面下进入,管径为 DN40,上到一层地面±0.000 以上 300 mm,改用管径 DN25,经外墙穿墙套管进入餐厅,连接一个阀门和一个活接头,在横管的端部接一根向楼上供燃气的管径 DN25 的总立管,立管底部有长度为 300 mm 的凝水短管,下设排凝水丝堵;立管在每层地面上 800 mm 处连接一根水平用户支管,管径为 DN15,共 5 根,每根用户支管接一个阀门,后接燃气表,表后接用户支管,用户支立管底部有长度为 300 mm 的凝水短管,下设排凝水丝堵,横支管设在顶棚下,经餐厅、厨房,再向下接 1.3 m 的立管,立管下端接一个带倒齿管的旋塞阀,用于连接燃气用具软管。图 4-7 中还标注了各管道的长度、标高等。

# 单元式住宅厨房间燃气系统安装实训
## 4.1 单元式住宅厨房间燃气系统安装

燃气管道安装工位图如图 4-8 所示。安装说明:

(1)图 4-8 中标高以 m 计,其余单位以 mm 计。

(2)燃气管道采用焊接钢管(镀锌管),管径以 DN 表示,采用螺纹连接。

(3)燃气管道安装完毕后应进行耐压和严密度试验,试验介质为压缩空气。耐压试验管段为自进气管总阀门至接灶管转心门之间的管段。管道系统打压 0.1 MPa 后,用肥皂水检查焊接和接头处,以无渗漏、压力未急剧下降为合格。严密性试验时,管道系统内装有燃气表,打压至 300 mm 水柱后,观察 5 min,压力降不超过 20 mm 水柱为合格。

(4)所有穿越墙体及楼板的管道,均应埋设钢管套管,并用不燃材料填堵管道与套管之间的缝隙。

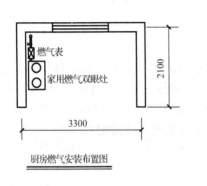

厨房燃气安装布置图

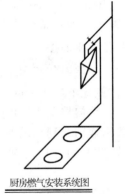

厨房燃气安装系统图

图 4-8　燃气管道安装工位图

# 4.2　选择燃气供应管道设备及附件

燃气供应管道设备及附件的选择见表 4-2。

表 4-2　　　　　　　　　每工位所需管道、附属设备及数量

| 序号 | 名称 | 单位 | 规格 | 数量 | 备注 |
|---|---|---|---|---|---|
| 1 | 燃气表 | 块 | | 1 | 智能 IC 卡式 |
| 2 | 镀锌管 | 米 | DN50 | 6 | |
| 3 | 镀锌管 | 米 | DN15 | 4 | |
| 4 | 球阀 | 个 | DN50 | 1 | |
| 5 | 球阀 | 个 | DN15 | 1 | |
| 6 | 活接头 | 个 | | 2 | |
| 7 | 生胶带 | 卷 | | 1 | |

# 4.3　选择安装机具

安装机具的选择见表 4-3。

表 4-3　　　　　　　　　安装机具的选择

| 序号 | 名称 | 单位 | 规格 | 数量 | 备注 |
|---|---|---|---|---|---|
| 1 | 便携式割管机 | 台 | | 1 | |
| 2 | 电动套丝机 | 台 | | 1 | |
| 3 | 钢卷尺 | 个 | 5 m | 1 | |
| 4 | 水平尺 | 个 | 48 | 1 | 1220 mm,3 水泡 |
| 5 | 管钳 | 把 | 18 | 1 | |

# 4.4　安装操作工艺方法和步骤

## 一、镀锌钢管的安装

镀锌钢管采用螺纹连接,操作步骤如下:

### 1.管子划线

运抵现场的镀锌钢管需进行清洗、修整,然后按照施工图确定管子的长度,用石笔或弹线进行划线,保证切割的准确度。

### 2.管子切割

对于公称直径小于或等于 50 mm 的中、低碳素钢管,一般采用手工、割管器或机械法切割。管子切口质量应符合下列要求:

(1)切口表面平整,不得有裂纹、重皮、毛刺、凸凹、缩口、焊渣、氧化铁、铁屑等,如有上述缺陷应予清除。

(2)切口平面倾斜偏差为管子直径的 1%,但不得超过 3 mm。

### 3.管螺纹加工(套丝)

(1)根据管子的管径选择合适的板牙组。

(2)把板牙头从滑架上取下(掀起),松开手柄螺母,转动曲线盘,使曲线盘到刻度最大的位置。

(3)将选好的板牙组按对应顺序号逐个装入板牙槽内,其锁紧缺口就会与曲线盘吻合,然后扳动曲线盘,使曲线盘上的刻度指示线与所需加工件的刻度尺对齐,拧紧手柄螺母,该板牙就被正确定位,最后将板牙头扳起备用。

(4)将变距盘旋到所需规格的位置上。

(5)顺时针方向转动前后卡盘,松开三爪,将管子从后卡盘装入,穿过前卡盘,伸出长约100 mm。

(6)用右手抓住管子,先旋紧后卡盘(扶住即可,一定要卡在三爪中心),再旋紧前卡盘,然后将锤击盘按逆时针方向,适当锤紧,管子就夹紧了。

(7)放下割刀架,转动割刀手柄,增大刀架开度,使割刀架滚子能跨在管子上。

(8)转动滑架手柄,使割刀移至割断(记号)位置。

(9)旋转割刀手柄,使割刀与管子靠近。

(10)摘下手套,戴护目镜,按启动按钮。

(11)开动设备,然后将割刀切入管子,管子每转一圈进刀 0.15～0.25 mm,即主轴每转一圈割刀手柄进 1/10 转左右;切割完毕后,向右移动滑架手柄,将割刀退回,并扳起割刀架复位(注意:切割时进刀量不能过大,用力不能太猛,否则会使管子变形,损坏割刀)。

(12)扳起割刀架时放下板牙头,使其与方形块接触,用锁销锁紧,当板牙头可靠定位后,转动滑架手柄,完成套扣。

(13)松开扳机,转动滑架手柄,退出板牙头,扳起板牙头,放下倒角架。

(14)转动滑架手柄,使倒角器进入管子内进行倒角。

(15)转动滑架手柄,退出倒角架,停机。

(16)摘眼镜,戴手套,转动卡盘及三爪取下管子,将倒角架、割刀、板牙头复位。

### 4.管道连接

螺纹连接也叫丝扣连接,在管道工程中有较广泛的应用,它适用于管径在 150 mm 以下的焊接钢管以及带螺纹的阀类和设备接管的连接。螺纹连接时,先在管子外螺纹上缠裹适当的填料,如油麻丝或聚四氟乙烯生料带。填料在螺纹连接中只能使用一次,若螺纹拆卸后,应更换新填料,否则管路连接处将会出现渗漏现象。

螺纹连接时,要选择合适的管钳,用小管钳拧大管径达不到拧紧的目的,用大管钳拧小管径会造成用力控制不当而使管件破裂。上管件时,要注意管件的位置和方向,不可因找正而倒拧,否则也会出现渗漏问题。

## 二、球阀的安装

(1)核对球阀的标志,查明球阀完好无损。将阀全开全闭数次证实其工作正常。

(2)把阀装上管线。阀的任何一端都可装在上游端,用手柄驱动的阀可安装在管道上的任意位置。

(3)安装完毕后,操作驱动器启、闭球阀数次,应灵活无滞涩,证实其工作正常。

## 三、燃气表的安装

燃气表只能水平放置在托架上,不得倾斜,燃气表的垂直偏差为 1 cm。燃气表的进出口管道应用钢管或铅管,螺纹连接要严密;铅管弯曲后呈圆弧形,应保持铅管的口径不变,不应产生凹瘪。燃气表前的水平支管应坡向立管,燃气表后的水平支管应坡向灶具。低表位接灶水平支管的活接头不得设置在灶板内。燃气表进出口用单管接头与表连接时,应注意连接方向,防止装错。单管接头侧端接进气管,顶端接出气管。下端接表处须装橡胶密封圈,橡胶密封圈不得扭曲变形,防止漏气。燃气表的进出气管分别在表的两侧时,应注意连接方向。一般情况下,人面对表字盘时左侧为进气管,右侧为出气管。安装时,应按燃气表的产品说明书安装,以免装错。

# 城市燃气供应系统

## 一、燃气管网的分类

燃气管网是城市燃气输配系统的主要部分,一般可根据管网输气压力、用途和敷设方式分类。

### 1. 根据管网输气压力分类

燃气管网之所以要根据输气压力来分级,是因为燃气管网的气密性与其他管网相比,有特别严格的要求,一旦漏气则可能导致火灾、爆炸、中毒或其他事故。燃气管网中的压力越高,管道接头越容易脱开,管道本身出现裂缝的可能性和危险性也越大;而燃气管网中的压力过低时输气又不经济,所以根据输气压力的不同对燃气管网进行分级是合理的。当输气压力不同时,对管材、安装质量、检验标准和运行管理的要求也不同。我国城市燃气管网按输气压力(表压)可分为:

(1)低压燃气管网:$P<0.01$ MPa;

(2)中压燃气管网 B:$0.01 \text{ MPa} \leqslant P \leqslant 0.2 \text{ MPa}$;

(3)中压燃气管网 A:$0.2 \text{ MPa} < P \leqslant 0.4 \text{ MPa}$;

(4)次高压燃气管网 B:0.4 MPa$<P\leqslant$0.8 MPa;

(5)次高压燃气管网 A:0.8 MPa$<P\leqslant$1.6 MPa;

(6)高压燃气管网 B:1.6 MPa$<P\leqslant$2.5 MPa;

(7)高压燃气管网 A:2.5 MPa$<P\leqslant$4.0 MPa。

其中,低压燃气管网的用途是把天然气输送到居民楼和公共建筑中;中压燃气管网的用途是给低压配气管网和用气量较大的用户供气;次高压燃气管网的用途是给中低压配气管网和用气量较大的用户供气;一般由城镇高压燃气管网 B 构成大城镇输配管网系统的外环网。高压燃气管网 B 也是给大城镇供气的主动脉。高压燃气必须通过调压站才能送入中压燃气管网以及需要高压燃气的大型工厂和企业。高压燃气管网 A 通常是贯穿省、地区或连接城镇的长输管线,它有时也构成大型城镇输配管网系统的外环网。高压、次高压、中压燃气管网必须通过各级调压所或用户专用调压装置才能向低一级配气管网或低压燃气管网供气,或给工厂、企业、大型公共建筑用户供气。

**2.根据用途分类**

(1)长输管网

主要用来长距离输送燃气,一般压力很高。由输气首站输送天然气至城市燃气门站、储配站或大型工业企业,作为该供应区的气源点。

(2)城镇燃气管网

①输配管网。中压输配管网是将燃气自门站或储配站送至城镇各用气区域;低压输配管网是将燃气自调压室送至燃气供应处,并沿途分配给各类用户的管网。输配管网包括街区管网和庭院管网。

②用户引入管网。将燃气从输配管网引到用户室内的管网。

③室内燃气管道网。是建筑物内部的管道,通过用户引入管网引入口将燃气引向室内,并分配到每个燃气用具。

(3)工业企业燃气管网

①工厂引入管和厂区燃气管网。由各级调压站将燃气从城镇燃气管网引入工厂,分送到各用气车间。

②车间燃气管网。从车间的燃气管网引入口将燃气送到车间内各个用气设备。车间燃气管网包括干管和支管。

③炉前燃气管网。从支管将燃气分送给炉上各个燃烧设备。

**3.根据敷设方式分类**

(1)地下燃气管网。一般在城镇中采用地下敷设。

(2)架空燃气管网。在工厂区,燃气管网通过铁路、河流,或在工厂区为了管理维修方便时,可采用架空敷设。

## 二、城市燃气管网系统及选择

**1.城市燃气管网系统分类**

城市燃气管网系统根据所采用的管网压力级制不同可有如下分类:

（1）一级管网系统

是指只有一个压力等级的城市燃气管网系统。一般是低压燃气管网，也可以是中压或次高压燃气管网，一般只适用于小城市的供气系统。其中，低压一级管网系统是最常见的一级管网系统，它是将输气干线的天然气送入储配站，经调压后直接送入低压配气管网。

低压一级管网中主干管线连成环网是比较合理的，次要的管道可以是枝状网。由于低压一级管网系统简单，供气比较安全可靠，维护管理费用低，而且输送不需加压，所以运行费用低。但供气压力低可使管道直径较大，管网一次投资费用较高。此管网系统适用于用气量小，供气范围为 2～3 km 的城镇和地区，如果加大供气范围，则会导致管网投资过大。

（2）二级管网系统

是指具有两个压力等级的城市燃气管网系统，其中一级是低压燃气管网，另一级是中压、次高压或高压燃气管网。其中最常见的是中（次高）压和低压二级管网系统，在此系统中天然气从输气干线首先进入城市门站，经门站调压、计量后送入城市中（次高）压管网，然后经中（次高）压、低压燃气管网调压后送入低压燃气管网，最后进入用户管道。

因为是低压燃气管网配气，所以庭院管道运行比较安全，即使出现漏气事故时，危及的范围小，容易抢修；同时，管道与周围建筑物、构筑物之间的安全距离也容易保证。但是，由于一部分街道同时要铺设中、低压燃气管网各一条，增加了管道长度，并且使施工难度增加，投资增大。虽然中、低压调压站占地面积不大，但数量多，在一些城市人口密集的地区选择调压站位置较困难。因此，只有对于街道宽阔、建筑物密度较小的大、中城市才可采用这种管网系统。

（3）三级管网系统

是指具有三个压力等级的城市燃气管网系统，其中通常含有中、低压两级，另一级是次高压或高压燃气管网。三级管网系统的工作原理是从输气干线来的天然气先进入门站，经调压、计量后进入城市高压（次高压）燃气管网，然后经高、中压调压站调压后进入中压燃气管网，最后经中、低压调压站调压后送入低压燃气管网。

为使供气安全可靠，三级管网系统的高压或次高压调压站以及中压调压站一般布置在人口稀少的郊区，这样即使出现漏气事故，也危及不到住宅或人口密集地区，但是由于地点设置在郊区且分散，给管理带来了不便，而且三级管网系统复杂，维护管理不方便。各级输配管网系统中以三级管网系统投资最高；高压外环往往带不上几处用户，基本上起不到配气作用；在同一条道路上往往要敷设两条不同压力等级的管道，因此三级管网系统的管道长度大于一、二级管网系统；由于要经过两级调压，使天然气的部分压力消耗在调压器阻力上，这也是造成输配管网管径较大。当城镇的燃气全部是低压人工燃气时，由于燃气出厂的压力较低，是否采用三级管网系统和高压储气设备，则需要根据发展规划进行技术经济计算才能确定，通常只有在特大城市并要求供气有充分保证时才考虑选用。

（4）多级管网系统

是指具有三个以上压力等级的城市燃气管网系统，通常由低压、中压、次高压和高压，甚至超高压燃气管网组成。天然气从输送干线进入城市储配站，在储配站上将天然气的压力降低后送入城市高压网，再分别通过各级调压站进入各级较低压力等级的管网。多级管网系统主要用于人口多、密度大的特大型城市。

(5)混合管网系统

是指在一个城市燃气管网系统中,同时存在上述两种以上管网系统的城市燃气管网系统。混合管网系统的工作原理是天然气从输气干线进入城市配气站,经调压、计量后进入中压(或次高压)燃气管网,一些区域经中压(或次高压)燃气管网送入箱式调压器,最后进入户内管道,另一些区域则经中、低压(或次高、低压)区域调压站调压后,送入低压燃气管网,最后送入庭院及户内管道。

由于混合管网系统的管道总长度比三级和多级管网系统要短,因此投资较省,此系统的投资介于一级和二级管网系统之间。该系统一般是在街道宽阔、安全距离可以保证的地区采用一级中压(或次高压)供气,而在人口稠密、街道狭窄地区采用低压供气,因此可以保证安全供气。该系统是我国目前广泛采用的城市燃气管网系统。

**2.采用不同压力级制的必要性**

城市燃气管网系统采用不同的压力级制,其原因如下:

(1)管网采用不同的压力级制是比较经济的。因为大部分的燃气由较高压力的管道进行输送,为了充分利用能量,管道单位长度上的压力损失可选得大一些,这样管道的直径可选得小一些,因此更节省管材。如由城市的一个地区输送大量燃气到另一地区,采用较高压力比较经济合理。当然,管网内燃气的压力增大后,输送燃气所消耗的能量可能也随之增加。

(2)各类用户所需要的燃气压力不同。例如,居民用户和小型公共建筑用户需要低压燃气,应该直接与低压燃气管网连接,而许多工业用户需要中压或高压燃气,就需要与中、高压燃气管网连接。

在城市中心的老城区,建筑物陈旧,街道和人行道都很窄,人口密度大,从安全和便于管理考虑,不易铺设高压或次高压燃气管网;而在新城区,由于街道宽阔,规划整齐、宽松,适合铺设中压或高压燃气管网,这样更经济节约。一般近期建造的燃气管网压力都比原建老城区的燃气管网压力高。

**3.城市燃气管网系统的选择**

前面介绍了几种燃气管网系统,它们各有缺点也各有自己的使用范围,因此在选择燃气管网系统时,无论是旧有的城镇还是新建的城镇,都要根据具体情况选择适合的燃气管网系统。一般情况下,在选择燃气管网系统时,要考虑以下因素:

(1)城市性质、规模、远景规划情况、街道的现状和规划、建筑特点、人口密度、居民用户的分布情况。例如,对于大城市,可以采用较高的输气压力;对于街道宽阔和新建地区,可选用二级管网系统。

(2)气源情况、燃气性质、供气量、供气压力、燃气的净化度和含湿量以及气源的发展或更换气源的规划。对于天然气气源和加压气化气源,可以采用次高压、中压 B 或中压 A 一级管网系统,以节省投资;对于人工常压制气气源,尽可能采用中压一级或中、低压二级管网系统。

(3)不同类型用户的供气方针、气化率及不同类型用户对燃气压力的要求。

(4)用气的工业企业的数量、特点及原有的供气设施。

(5)储气设备的类型。

（6）城市的自然条件、地理地形等条件、敷设管道可能遇到的天然的和人工的障碍物。例如，对于南方河流较多的城市，一级管网系统的穿、跨越工程量将比二级管网系统大，如何选用燃气管网系统，应进行技术经济比较。

（7）城市地下管线和地下建筑物的现状和改建、扩建规划。设计城市燃气管网系统时，应全面综合考虑诸多因素，选用合理的城市燃气管网系统。

## 三、城市燃气管网的布置

### 1. 布线依据

地下燃气管网宜沿城市道路、人行便道敷设，或敷设在绿化带内。在决定城市中不同压力燃气管道的布线问题时，必须考虑到下列基本情况：

（1）管道中燃气的压力。

（2）街道及其他地下管道的密集程度与布置情况。

（3）街道交通量和路面结构情况，以及运输干线的内部情况。

（4）所输送燃气的含湿量，必要的管道坡度，街道地形变化情况。

（5）与该管道相连接的用户数量及用气情况，该管道是主要管道还是次要管道。

（6）线路上所遇到的障碍物情况。

（7）土壤性质、腐蚀性能和冰冻线深度。

（8）当管道在施工、运行和发生突发事故时，对交通和人民生活的影响。

在布置城市燃气管网时，要确定燃气管网沿城市街道的平面与纵断面位置。由于燃气管网系统各级管网的输气压力不同，其设施和防火安全的要求也不同，且各自的功能也有所区别，故应按各自的特点进行布线。

### 2. 高、中压燃气管网的平面布置

高、中压燃气管网的主要功能是向中、低压管网配气。因此，两者有共同点，也有不同点。一般应考虑下列因素：

（1）服从城市总体规划，遵守有关法律与法规，考虑远、近期发展规划。

（2）高压燃气管网宜布置在城市边缘或市内有足够埋管安全距离的地带，并应连接成环网，以提高高压供气的可靠性；中压燃气管网多布置在便于与低压环网连接的规划道路上，但应尽量避免沿车辆来往频繁或闹市区的主要交通干线敷设，否则对管道施工和管理维修造成困难，并且应布置成环网，以提高输气和配电的安全可靠性。当高、中压燃气管网初期建设的实际条件只允许布置成半环形甚至枝状时，应根据发展规划使之与规划环网有机联系，防止以后出现不合理的管网布局。

（3）高、中压燃气管网应尽量避免穿越铁路或河流等大型障碍物，以减少工程量和投资。

（4）高、低压燃气管网是城市燃气系统输气和配气的主要干线，必须综合考虑近期建设与规划的关系，以延长已经敷设的管道的有效使用年限，尽量减少建成后改线、增大管径或增设双线的上程量。

### 3. 低压燃气管网的平面布置

低压燃气管网的主要功能是直接向各类用户配气，是城市供气系统中最基本的管网，据

此特点,低压燃气管网的布置一般应考虑下列因素:

(1)管道的输气压力低,沿程压力降的允许值也较低,故低压燃气管网的成环边长宜控制在一定的距离之内。

(2)管道直接与用户相连,而用户数量随着城市建设发展逐步增加,故低压燃气管网除了以环状管网为主体布置外,也允许存在枝状管网。

(3)为保证和提高、低压燃气管网的供气稳定性,给低压燃气管网供气的相邻调压室之间的连通管道的管径应大于相邻管网的低压管道管径。

(4)管道应按规划道路布线,并应沿道路轴线平行敷设,尽可能避免在高级路面的街道下敷设。宜尽可能布置在街坊内兼作庭院管道,以节省投资。可以沿街道的一侧敷设,也可以双侧敷设。在有轨电车通行的街道上,当街道宽度大于 20 m、横穿街道的支管过多或输气量大、限于条件不允许敷设大口径管道时,低压管道可以采用双侧敷设。

**4.室外天然气管道的断面布置**

在进行室外天然气管道的断面布置时,应考虑下列情况:

(1)地下天然气管道的埋设深度宜选在土壤冰冻线以下,其埋设的最小覆土厚度(路面至管顶)应符合下列要求:埋设在车行道下时,不得小于 0.9 m;埋设在非车行道下时,不得小于 0.6 m;埋设在庭院内(指绿化及载货车不能进入的地方)时,不得小于 0.3 m;埋设在水田下时,不得小于 0.8 m。

(2)对于输送湿天然气的管道,无论是干管还是支管,其坡度一般不小于 0.003。布线时,最好能使管道的坡度和地形相适应。在管道的最低点应设排水器。

(3)地下天然气管道的地基宜为原土层。凡可能引起管道不均匀沉降的地段,其地基应进行处理。

(4)地下天然气管道不得穿过房屋或其他建筑物,不得在堆积易燃易爆材料和具有腐蚀性液体的场地下面穿越,并不能与其他管道或电缆同沟敷设,当需要同沟敷设时必须采取防护措施,不得平行敷设在有轨电车轨道下。通常采用的防护措施是将天然气管道敷设在套管内。

(5)燃气管道与其他各种构筑物以及管道相交时,应按规范规定保持一定的垂直净距(表 4-4)。

表 4-4　　　地下燃气管道与建(构)筑物基础或相邻管道之间的垂直净距　　　　m

| 项　目 | | 地下燃气管道(当有套管时,以套管计) |
|---|---|---|
| 给水管、排水管或其他燃气管道 | | 0.15 |
| 热力管的管沟底(或顶) | | 0.15 |
| 电缆 | 直埋 | 0.50 |
| | 在导管内 | 0.15 |
| 铁路轨底 | | 1.20 |
| 有轨电车轨底 | | 1.00 |

(6)一般情况下,地下天然气管道不得穿越其他管道本身。如因特殊情况天然气管道要穿过其他大断面管道(如水管、热力管道、联合地沟隧道及其他各种用途沟槽)时,须征得有关方面同意,并将天然气管道敷设于套管内。套管是比天然气管道稍大的钢管,直径应比天

然气管道直径大 100 mm 以上,套管伸出的构筑物外壁应符合表 4-4 要求,两端应采用柔性的防腐和防水材料密封,在重要地段的套管端部宜安装检漏管。检漏管上端伸入防护罩内,由管口取气样检查套管中的天然气含量,以判明有无漏气及漏气程度。

(7)地下天然气管道通过河流时,可采用穿越河底或利用已建道路桥梁或采用管桥跨越的形式。当利用桥梁或管桥跨越河流时,管道的输送压力不应大于 0.4 MPa,且应采取防火安全保护措施,应作较高等级的防腐保护,设置必要的补偿和减震措施。

(8)室外架空天然气管道可沿建筑物外墙或支柱敷设。当采用架空敷设时,管底至人行道路面的垂直净距不应小于 2.2 m,管底至道路路面的垂直净距不应小于 5 m,管底至铁路轨顶的垂直净距不应小于 6 m;和其他管道共架敷设时,应位于酸、碱等腐蚀性介质管道上方,与其相邻管道间的水平间距必须满足安装和检修要求;输送湿天然气的管道应采取排水措施,在寒冷地区还应采取保温措施。

## 测 试 题

**一、单选题(每题的备选项中只有 1 个最符合题意)**

1.下列哪种气体的成分主要是一氧化碳?(　　)
A. 天然气　　　B. 人工煤气　　　C. 液化石油气　　　D. 沼气

2.输送天然气和液化石油气的引入管的最小公称直径不应小于(　　)mm。
A. 15　　　B. 20　　　C. 25　　　D. 32

3.立管(40 mm)穿越楼板处应有套管,套管的规格应为(　　)mm。
A. 40　　　B. 50　　　C. 65　　　D. 80

4.室内燃气系统水平支管距厨房地面不低于(　　)m。
A. 1.2　　　B. 1.5　　　C. 1.8　　　D. 2.0

5.室内燃气管道应为(　　)。
A. 地下埋设　　　B. 架空敷设　　　C. 暗装　　　D. 明装

6.高位安装指燃气表的底面距厨房地面(　　)m 左右。
A. 1.5　　　B. 1.8　　　C. 2.0　　　D. 2.4

7.燃气热水器在安装时距墙的净距应大于(　　)mm。
A. 20　　　B. 25　　　C. 30　　　D. 40

8.地下天然气管道埋设在车行道下时,不得小于(　　)m。
A. 0.5　　　B. 0.8　　　C. 0.9　　　D. 1.0

9.室外架空天然气管道,可沿建筑物外墙或支柱敷设。当采用架空敷设时,管底至人行道路面的垂直净距不应小于(　　)m。
A. 1.5　　　B. 2.2　　　C. 2.4　　　D. 3.0

10.下列关于天然气断面布置,说法正确的是(　　)。
A. 地下天然气管道的埋设深度宜选在土壤冰冻线以下。
B. 输送天然气的管道,无论是干管还是支管,其坡度一般不小于 0.005。
C. 地下天然气管道的地基不宜为原土层。
D. 地下天然气管道可穿过房屋或其他建筑物。

**二、多选题(每题的备选项中有 2 个或 2 个以上最符合题意)**

1.室内燃气管道由( )组成。

A.引入管　　　　B.水平干管　　　　C.立管　　　　D.支管

2.下列属于室内燃气管道上安装的阀门有( )。

A.进户总阀门　　　B.表前阀　　　　C.表后阀　　　　D.灶前阀

3.燃气表在安装前应符合下列哪项要求?( )

A.燃气表有出厂合格证　　　　　　B.燃气公司不需检验

C.无任何明显损伤　　　　　　　　D.距出厂期不超过 6 个月

4.按照压力分类,燃气管网可划分为( )。

A.低压燃气管道　　　　　　　　　B.中压燃气管道

C.高压燃气管道　　　　　　　　　D.超高压燃气管道

5.一般情况下,在选择燃气管网系统时,要考虑以下哪些因素?( )

A.城市规模　　　B.人口密度　　　C.气源情况　　　D.储气设备的类型

# 项目五

## 建筑供配电设备安装

项目导入

　　建筑若要很好地体现其功能价值,更好地为人们提供舒适、便捷及安全的环境,就离不开建筑电气设备。本项目主要针对单元式住宅,介绍有关供配电与照明系统、防雷接地系统、消防控制系统和弱电系统的基本知识及安装工艺方法和要求。并以单元式住宅电气设备安装为线索,系统学习建筑电气有关的基本理论知识和安装施工工艺方法。

# 学习情境 1　建筑供配电与照明配电系统

## 一、电力系统

由发电厂、电力网以及用电单位(简称为用户)所组成的一个具有发电、输电、变电、配电和用电的整体称为电力系统,又称为供配电系统。

**1. 发电厂**

发电是将自然界中蕴藏的各种一次能源转换为电能的过程。生产电能的工厂叫发电厂。根据利用的一次能源不同,发电厂可分为火力发电厂、水力发电厂、核电站、风力发电厂、太阳能发电厂等。目前,我国主要以火力发电和水力发电为主。发电厂的发电机组发出的电压一般为 6.3 kV 或 10.5 kV。一般情况下,各类发电厂是并网同时发电的,以保证电力网稳定可靠地向用户供电,同时也便于调节电能的供求关系。

**2. 电力网**

输配电线路和变电所是连接发电厂和用户的中间环节,是供配电系统的一部分,称为电力网。它包括升压变电站、高压输电线路、降压变电站和低压配电线路。电力网常分为输电网和配电网两类。

**3. 用户**

所有的用电单位都称为用户。如果引入用电单位的电源为 1 kV 以下的低压电源,这类用户称为低压用户;如果引入用电单位的电源为 1 kV 以上的高压电源,这类用户称为高压用户。

## 二、电力负荷的等级划分及其对供电电源的要求

电力负荷按其使用性质的重要程度分为三级,并以此采取相应的供电措施来满足其对供电可靠性的要求。

**1. 一级负荷**

当中断供电将造成人身伤亡、重大政治影响、重大经济损失或将造成公共场所秩序严重混乱的用电负荷,称为一级负荷。

对于某些特殊建筑的一级负荷,如重要的交通枢纽、国宾馆、国家级及承担重大国事活动的会堂、国家级大型体育中心,以及经常用于重要国际活动的大量人员集中的公共场所的一级负荷,为特别重要负荷。中断供电将影响实时处理计算机及计算机网络正常工作或中断供电后将发生爆炸、火灾以及严重中毒的一级负荷亦为特别重要负荷。

一级负荷应由两个独立电源供电,以确保供电的可靠性和连续性。两个电源可一用一

备,亦可同时工作,各供一部分负荷。若其中任何一个电源发生故障或停电检修时,不会影响另一个电源继续供电。对于一级负荷中特别重要的负荷,还必须增设应急备用电源,如柴油发电机组、不间断电源(UPS)、应急电源(EPS)等。

**2.二级负荷**

把中断供电将造成较大的政治影响和经济损失的用电负荷,或将造成公共场所秩序混乱的用电负荷称为二级负荷。

二级负荷应采用两个独立电源供电。

**3.三级负荷**

凡不属于一级和二级负荷的用电负荷均为三级负荷。三级负荷对供电无特殊要求,只需一个电源供电即可。

## 三、建筑供配电系统

建筑供配电系统主要由变电所、配电设备及配电线路组成。

**1.建筑供配电系统的总电源选择**

建筑供配电系统的总电源选择何种电压等级,是否需要设置变电所,应从建筑物总用电容量、用电设备的特性、供电距离、供电线路的回路数、用电单位的远景规划、当地公共电网的现状和它的发展规划以及经济合理等因素综合考虑决定。一般来说,当用电设备总容量在 250 kW 或需用变压器容量在 160 kVA 以上时,应以高压方式供电;当用电设备总容量在 250 kW 或需用变压器容量在 160 kVA 以下时,应以低压方式供电,特殊情况也可以高压方式供电。

**2.建筑供配电系统的配电形式**

建筑供配电系统分为高压配电系统和低压配电系统,其配电形式相同。常用的配电形式主要有以下几种:

(1)放射式

放射式配电是指从前级配电箱分出若干条线路,每条线路连接一个后级配电箱(或一台用电设备)。由于后级配电箱与前级配电箱连接的线路是相互独立的,故后级配电箱之间互不影响。放射式配电具有供电可靠、所需材料多、不易更改等特点,适用于用电负荷容量大且集中、线路较短的场所,如图 5-1(a)所示。

(2)树干式

树干式配电是指从前级配电箱引出一条供电干线,在供电干线的不同地方分出支路,连接到后级配电箱或用电设备。树干式配电具有节省材料、线路简单灵活等优点,但供电干线发生故障时影响面较大,即供电可靠性较差,故适用于负荷较分散且单个负荷容量不大、线路较长的场所,如图 5-1(b)所示。

(3)混合式

实际的建筑供配电系统多为放射式和树干式的综合应用,称为混合式配电,如图 5-1(c)所示。

实际工程中确定配电方式时,应按照供电可靠、用电安全、配电层次分明、线路简单、便

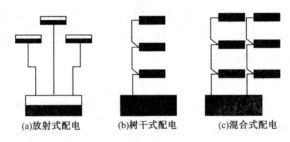

(a)放射式配电　　(b)树干式配电　　(c)混合式配电

图 5-1　配电方式

于维护、工程造价合理等原则进行。

**3. 配电级数要求**

从建筑物低压电源引入处的总配电装置(第一级配电点)开始至最末端分配电盘为止，配电级数一般不宜多于三级，每一级配电线路的长度不宜大于 30 m。如果从变电所的低压配电装置算起，则配电级数一般不宜多于四级，总配电长度一般不宜超过 200 m，每条供电干线的负荷计算电流不宜大于 200 A。

# 四、建筑照明配电系统

建筑照明配电系统通常按照三级配电的方式进行，由照明总配电箱、楼层配电箱、房间开关箱及照明配电线路组成。

**1. 照明总配电箱**

照明总配电箱把引入建筑物的三相总电源分配至各楼层的配电箱。当每层的用电负荷较大时，采用放射式方法对每层配电；当每层的用电负荷不大时，采用混合式方法对每层配电。照明总配电箱内的进线及出线应装设具有短路保护和过载保护功能的断路器。

**2. 楼层配电箱**

楼层配电箱把三相电源分为单相，分配至每层的各房间开关箱以及楼梯、走廊等公共场所的照明电器。当房间的用电负荷较大时(如大会议室、大厅、大餐厅等)，则由楼层配电箱分出三相支路给该房间的开关箱，再由开关箱分出单相线路给房间内的照明电器供电。楼层配电箱内的进线及出线也应装设断路器进行保护，如图 5-2 所示。

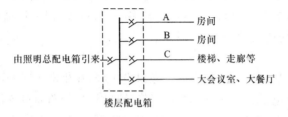

图 5-2　楼层配电箱配电示意图

**3. 房间开关箱**

房间开关箱分出插座支线、照明支线以及专用支线(如空调器、电热水器等)给相应电器供电。插座支线应在房间开关箱内装设断路器及漏电保护器，其他支线应装设断路器。一般房间内的照明灯具由其邻近的、装在墙壁上的灯具开关控制，如图 5-3(a)所示；对于灯数较多且同时开、关的大房间(如大会议室、大厅、大餐厅等),则由房间开关箱内的断路器分组控制,如图5-3(b)所示。

图 5-3　房间开关箱配电示意图

　　房间开关箱、楼层配电箱、照明总配电箱一般明装或暗装在墙壁上,配电箱底边距地 1.5~1.8 m,体积较大且较重的配电箱则落地安装。安装在配电箱内的断路器的额定电流应大于所控制线路的正常工作电流;漏电保护器的漏电动作电流一般为 30 mA,潮湿场所为 15 mA。

### 4. 照明配电线路

　　引入建筑物的照明总电源一般用 VV 型电缆埋地引入或用 BVV 型绝缘导线沿墙架空引入。

　　由照明总配电箱至楼层配电箱的照明干线一般用 VV 型电缆或 BV 型绝缘导线,穿钢管或穿 PVC 管沿墙明敷设或暗敷设,或敷设在电气竖井内。

　　由楼层配电箱至房间开关箱的线路一般用 BV 型绝缘导线,并使用塑料线槽沿墙明敷设或穿管暗敷设。所用绝缘导线的允许载流量应大于该线路的实际工作电流。

　　房间内照明线路一般用 BV 型绝缘导线,并使用塑料线槽沿墙明敷设或穿管暗敷设。空调、电热水器等专用插座线路的导线截面可选用 4 mm$^2$,灯具及一般插座线路的导线截面一般选用 2.5 mm$^2$。

## 五、高层建筑的供配电系统

　　高层建筑供电电压一般采用 10 kV,其供电要求是可靠性好、供电质量高、电能损耗小。为了保证供电的可靠性,应至少有两个独立电源供电,具体数量应视负荷大小及当地电网条件而定。对于两路独立电源运行方式,原则上是两路同时供电,互为备用,同时还必须装设应急备用电源(柴油发动机组或应急电源)。

### 1. 负荷分布及变压器的配置

　　高层建筑的用电负荷一般可分为空调、动力、电热、照明等。空调负荷属于大宗用电,约占总用电量的 40%~50%,空调设备一般放在地下室、首层或下部。动力负荷主要指电梯、水泵、排烟风机、洗衣机等设备。普通高层建筑的动力负荷都比较小,随着建筑高度的增加,在超高层建筑中,由于电梯负荷和水泵容量的增大,动力负荷的比重将会明显增加。动力负荷中的水泵、洗衣机等大部分放在建筑物的下部,因此就负荷的分布来说,负荷大部分集中在下部,通常将变压器设置在建筑物的底部是有利的。

　　然而在 40 层以上的高层建筑中,电梯设备较多,此类负荷大部分集中在大楼的顶部,竖向由于中段层数较多,通常设有分区电梯和中间泵站。在这种情况下,宜将变压器上、下层配置或者上、中、下层分别配置,供电变压器的供电范围大约为15~20层。

为了减少变压器台数,单台变压器的容量一般都大于1000 kVA。从防火要求考虑,不应采用油浸式变压器和油断路器等在事故情况下能引起火灾的电气设备,而应采用干式变压器和空气开关。

**2.高层建筑的低压配电系统**

高层建筑垂直配电主要采用电气竖井内敷设。在电井内设置封闭母线、电缆桥架或导线穿金属导管敷设,照明总配电箱、双电源切换箱等也可明敷设。电井内需设置事故照明和感烟探测器。

高层建筑中的主要负荷为动力和照明、消防动力和应急照明,因此配电系统分为正常配电和事故配电两个独立系统,其中动力应与照明分开,配电方式一般为放射式和树干式两大类。国内外高层建筑低压配电干线基本采用放射式系统,在强电竖井中采用插接式母线沿电井明敷设。若负荷较小时,也可采用电缆沿电井内桥架明敷设。

楼层按分区配电,整个楼层按负荷分为若干个供电区,每区为一个配电回路,各层照明总配电箱直接用链式接线至各分配电箱。对于顶层电梯配电回路应由变电所独立回路供电,应有备用电源自动投入装置。对于消防用电设备,应有两个独立回路(变压器及柴油发电机组等)供电,并在末端配电箱内实现双路电源自动切换。

# 学习情境 2　常用的低压电器与照明设备

## 一、低压电器

低压电器是指电压在500 V以下的各种控制设备、继电器和保护设备等,在建筑工程中常用的低压电器设备有刀开关、低压断路器、接触器及熔断器等。

**1.控制电器**

(1)刀开关

刀开关是最简单的手动控制设备,其功能是不频繁地接通电路。根据闸刀的构造,刀开关可分为胶盖刀开关和铁壳刀开关两种;如果按极数分类,刀开关可分为单极、双极、三极三种,每种又有单投和双投之分。胶盖刀开关如图5-4所示,其型号有HK1型、HK2型。胶盖刀开关的主要特点是:容量小,常用的有15 A、30 A,最大为60 A;没有灭弧能力,容易损伤刀片,只适用于不频繁操作;构造简单,价格低廉;虽然在过去可以用熔丝起短路保护作用,但是在建筑工程新规定中,不能用刀开关内熔丝,而是在刀开关外另装瓷插熔丝,原装熔丝的地方用铜丝代替。

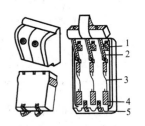

图5-4　胶盖刀开关

1—刀座;2—刀片;3—熔丝;
4—出线端;5—胶盖挂钩

铁壳刀开关的常用型号有HH3、HH4、HH10、HH11等。铁壳刀开关的主要特点是:有灭弧能力,有铁壳保护和联锁装置(即带电时不能开门),所以操作安全;有短路保护能力;只用在不频繁操作的场合。铁壳刀开关常用的型号为HH10系列和HH11系列,其中

HH10 系列的容量规格有 10 A、15 A、20 A、30 A、60 A、100 A 等,HH11 系列的容量规格有 100 A、200 A、400 A 等。铁壳刀开关的容量一般为电动机额定电流的 3 倍。

(2)低压断路器

低压断路器是建筑工程中应用最广泛的一种控制设备,又称为自动空气开关,它除了具有全负荷分断能力外,还具有短路保护、过载保护和失电压、欠电压保护等功能,并且具有很好的灭弧能力,常用作配电箱中的总开关或分路开关。

低压断路器的原理结构和接线图如图 5-5 所示。当电路上出现短路故障时,其过流脱扣器 10 动作,使低压断路器跳闸。如果出现过负荷,串联在一次线路上的加热电阻 8 加热,使低压断路器中的热脱扣器 9 上弯,也会使低压断路器跳闸。当线路电压严重下降或失压时,失压脱扣器 5 动作,同样使低压断路器跳闸。如果按下脱扣按钮 6 或 7,使分励脱扣器 4 通电或失压脱扣器 5 失电,则可使低压断路器远距离跳闸。

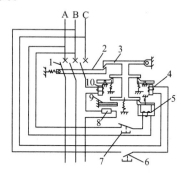

图 5-5　低压断路器的原理结构和接线图
1—主触头;2—跳钩;3—锁扣;4—分励脱扣器;
5—失压脱扣器;6—脱扣按钮(常开);7—脱扣按钮(常闭);
8—加热电阻;9—热脱扣器(双金属片);10—过流脱扣器

低压断路器按灭弧介质不同可分为空气断路器和真空断路器;按用途不同可分为配电用断路器、电动机保护用断路器、照明用断路器和漏电保护断路器;按保护性能不同可分为非选择型断路器、选择型断路器和智能型断路器;按结构形式不同可分为万能式断路器(如 DW 型)和塑料外壳式断路器(如 DZ 型)。在现代各类建筑的低压配电线路终端广泛应用的模数化小型断路器也属于塑料外壳式断路器,也有的将它划分为另外一类。

(3)接触器

接触器也称为电磁开关,它是利用电磁铁的吸力来控制触头动作的。接触器按电流不同可分为直流接触器和交流接触器两种,在建筑工程中常用交流接触器,如图 5-6 所示。

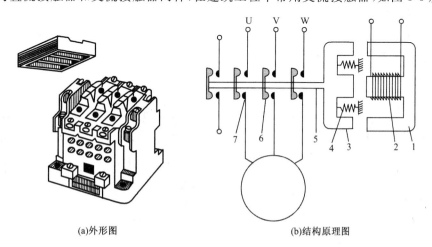

(a)外形图　　　　　　　　　　　　(b)结构原理图

图 5-6　交流接触器
1—铁芯;2—线圈;3—衔铁;4—反作用力弹簧;5—绝缘拉杆;6—桥式可动触头;7—静触头

当线圈通电(被激励)后,衔铁被吸合,用拉杆把所有常开触头闭合(这时所有常闭触头断开),负载通电运行。这种切换主电路的触头称为主触头,可以通断较大电流;而切换控制电路的触头称为辅助触头,通断电流较小。容量较大的接触器主触头上有灭弧罩。

接触器的主要技术参数有额定电压、额定电流(均指主触头)、电磁线圈额定电压等。实际应用中一般应使接触器的额定电流大于负载工作电流,通常负载工作电流为接触器额定电流的 70%~80%。

交流接触器的主要特点如下:

①它是用按钮控制电磁线圈的,电流很小,控制安全可靠。当环境潮湿时,可选用电磁线圈电压为 36 V 的安全电压进行控制。

②电磁力动作迅速,可以频繁操作。建筑工地的搅拌机、起重机等常用接触器控制电动机负荷运行。

③可以用附加按钮实现多处控制一台电动机或遥控功能。

④具有失电压或欠电压保护作用。当电压过低时,电磁线圈吸力变小,拉力弹簧使衔铁和拉杆动作,接触器自动断电。常用的交流接触器有 CJX、CJ20 等系列,目前 B 系列的新型接触器得到了广泛的应用,其特点是重量轻、寿命长、辅助触点数量多、线圈消耗功率小、安装维修方便等。

交流接触器线圈的额定电压有 220 V、380 V 和 660 V 等,选用时必须根据控制电路的供电电压来选择接触器线圈的额定电压,同时应使交流接触器主触点的额定工作电流大于或等于电动机的额定电流。

**2. 保护电器**

熔断器是用来防止电路和设备长期通过过载电流和短路电流的保护电器,是有断路功能的保护元件。它由金属熔件(熔体、熔丝)、支持熔件的接触结构组成。

(1)瓷插式熔断器

此类熔断器构造简单,国产熔体规格有 0.5 A、1 A、1.5 A、2 A、3 A、5 A、7 A、10 A、15 A、20 A、25 A、30 A、35 A、40 A、45 A、50 A、60 A、65 A、70 A、75 A、80 A、100 A 等,RC1A 型瓷插式熔断器如图 5-7 所示。

(2)螺旋式熔断器

此类熔断器构造简单,图 5-8 所示为 RL1 型螺旋式熔断器。当熔丝熔断时,色片被弹落,需要更换熔丝管,常用于配电箱中。

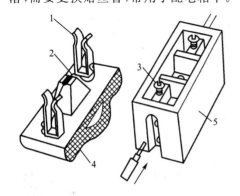
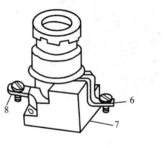
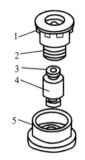

图 5-7 RC1A 型瓷插式熔断器
1—动触头;2—熔丝;3—静触头;
4—瓷盖;5—瓷座

图 5-8 RL1 型螺旋式熔断器
1—磁帽;2—金属管;3—色片;4—熔丝管;
5—磁套;6—上接线端;7—底座;8—下接线端

（3）封闭式熔断器

此类熔断器构造简单，图 5-9 所示为 RM10 型封闭式熔断器。它采用耐高温的密封保护管，内装熔丝或熔片。当熔丝熔化时，管内气压很高，能起到灭弧的作用，还能避免相间短路。这种熔断器常用在容量较大（能达到 1 kA）的负载上作短路保护。

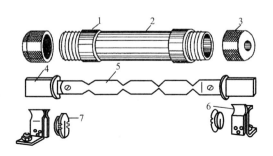

图 5-9　RM10 型封闭式熔断器

1—黄铜圈；2—纤维管；3—黄铜帽；4—刀形接触片；5—熔片；6—刀座；7—特殊垫圈

（4）填充料式熔断器

以 RT1 型填充料式熔断器为例，其构造如图 5-10 所示。这种熔断器是我国自行设计的，它的主要特点是具有限流作用及较高的极限分断能力。所谓限流是指在线路短路且电流尚未达到最大值时就迅速切断电流，所以这种熔断器可用于具有较大短路电流的电力系统和成套配电装置中。

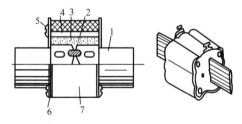

图 5-10　RT1 型填充料式熔断器

1—闸刀；2—熔体；3—石英砂；4—指示器熔体；5—指示器；6—盖板；7—瓷管

（5）自复熔断器

由于低压电器容量逐渐增大，低压配电线路的短路电流也越来越大，要求用于系统保护开关元件的分断能力也不断提高，为此出现了一些新型限流元件，如自复熔断器等。图5-11所示为自复熔断器构造简图，应用时和外电路的低压断路器配合工作，效果很好。

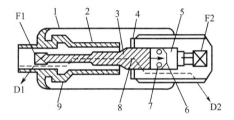

图 5-11　自复熔断器构造简图

D1、D2—端子；F1、F2—阀门；1—金属外壳；2—陶瓷圆筒（Beo）；3—钠；
4—垫圈；5—高压气体 Ar；6—活塞；7—环；8—电流通路；9—特殊陶瓷

## 二、电光源和灯具

### 1.常见电光源

根据光产生的原理,电光源可以分为两大类,即热辐射光源和气体放电光源。

热辐射光源是利用电流将灯丝加热到白炽程度而产生热辐射发光的光源。例如,白炽灯和卤钨灯都是以钨丝作为辐射体,通电后使之达到白炽程度时产生热辐射。

气体放电光源是利用气体放电时可以发光的原理而制造的光源。例如,荧光灯、汞灯等都是将某装置内充入气体,在外部施加电压,使其处于放电状态而发光。气体放电光源具有发光效率高、使用寿命长、一般应与相应的附件配套才能接入电源使用等特点。按放电形式不同,气体放电光源分为弧光放电灯和辉光放电灯。

（1）白炽灯

白炽灯由灯丝（钨丝）、玻璃泡、灯头、支架和填充气体等构成。白炽灯具有体积小、结构简单、造价低、不需要其他附件、使用时受环境影响小、使用方便、光色优良、显色性好、无频闪现象、调光性能好等特点。白炽灯是各类建筑和其他场所照明应用最广泛的光源之一,作为第一代电光源已有一百多年历史。普通白炽灯常用于日常生活照明,工矿企业照明,剧场、宾馆、商店、酒吧照明等。装饰白炽灯多用于会议室、客厅、节日装饰照明等。反射型灯泡是在白炽灯玻璃泡的内壁上涂有部分反射层,能使光线定向反射,适用于灯光广告、橱窗、体育设施、展览馆等需要光线集中的场合。

（2）卤钨灯

卤钨灯由钨丝、充入卤素的玻璃泡和灯头等构成。500 W 以上的大功率卤钨灯一般制成管状,为了使生成的卤化物不附在管壁上,必须提高管壁的温度,所以卤钨灯的玻璃管一般用耐高温的石英玻璃或高硅氧玻璃制成。

与白炽灯相比,卤钨灯体积小,光效高,便于控制,且具有良好的色温和显色性,寿命长,输出光通量稳定,输出功率大,所以应用广泛。卤钨灯广泛应用在大面积照明与定向投影照明场所,如建筑工地施工照明,展厅、广场、舞台、影视照明,商店橱窗照明及较大区域的泛光照明等。

（3）荧光灯

荧光灯由灯管和钨丝电极组成,其管内壁涂有荧光粉,在抽成真空后加入一定量的汞、氩、氖、氖等气体。荧光灯灯管可以做成不同形状,常见的有直管形、环形、U 形、D 形和双 D 形等。电极通常由钨丝绕成双螺旋或三螺旋形状,在灯丝上涂以发射材料（一般为三氧化物）,电极主要用来产生热电子发射,维持灯管放电。

灯管内壁涂不同性质的荧光粉时,将有不同颜色的光发出,有日光色、暖白色、冷白色、蓝色、绿色、粉红色等。

荧光灯的附件有启辉器和镇流器。镇流器是一个有铁芯的线圈,其主要作用就是启动时在启辉器的作用下产生高压脉冲,在工作时用于平衡灯管电压,电感器、启辉器和镇流器均是独立结构。电子式荧光灯将启辉器、镇流器和电容器的功能用电子元件组合成一个整体结构,它具有体积小、重量轻、无噪声、功率因数高、光无闪烁等优点。

荧光灯具有光效高、寿命长、显色性好（$Ra=70$）、表面温度低、表面亮度低等优点,但具有功率因数低、发光效率易受环境温度和电源频率影响、频闪效应、附件多、有噪声、不宜频繁开关等缺点。荧光灯广泛应用于图书馆、教室、办公室照明,也可用于隧道、地铁、商店照明。异型荧光灯、反射式荧光灯、彩色荧光灯常用于室内装饰照明。

(4)钠灯

钠灯是利用钠蒸气放电发光的气体放电灯。按钠蒸气的工作压力不同,钠灯可分为低压钠灯和高压钠灯两大类。

①低压钠灯

低压钠灯由抽真空的玻璃壳、放电管、电极和灯头构成。灯头采用插口灯头,玻璃壳内壁涂有氧化铟之类的透明性红外反射层。目前大多数钠灯利用开路电压较高的漏磁式变压器直接启动,触发电压在 400 V 以上,从启动到稳定需要 8～10 min。

特点:光色呈橙黄色,显色性差,发光效率最高,使用寿命长。

应用:由于穿透云雾能力强,故常用于铁路、公路、广场照明。

②高压钠灯

高压钠灯由放电管、硬玻璃外壳、双金属片、铌帽、金属支架、电极和灯头构成。放电管用半透明氧化铝陶瓷或全透明刚玉制成,耐高温,管内空气排出后充入钠蒸气、汞蒸气和氙气。

特点:光色为金黄色且优于低压钠灯,显色指数($Ra=30$)较低,体积小,亮度高,紫外线辐射少,寿命长,发光效率高,透雾性好,属节能型电光源。

应用:广泛应用于大厂房、车站、广场、体育馆、城市道路照明,因再启动时间较长,故不能用作应急照明或其他需要迅速点亮的场所,也不宜用于需要频繁开启和关闭的地方,否则会影响其使用寿命。

(5)汞灯

汞灯是利用汞蒸气放电发光原理制成的气体放电灯。按汞蒸气气压的大小不同,汞灯可分为低压汞灯和高压汞灯。

低压汞灯的光色为蓝青色,显色性差且发光效率较低,普通汞灯已逐步被钠灯取代。

高压汞灯的发光效率高,使用寿命长,但光色指标差,点亮和再点亮时间较长,必须有附件才能使用,且附件的质量对光源的影响较大。汞灯一般用于街道、车站等室外照明,但不推荐应用。

(6)金属卤化物灯

金属卤化物灯是在高压汞灯的基础上,在放电管中加入了各种不同的金属卤化物,它依靠这些金属原子的辐射,提高灯管内金属蒸气的压力,有利于提高发光效率,从而获得比高压汞灯更高的发光效率和显色性。

金属卤化物灯具有发光体积小、亮度高、重量轻、显色性较好及发光效率高等特点。它具有很好的发展前景,常作为室外场所照明,如广场、车站、码头等大面积场所。

(7)电光源的性能比较与选用

①电光源的性能指标

电光源的性能指标主要是发光效率、使用寿命和显色性。发光效率是指光源在额定状态和单位电功率下所产生的光通量。通过对各种光源性能指标对比可知:发光效率较高的有钠灯、金属卤化物灯和荧光灯;显色性较好的有白炽灯、卤钨灯、荧光灯、金属卤化物灯;显色性最差的为低压钠灯、低压汞灯;使用寿命较长的有高压汞灯、高压钠灯;启动性能较好

(能瞬时启动和再启动)的有白炽灯和卤钨灯;电压变化对电光源影响最大的是钠灯,其次是白炽灯和卤钨灯,影响最小的是荧光灯;气体放电灯受电源频率影响较大,频闪效应较为明显。

②电光源的选用

● 按照明设施的目的和用途选择电光源(主要是照度要求)。

● 按环境要求选择电光源。

● 按投资与年运行费用选择电光源。

**2.灯具**

灯具的作用是固定和保护光源,并使光源与电源可靠地连接,其另外一个作用是合理地分配光输出,美化和装饰环境。

(1)灯具的分类

灯具的分类方法有很多,这里主要介绍以下三种分类方法:

①按安装方式和用途分类

按安装方式分为:顶棚嵌入式、顶棚吸顶式、悬挂式、壁灯、高杆灯、落地式、台式、庭院式等。

按灯具用途分为:

● 实用照明灯具(工作照明),是指符合高效率、低眩光的要求,并以照明功能为主的灯具。大多数常用灯具均为实用照明灯具。

● 应急、障碍照明灯具。

● 临时照明灯具。

● 装饰照明灯具,如大型吊灯、草坪灯等。

②按灯具的外壳结构和防护等级分类

按外壳结构分为:开启式灯具(光源与外界环境直接相通);闭合型灯具;密闭型灯具(内外空气不能流通,可作为防潮、防水、防尘场所的照明灯具);防爆安全型灯具(可避免灯具正常工作中产生的火花而引起爆炸);隔爆型灯具(结构结实,并有一定的隔爆间隙);防腐型灯具(外壳用防腐材料制成,且密封性好,适用于含有害腐蚀性气体的场所)。

按灯具外壳防护等级分为:

● 防止人体触及或接近外壳内部的带电部分;

● 防止固体异物进入外壳内部,防止水进入外壳内部达到有害程度;

● 防止潮气进入外壳内部达到有害程度。目前采用特征字母"IP"后面跟两个数字来表示灯具的防尘和防水等级。

③按防触电保护分类

为了保证电气安全,灯具所有带电部分必须采用绝缘材料加以隔离,灯具的这种保护人身安全的措施称为防触电保护。根据防触电保护方式,灯具可分为 0、Ⅰ、Ⅱ 和Ⅲ 四类,从电气安全角度看,0 类灯具的安全保护程度低,Ⅰ、Ⅱ类灯具的安全保护程度较高,Ⅲ 类灯具的安全保护程度最高。在使用条件或使用方法恶劣的场所应使用Ⅲ类灯具,一般情况下可采用Ⅰ类或Ⅱ类灯具。

(2)灯具的选择

灯具的选择应首先满足使用功能和照明质量的要求,同时要便于安装与维护,并且长期运行费用低,应优先采用高效节能的电光源和高效灯具,所以灯具选择的基本原则如下:

①合适的配光特性,如光强分布、灯具的表面亮度、保护角等。

②符合使用场所的环境条件,如在潮湿房间或含有大量灰尘的场所,则应选用防水防尘灯具;在有易燃气体的场所,应采用防爆型灯具。

③符合防触电保护要求。

④经济性好,如灯具光输出比、电气安装容量、初投资及维护运行费用。

⑤外形与建筑风格相协调。

(3)灯具的布置

灯具的布置就是确定灯具在房间内的空间位置,它与光的投射方向、工作面的照度、照度的均匀性、眩光的限制以及阴影等都有直接影响,灯具布置得是否合理还关系到照明安装容量、投资费用以及维修方便与安全等方面。

室内照明一般采用均匀布置,需要考虑工作人员在室内任何地方进行工作的可能性,各点照度差别不能过大。均匀布置是否合理主要取决于距高比是否恰当,所谓距高比($L/h$)是指灯具的间距 $L$ 和计算高度 $h$ 的比值。

灯具悬挂尺寸示意图如图 5-12 所示,房屋高度 $H$ 减去垂度 $h_c$,即为灯具的悬挂高度 $h_s$,悬挂高度 $h_s$ 减去工作面高度 $h_s'$,即得计算高度 $h$。

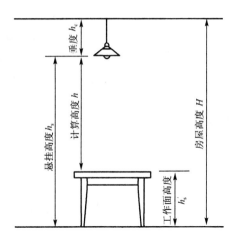

图 5-12　灯具悬挂尺寸示意图

根据使用和安全要求,室内灯具离地面有一个最低悬挂高度,荧光灯不应低于 2 m,卤钨灯不应低于 6 m。

# 学习情境 3　防雷接地系统

## 一、雷电的危害

### 1.雷电的形成

雷电是自然界中一种常见的放电现象,是发生在大气层中的声、光、电物理现象。雷云对地面泄放电荷的现象称为雷击。

**2.雷电过电压的种类**

雷电可分为直击雷、间接雷击和雷电侵入波三类。

(1)直击雷

它是指雷电直接击中电气设备、线路或建(构)筑物,其过电压引起强大的雷电流通过这些物体放电入地,从而产生破坏性极大的热效应和机械效应,相伴的还有电磁效应和闪络放电,这种雷电过电压又称直击雷。

(2)间接雷击

它是指由雷电对设备、线路或其他物体产生静电感应或电磁感应而引起的过电压。这种雷电过电压又称感应过电压或感应雷。

架空线路在附近出现对地雷击时极易产生感应过电压。当雷云出现在架空线路上方时,线路上由于静电感应而积聚大量异性的束缚电荷,当雷云对其他地方放电后,线路上的束缚电荷被释放而形成自由电荷,向线路两端泄放,形成电位很高的过电压。高压线路上的感应过电压可高达几十万伏,低压线路上的感应过电压也可达几万伏,对供配电系统和建筑物的危害很大,特别是严重威胁人身安全。

(3)雷电侵入波

由于直击雷或感应雷而产生的高电压雷电波,沿架空线路或金属管道侵入变配电所或用户,称为雷电侵入波。据统计,电力系统中由于雷电波侵入而造成的雷害事故,占整个雷害事故的 50%～70%,比例很大,因此对雷电波侵入的防护应予以足够重视。

## 二、防雷装置的组成及安装

建筑物的防雷装置由接闪器、引下线、接地装置三部分组成。

**1.接闪器**

接闪器是吸引和接收雷电流的金属导体,常见的接闪器有避雷针、避雷带、避雷网和金属屋面等。

(1)避雷针

接闪的金属杆称为避雷针。它的实质功能是引雷。当雷电先导临近地面时,它能使雷电场产生畸变,从而将雷云放电的通道由原来可能向被保护物体发展的方向吸引到避雷针本身,然后经引下线和接地装置将雷电流引入地下,使被保护的线路、设备、建筑物免受直接雷击。

避雷针一般采用镀锌圆钢或镀锌钢管制成。它通常安装在电杆(支柱)或构架建筑物上,它的下端要经金属引下线与接地装置连接。

(2)避雷线

接闪的金属线称为避雷线,又称架空地线。其功能与避雷针基本相同,本质上也起到引雷作用。

避雷线应有足够的截面和机械强度,一般采用镀锌钢绞线,截面不小于 35 mm²,在腐蚀性较大的场所还应适当加大截面或采取其他防腐措施;当档距大于 200 m 时,截面宜不小于 50 mm²。避雷线应架设在架空线路的上方,以保护架空线路或建(构)筑物免遭直接雷击。

(3)避雷带和避雷网

接闪的金属带称为避雷带。接闪的金属网称为避雷网。避雷带和避雷网主要用来保护高层建筑物免遭直击雷和感应雷。避雷带和避雷网宜采用圆钢和扁钢。圆钢直径应不小于8 mm;扁钢截面应不小于48 mm²,其厚度应不小于4 mm。当烟囱上采用避雷环时,其圆钢直径应不小于12 mm;扁钢截面应不小于100 mm²,其厚度应不小于4 mm。装于屋顶四周的避雷带,应高出屋顶100~150 mm,砌外墙时每隔1.0 m预埋支持卡子,转弯处支持卡子间距0.5 m,装于平面屋顶中间的避雷网,为了不破坏屋顶的防水防寒层,需现场制作混凝土块,做混凝土块时也要预埋支持卡子,然后将混凝土块每间隔1.5~2 m摆放在屋顶需装避雷带的地方,再将避雷带焊接或卡在支持卡子上。

**2.引下线**

引下线的功能是将接闪器收到的雷电流引至接地装置。它一般采用直径不小于8 mm的圆钢或截面不小于48 mm²并且厚度不小于4 mm的扁钢,烟囱上的引下线宜采用直径不小于12 mm的圆钢或截面不小于100 mm²并且厚度不小于4 mm的扁钢。

建筑物上至少要设两根引下线,可以明敷设和暗敷设。明敷设是沿建筑物或构筑物外墙敷设,距地面1.5~1.8 m处装设断接卡子(一般不少于两处),从地面以下0.3 m至地面以上1.7 m处应套保护管。暗敷设是将引下线砌于墙内或利用建筑物柱内的对角主筋可靠焊接而成。若利用柱内钢筋作引下线时,可不设断接卡子,但应在外墙距地面0.3 m处设连接板,以便测量接地电阻。

**3.接地装置**

接地装置的作用是接收引下线传来的雷电流,并以最快的速度泄入大地。接地装置包括接地线和接地体两部分,接地线是用来连接引下线与接地体的金属线,常用截面不小于25 mm²、厚度不小于4 mm的扁钢。

接地体分自然接地体和人工接地体两种。自然接地体是指兼作接地用的直接与大地接触的各种金属管道(输送易燃、易爆气体或液体的管道除外)、金属构件、金属井管、钢筋混凝土基础等。人工接地体是指人为埋入地下的金属导体,如50 mm×50 mm×5 mm镀锌角钢、50 mm镀锌钢管等。人工接地体又分为水平接地体和垂直接地体两种。水平接地体是指接地体与地面水平,而垂直接地体是指接地体与地面垂直。人工接地体水平敷设时一般用扁钢或角钢,垂直敷设时一般用角钢或钢管。接地体的最小规格见表5-1。

表5-1                                接地体的最小规格

| 种类 | 规格 | 地上 | | 地下 | 种类 | 规格 | 地上 | | 地下 |
|---|---|---|---|---|---|---|---|---|---|
| | | 室内 | 室外 | | | | 室内 | 室外 | |
| 圆钢 | 直径/mm | 5 | 6 | 6 | 角钢 | 厚度/mm | 2 | 2.5 | 4 |
| 扁钢 | 截面/mm² | 24 | 48 | 48 | 钢管 | 壁厚/mm | 2.5 | 2.5 | 3.5 |
| | 厚度/mm | 3 | 4 | 4 | | | | | |

对于敷设在腐蚀性强的场所或$\rho \leqslant 100\ \Omega \cdot m$的潮湿土壤中的接地装置,应适当加大截面或采用热镀锌。

为减少相邻接地体的屏蔽作用,垂直接地体的相互间距不宜小于其长度的两倍,水平接地体的相互间距可根据具体情况确定,但不宜小于5 m。垂直接地体长度一般为2.5 m,埋深应不小于 0.6 m,距建筑物出入口、人行道或外墙不应小于 3 m。

安装垂直接地体时要先在地面挖深度不小于 0.6 m 的沟,将垂直接地体端部加工成尖状,打入地下,将接地体与接地母线及引下线可靠焊接,再将土回填夯实即可。接地装置施工完毕,应测量接地电阻,第一、二类防雷建筑物的接地电阻 $R \leq 100$ Ω。

图 5-13 是接地装置示意图。其中接地线分接地干线和接地支线,电气设备接地的部分就近通过接地支线与接地网的接地干线相连。接地装置的导体截面应符合热稳定和机械强度的要求。

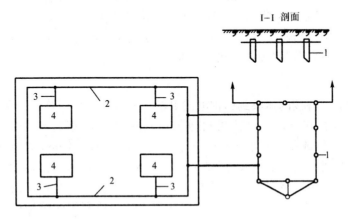

图 5-13   接地装置示意图
1—接地体;2—接地干线;3—接地支线;4—电气设备

避雷器是一种过电压保护设备,分为阀式和排气式等。避雷器用来防止雷电所产生的大气过电压沿架空线路侵入变电所或其他建筑物内,以免危及被保护设备的绝缘。避雷器可用来限制内部过电压,与被保护设备并联位于电源侧,其放电电压低于被保护设备的绝缘耐压值。避雷器的应用如图 5-14 所示。

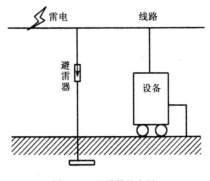

图 5-14   避雷器的应用

## 三、防雷措施

### 1. 建筑物的防雷分类

根据《建筑物防雷设计规范》(GB 50057—1994)规定,建筑物根据其重要性、使用性质、发生雷电事故的可能性和后果,按防雷要求可分为第一类防雷建筑物、第二类防雷建筑物和第三类防雷建筑物。

防雷建筑物的分类可参见《建筑物防雷设计规范》(GB 50057—1994)的有关规定。

**2. 建筑物易受雷击的部位**

建筑物易受雷击的部位与建筑物屋顶坡度有关,凡是凸出的尖角部位都易受雷击。不同屋顶坡度(0°、15°、30°、45°)均为建筑物的雷击部位,如图 5-15 所示。

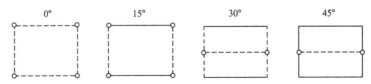

图 5-15  不同屋顶坡度建筑物的雷击部位

○为雷击率最高的部位;‥‥为可能遭受雷击的部位

避雷带(网)应沿图 5-15 所示建筑物易受雷击的部位敷设。

**3. 建筑物的防雷措施**

对第一、第二类防雷建筑物应考虑直击雷、雷电感应和雷电波侵入的防雷措施,对第三类防雷建筑物主要考虑防直击雷和防雷电波侵入的措施。

(1)第一类防雷建筑物的防雷措施

①防直击雷的措施

屋面装设避雷网(金属网格)或避雷带。避雷网格尺寸不大于 10 mm×10 mm。避雷网分明装和暗装两种。如果是上人的屋顶,可敷设在顶板内 5 cm 处;不上人的屋顶,可敷设在顶板上 15 cm 处。对于凸出屋面部分,应沿着其顶部设避雷针或环状避雷带。若凸出屋面部分为金属物体时可以不装,但应与屋面避雷网可靠连接。当有三条及以上的平行避雷带时,每隔不大于 24 m 处需相互连接。

高层建筑从首层起,每隔三层沿建筑物周围装设均压环。均压环可利用结构圈梁水平钢筋或扁钢构成。所有引下线、建筑物内的金属结构和金属物体等均应与均压环连接。为防侧击雷,自 30 m 以上,每隔三层沿建筑物四周敷设一条 25 mm²×4 mm 的扁钢作为水平避雷带,并与引下线可靠连接。30 m 以上外墙上的栏杆、门窗等较大金属物体,应与防雷装置相连接。

防雷引下线不应少于 2 根,并应沿建筑物四周均匀或对称布置,其间距不应大于 18 m。当利用建筑物钢筋混凝土中的钢筋作为防雷引下线时,可按跨度设置引下线,但引下线的间距不应大于 18 m,且建筑物外廊各个角上的钢筋应被利用。

接地装置应围绕建筑物敷设成一个闭合环路。冲击接地电阻不应大于 10 Ω,并应和电气设备接地装置所有进入建筑物的金属管道相连。

②防雷电感应的措施

● 防静电感应的措施。为了防止静电感应产生火花,建筑物内较大的金属物体(如设备、管道、框架、电缆外皮、钢屋架、钢窗等)和凸出屋面的金属物体(如风管等)均应与接地装置可靠连接,可使因感应而产生的静电荷迅速地流入大地中,避免雷电感应过电压的产生。

● 防电磁感应的措施。为了防止电磁感应产生的火花,平行敷设的金属管道、金属构架和电缆金属外皮等互相靠近的金属物体,其净距小于 100 mm 时,应采用金属线跨接,跨接点的间距不应大于 30 m。交叉净距小于 100 mm 时,其交叉处亦应跨接。

防雷电感应的接地装置的工频接地电阻不应大于 10 Ω。

③防雷电波侵入的措施

低压线路宜全线采用电缆直接埋地敷设,在入户端应将其外皮、钢管接到防雷电感应的接地装置上。当全线采用电缆有困难时,在入户端一段可用铠装电缆引入,埋地长度不应小于 15 m。在电缆与架空线路连接处,应装阀型避雷器。避雷器、电缆金属外皮和绝缘子铁脚应连在一起接地,其冲击接地电阻不应大于 10 Ω。

对于进入建筑物的埋地金属管道及电气设备的接地装置,应在入户处与防雷接地装置连接。建筑物内的电气线路采用钢管配线时,对于垂直敷设的电气线路,应在适当部位装设带电部分与金属外壳间的击穿保护装置。垂直敷设的主干金属管道应尽量设在建筑物内的中部和屏蔽的竖井中。

(2)第二类防雷建筑物的防雷措施

①防直击雷的措施

在屋顶的屋脊、屋檐、屋角、女儿墙等易受雷击部位装设环形避雷带,屋面上任何一点距避雷带不应大于 10 m。当有三条及以上平行避雷带时,每隔不大于 30 m 处需相互连接一次。若采用避雷带与避雷针混合组成的接闪器,所有避雷针应与避雷带相互连接。当采用避雷网保护时,网格不大于 15 mm×15 mm。

对高度超过 45 m 的钢筋混凝土结构、钢结构的第二类防雷建筑物,为防侧击雷,应使钢构架和混凝土的钢筋互相连接;应利用钢柱或柱子钢筋作为引下线;应将 45 m 及以上外墙上栏杆、门窗等较大金属物体与防雷装置相连接;应将竖直敷设的金属管道及金属物体的顶端和底端与防雷装置连接。

防雷引下线不少于 2 根,其间距不宜大于 20 m。当利用建筑物钢筋混凝土中的钢筋作为防雷引下线时,可按跨度设置引下线,但引下线的间距不应大于 20 m,且建筑物外廊各个角上的钢筋应被利用。

防直击雷和防雷电感应宜共用接地装置,冲击接地电阻不应大于 10 Ω,并与电气设备等接地共用同一接地装置,与埋地金属管道相连。在共用接地装置与埋地金属管道相连情况下,接地装置宜围绕建筑物敷设成环形接地体。

②防雷电感应的措施

建筑物内的设备、管道、桥架等主要金属物体,应就近接到防雷接地装置或者电气设备的保护接地装置上。

平行敷设的管道、桥架和电缆金属外皮等金属物体的要求与第一类防雷建筑物防雷电感应的措施相同。

③防雷电波侵入的措施

当低压线路全长采用埋地电缆或在架空金属线槽的电缆引入时,在入户端应将电缆金属外皮、金属线槽接地,并应与防雷接地装置相连。

低压架空线应采用一段不小于 15 m 的金属铠装电缆或护套电缆穿钢管直接埋地引入。电缆与架空线连接处应装设避雷器。避雷器、电缆金属外皮、钢管和绝缘子铁脚等应连在一起接地,其冲击接地电阻不应大于 10 Ω。

对于进出建筑物的各种金属管道及电气设备的接地装置,应在进出处与防雷接地装置连接。

（3）第三类防雷建筑物的防雷措施

①防直击雷的措施

可在易受雷击部位装设避雷带或避雷针。当采用避雷带时,屋面上任何一点距避雷带不应大于 10 m。当有三条及以上的平行避雷带时,每隔 30～40 m 处需相互连接。平屋面的宽度不大于 20 m 时,可仅沿周边敷设一圈避雷带。当建筑物高度超过 60 m 时,应采取防侧击雷的措施。

引下线不应少于 2 根,其间距不应大于 25 m。

接地装置的冲击接地电阻不大于 30 Ω,并应与电气设备接地装置及埋地金属管道相连。

②防雷电波侵入的措施

对于低压架空进出线,应在进出处装设避雷器,并与绝缘子铁脚连在一起,接到电气设备的接地装置上。

进出建筑物的各种金属管道应在进出处与防雷接地装置连接。另外,高层建筑物的屋顶及侧壁的航空障碍灯灯具的全部金属体和建筑物的钢骨架在电气上应可靠连接,保持通路。高层建筑物的水管进口部位应与钢骨架或主要钢筋连接。水管竖到屋顶时应将其与屋顶的防雷装置连接。

## 四、电气装置的接地

电气设备的某部分与大地之间做良好的电气连接,称为接地,埋入地中并直接与大地接触的金属物体称为接地体或接地极。接地装置包括接地体和接地线两部分。

**1. 低压配电系统的接地形式**

低压配电系统按其中电气设备的外露可导电部分保护接地的形式不同,分为 TN 系统、TT 系统和 IT 系统。

（1）TN 系统

①TN-C 系统(图 5-16(a))

TN-C 系统的电源中性点引出一根保护中性线(PEN 线),其中设备的外露可导电部分均接至 PEN 线。这种系统不适用于对抗电磁干扰要求高的场所。此外,如果 PEN 线断线,可使接 PEN 线的设备的外露可导电部分带电而造成人身触电危险。因此,TN-C 系统也不适用于安全要求较高的场所,包括住宅建筑物。

②TN-S 系统(图 5-16(b))

TN-S 系统的电源中性点分别引出 N 线和 PE 线,其中设备的外露可导电部分均接至 PE 线。这种系统适用于对抗电磁干扰要求较高的数据处理、电磁检测等实验场所,也适用于安全要求较高的场所,如潮湿易触电的浴池及居民住宅内。

③TN-C-S 系统(图 5-16(c))

TN-C-S 系统是在 TN-C 系统的后面,部分或全部采用 TN-S 系统,其中设备的外露可导电部分接至 PEN 线或接至 PE 线。此系统经济实用,在现代企业和民用建筑物中应用日益广泛。

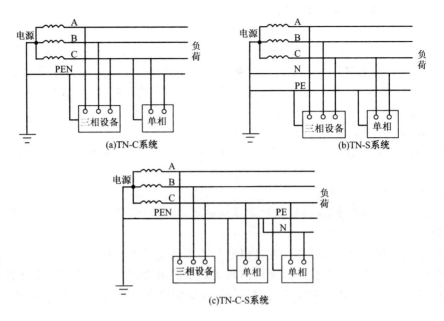

图 5-16 低压配电的 TN 系统

（2）TT 系统（图 5-17）

TT 系统的电源中性点与 TN 系统一样，也直接接地，并从中性点引出一根中性线（N线），以通过三相不平衡电流和单相电流，但该系统中设备的外露可导电部分均经各自的 PE线单独接地。因此，这种系统也适用于对抗电磁干扰要求较高的场所。

（3）IT 系统（图 5-18）

IT 系统的电源中性点不接地，或经高阻抗（约 1000 Ω）接地，没有中性线（N 线），而系统中设备的外露可导电部分均经各自的 PE 线单独接地。这种系统主要用于对连续供电要求较高或对抗电磁干扰要求较高及易燃易爆危险场所，如矿山、井下等。

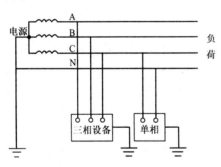

图 5-17 低压配电的 TT 系统

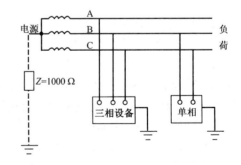

图 5-18 低压配电的 IT 系统

**2.重复接地**

在电源中性点直接接地的 TN 系统中，为确保公共 PE 线或 PEN 线安全可靠，除在电源中性点进行工作接地外，还必须在 PE 线或 PEN 线的下列地方进行必要的重复接地：

①在架空线路的干线和分支线的终端及沿线每隔 1 km 处；

②电缆和架空线路在引入车间或大型建筑物处。

否则，在 PE 线或 PEN 线发生断线并有设备发生一相接地故障时，接在断线后面的所有设备的外露可导电部分将呈现接近于相电压的对地电压,这是很危险的。

**3.建筑物的等电位联结**

在电气装置或某一空间内,将所有金属可导电部分以恰当的方式互相连接,使其电位相等或相近,从而消除或减小各部分之间的电位差,有效地防止人身遭受电击、电气火灾等事故的发生,此类连接称为等电位联结。

(1)等电位联结的分类

等电位联结分为总等电位联结(代号为 MEB)、辅助等电位联结(代号为 SEB)和局部等电位联结(代号为 LEB)。

总等电位联结如图 5-19 中的 MEB 所示,是指在建筑物的电气装置范围内,将其建筑物构件、各种金属管道、电气系统的保护接地线(PE 线)和人工或自然接地装置通过总电位连接端子板(条)互相连接,以降低建筑物内间接接触电压和不同金属部件间的电位差,并消除自建筑物外经电气线路和各种金属管道以及金属件引入的危险故障电压的危害。

辅助等电位联结(SEB)是将两个或几个可导电部分进行电气连通,直接做等电位联结,使其故障接触电压降至安全限制电压以下。辅助等电位联结线的最小横截面面积为:有机械保护时,采用铜导线的最小横截面面积为 2.5 $\text{mm}^2$,采用铝导线的最小横截面面积为 4 $\text{mm}^2$;无机械保护时,铜、铝导线的最小横截面面积均为 4 $\text{mm}^2$;采用镀锌材料时,圆钢为 10 mm,扁钢为 20 $\text{mm}^2 \times 4$ mm。

局部等电位联结如图 5-19 中的 LEB 所示,是指在某一个局部范围内,通过局部等电位端子板(条),将多个辅助等电位联结。

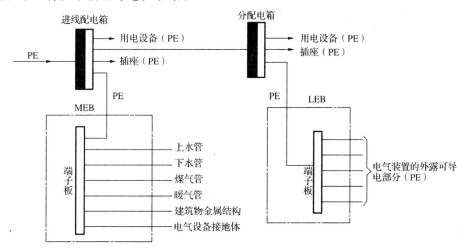

图 5-19 总等电位联结和局部等电位联结

(2)低压接地系统对等电位联结的要求

①建筑物内的总等电位联结导体应与下列可导电部分互相连接:

● 保护线干线、接地线干线;

● 金属管道,包括自来水管、燃气管、空调管等;

● 建筑结构中的金属部分以及来自建筑物外的可导电体;

● 来自建筑物外的可导电体,应在建筑物内尽量靠近入口处与等电位联结导体连接。

②建筑物内的辅助等电位联结应与下列可导电部分互相连接:

- 固定设备的所有能同时触及的外露可导电部分；
- 设备或插座内的保护导体；
- 装置外的可导电部分，建筑物结构主筋。

等电位联结的电阻要求是：等电位联结端子板与其连接范围内的金属体末端间电阻不大于 3 Ω，并且使用后要定期测试。为了防止上述事故的发生，消除电位差或减小电位差是最有效的措施。采用等电位联结的方法，能有效地消除或减小电位差，使设备及人员获得安全防范保护。

## 五、接地电阻的测量

接地装置施工完成后，使用之前应测量接地电阻的实际值，以判断其是否符合要求。若不符合要求，则需补打接地极。接地电阻的测量常用接地电阻测量仪，俗称接地摇表，因其自身能产生交变的接地电流，使用简单，携带方便，而且抗干扰性能较好，所以得到广泛应用。

接地电阻测量仪法的接线如图 5-20 所示。在测量之前，首先要切断接地装置与电源、电气设备的所有连接，然后沿被测接地装置 E′ 使电位探针 P′ 和电流探针 C′ 彼此相距 20 m，依直线形式排列，插入深度约 400 mm，按图 5-20 的接线方式，用导线将 E′、P′ 和 C′ 与接地电阻测量仪的相应端钮 E、P、C 连接。接好导线后，将接地电阻测量仪放置于接地体附近水平位置，检查检流计指针是否指在中心线上，若不在中心线位置，可用零位调整器将其调整在中心线上。测试时将"倍率标度"置于最大倍数，慢慢转动发电机的摇把，同时转动"测量标度盘"，检流计的指针指于中心线上。当检流计的指针接近于平衡时，加快发电机摇把的转速，使其达到 120 r/min，同时调整好"测量标度盘"，使指针指在中心线上。若"测量标度盘"的读数小于 1 时，应将"倍率标度"置于较小的倍数，再重新调整"测量标度盘"，以得到正确读数。用"测量标度盘"的读数乘以"倍率标度"的倍数，即得出被测接地体的接地电阻。

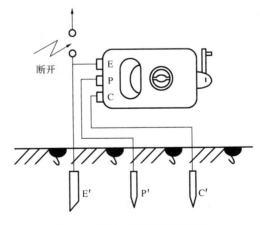

图 5-20　接地电阻测量仪法的接线

# 学习情境 4　建筑弱电系统

应用将电能转换为信号的电子设备（如放大器等），保证信号准确接收、传输和显示，以满足人们对各种信息的需要和保持相互联系的各种系统统称为建筑弱电系统。例如，有线电视系统、电话通信系统、建筑广播系统、火灾自动报警系统等。

## 一、有线电视系统

有线电视系统（CATV）是相对无线电视（开路电视）而言的一种新型的广播电视传输方式。由于有线电视摒弃了无线电视频道容量受限、接收质量无法保证的缺点，以其图像质量高、节目内容丰富、服务范围广而深受国内外电视用户的青睐。

### 1. 邻频传输的有线电视系统

图 5-21 所示为用邻频方式传送的有线电视系统。

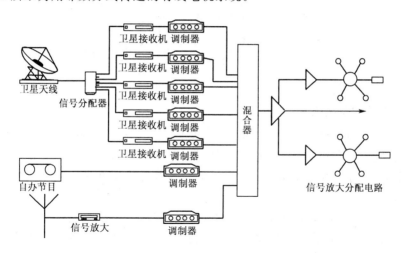

图 5-21　用邻频方式传送的有线电视系统

该有线电视系统主要由四个部分组成，即信号源接收系统、前端系统、信号传输系统和分配系统。从图 5-21 可以看出，输到前端设备的信号可能来自不同的信号源，前端设备要对来自不同信号源的信号进行必要的处理。根据信号源的不同，有线电视系统具有如下功能：

①接收和转播卫星电视节目。有线电视系统转播卫星电视节目需要增加一套卫星电视地面接收站。

②接收和转播当地电视台节目和广播台调频广播。由电视台开路发射的 VHF/UHF 电视信号通过单频道的天线接收，当信号较强时，则可以直接进入前端，即先通过带通滤波器消除杂波，然后通过邻频道放大器将信号送入混合器。

③播放自办的节目。播放录像带、VCD、DVD 等，现场活动实况转播以及自己编辑制作的电视节目。

城市有线电视网络正向着干线以光缆为主并混合以上三种传送方式组成的传送系统的

方向发展。光缆干线衰减小,频道容量大,传输距离长,但设备费用较高。光放大器把电信号转换成光信号通过光缆传送,然后还需将光信号还原成电信号再传送给电视用户。微波传输适用于地形特殊的地区,如穿越河流或禁止挖掘路面埋设电缆的特殊情况。

　　光缆的干线传输也称为光纤传输,如图 5-22 所示。随着有线电视网的迅速发展和普及,要求电视信号的传输距离不断加长。传统的电缆传输方式在传输损耗、温度特性、系统可靠性、复杂度及传输信号质量等方面的弱点随传输距离的加长而更加突出。与之相比,光缆传输方式以其优良的性能而成为有线电视长距离干线传输的主流。

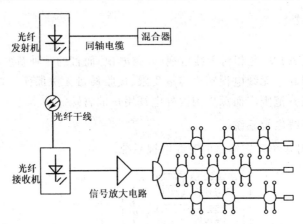

图 5-22　光纤传输系统

### 2. 双向传输的有线电视系统

　　近年来,随着有线电视技术的不断成熟,使有线电视的双向传输成为可能,而有线电视的经营者能够并且愿意在双向传输的领域内发挥作用,如通过各种电信业务跨越时间和空间,并希望提供娱乐性服务。如今双向传输的有线电视系统的最大特点是提供交互式业务,即对话式业务。

　　所谓双向传输的有线电视系统是指除了经前端将信号分配到各用户外,还可以从用户或分配点将信息传送到前端或其他用户。电视信号从前端设备传向用户的方向称为下行方向,反之称为上行方向。

## 二、电话通信系统

### 1. 电话通信系统概述

　　电话通信系统有三个组成部分:电话交换设备、传输系统和用户终端设备。通常我们在智能大厦系统中所使用的交换设备为程控电话交换机,它是负责接通电话用户通信线路的专用设备。

　　电话交换机的发展很快,它从人工电话交换机(磁石式交换机、共电式交换机)发展到自动电话交换机,又从机电式自动电话交换机(步进制交换机、纵横制交换机)发展到电子式自动电话交换机,以至最先进的程控电话交换机。程控电话交换机是当今世界上电话交换技术发展的主要方向,近年来已在我国普遍使用。

　　程控电话交换机根据技术结构可以分为程控模拟交换机和程控数字交换机,现在广泛使用的是程控数字交换机。

### 2. 程控数字交换机

通常的电话网是以交换机为主体而构成的电路交换型信息网络,目前它所承载的业务虽以模拟电话和传真为主,但随着综合业务程控交换技术的发展,现今它已配有各种接口,也可传送数字电话、计算机数据和图像等信息。

程控数字交换机实质上是通过计算机的"存储程序控制"来实现各种接口的电路接续、信息交换及其他的控制、维护、管理功能。程序交换的基本结构框图如图 5-23 所示。

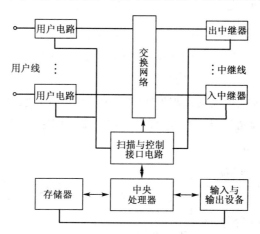

图 5-23　程序交换的基本结构框图

程控数字交换机系统具有极强的组网功能,可提供各种接口的信令,具有灵活的分组编码方案,以及预选、直达、迂回路由和优选服务等级等功能。除了具有通常的多种模拟信号中继线外,还具有速率为 2.04 Mbps 的数字中继线,可提供中国一号信令、CCITT No.07 信令、环路、ISDN 信令,能以"DOD＋DID"的方式接入公用电话网。

## 三、建筑广播系统

建筑广播系统是在大型建筑内部,为满足紧急通知(如指挥消防疏散等)、统一报告(如广播新闻、安排工作等)和播放音乐等需要而设置的广播系统。

### 1. 系统的组成

建筑广播系统一般由播音室、线路和放音设备三部分组成。

播音室中一般设置收音、拾音、录音、话筒、扩音和功率放大等设备。由供电线路引入播音室,向放大设备供电。广播信号线路在建筑内可明敷设或暗敷设。放音设备可以是安装在走道、餐厅等公共场所的扬声器,也可以是分布在客房内由多功能床头柜控制的收音机。

### 2. 系统的类型

建筑广播系统一般分为以下三类:

(1)集中播放、分路广播系统。即用同一台扩音机,作单信道分多路同时广播相同的内容。这是传统的系统,如图 5-24 所示。

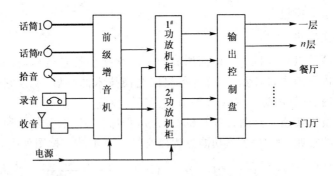

图 5-24 集中播放、分路广播系统

这种系统不能满足在建筑内不同场所同时播放不同内容的要求,使用不便,音响质量差,可靠性低,耗电多,是一种落后的系统。

(2)利用 CATV 系统传输的高难度频调制式广播系统。它是在 CATV 系统的前端室,将音频信号调制成射频信号,经同轴电缆送至用户多功能床头柜,经频道解调器解调后被收音机接收,如图 5-25 所示。

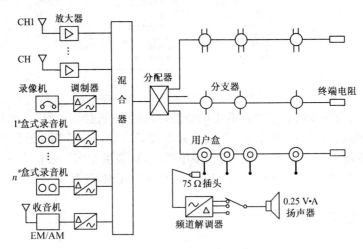

图 5-25 利用 CATV 系统传输的高难度频调制式广播系统

这种系统技术先进,传输线路少,施工方便。但技术复杂、维护困难、音质较差,而且不能解决公共场所广播及紧急广播等技术问题(仍需采用音频传输系统),故有待改进。

(3)多信道多路集散控制广播系统。它是应用集散控制理论研制出的先进广播系统。已投入使用的该类系统,可以在 12 个区域同时播放 8~12 种不同的内容,满足各不相同的需要。现已形成的 DK-1 型集散控制自动广播系统可广泛应用于大型旅馆、饭店、工厂、学校、机场、车站、体育馆、俱乐部等各类公共建筑中。该系统若应用于剧院,可在前排、后排、中排、天棚、墙面、休息厅等处,同时播放出不同的音调和音响;若应用于学校,可在生活区、办公楼、不同教室同时播放不同内容;若应用于火车站中,可在某一候车室通知检票,在某一站台通知接车,在一些地方广播旅行常识,而在另一些地方广播找人。这是一种具有很大发展前景的广播系统,如图 5-26 所示。

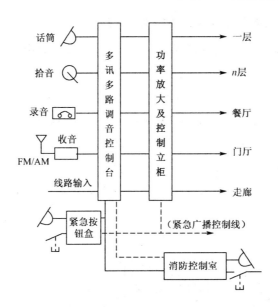

图 5-26  多信道多路集散控制广播系统

## 四、火灾自动报警系统

消防弱电系统是新建建筑物中弱电系统的重要组成部分,也是受国家强制性规范约束的系统之一,在建筑电气中的重要性越来越强。智能消防系统由火灾自动报警系统和消防联动控制系统两部分组成。

**1. 火灾自动报警系统的组成**

火灾自动报警系统一般由火灾探测器、建筑物内的布线和火灾报警控制器三部分组成。

(1)火灾探测器。是指可以将某种火灾参数转变为相应电信号的设备。根据所探测参数的不同,火灾探测器可以分为多种。

火灾探测器应布置在火灾参数最容易到达的地方,使空间任一点发生火灾时都能使火灾参数在最短时间内到达探测器。布置火灾探测器时还应做到既便于值班人员进行检查、维护,又使一般人员不易随便接触;既考虑安装和布线的要求,又顾及建筑物上的美观性。

(2)建筑物内的布线。从探测器到控制器之间的导线,应穿钢管敷设,一方面可起安全防火作用,另一方面可起屏蔽、抗干扰作用。布线钢管和接线盒、控制器外壳应可靠地连成一体,并单独接地(决不能和避雷设施共用地线)。

(3)火灾报警控制器。是火灾报警系统的核心设备,按用途可分为区域控制器和集中控制器两种;按工作方式可分为并行信号收集型和地址串行信号收集型两类;按结构形式可分为台式和壁式两种,台式可放在台上或桌上,壁式需外挂或嵌入墙内。配套部件有配线箱、浮充电源、多探测器接口、火灾显示灯、火灾报警开关和火灾讯响器等设备。火灾报警控制器连同其各种配套设备,常需集中安装在专门的防火中心控制室中。

**2.火灾自动报警及消防联动控制系统的工作原理**

我国标准《火灾自动报警系统设计规范》(GB 50116—1998)中纳入了消防联动控制的技术要求,强调火灾自动报警系统具有火灾监测和联动控制两个不可分割的组成部分。

火灾自动报警及消防联动控制系统(FAS)是人们为了及早发现和通报火灾,并及时采取有效措施控制和扑灭火灾而设置在建筑物中的一种自动消防设施,在消防工作中起着重要作用。其功能是对火灾发生进行早期探测和自动报警,并能根据火情位置及时对建筑物内的消防设备、配电、照明、广播以及电梯等装置进行联动控制,灭火、排烟、疏散人员,确保人身安全,最大限度地减少损失。火灾自动报警及消防联动控制系统结构框图如图 5-27 所示。

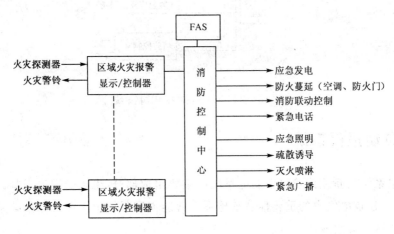

图 5-27 火灾自动报警及消防联动控制系统结构框图

火灾自动报警及消防联动控制系统由火灾探测器、区域或集中控制器、联动控制系统、消防广播系统、消防通信系统及现场执行元件(火灾警铃、手动按钮等)组成。它作为建筑智能化系统之一,对火灾发生进行早期探测和自动报警,显示火灾发生区域,实时记录火灾地点、时间及有关火警信息,并能根据火情位置及时输出联动消防动作信号,启动应急疏散诱导指示灯和紧急广播,引导疏散。

火灾发生初期,火灾探测器将现场探测到的温度或烟雾浓度等信号发给区域火灾报警控制器,区域火灾报警控制器对检测信号进行判断、处理,确定火情后,发出报警信号,显示报警信息,并将报警信息传送到消防控制中心,消防控制中心记录火灾信息、显示报警部位、协调联动控制,即按一系列预定的指令控制消防联动装置动作,例如,开启着火层及上下关联层的疏散警铃,打开消防广播通知人员尽快疏散;同时打开着火层及上下关联层电梯前室、楼梯前室的正压送风及排烟系统,排除烟雾;关闭相应的空调机及新风机组,防止火灾蔓延;开启紧急诱导照明灯;迫降电梯回底层,普通电梯停止运行,消防电梯投入紧急运行等。当着火场所温度上升到一定值时,自动灭火系统运作。

# 学习情境 5　建筑电气施工图识读

施工图是工程语言,应力求简练而又能直观地表明设计意图。电气施工图识读,就是明确图纸上表示工程中的电气部分是由什么电气设备、电气元件、电气线路组成的,各组成部分之间是怎样连接的,有些什么技术要求等,以便于正确编制施工预算,安排设备、材料的购置和组织施工。

## 一、建筑电气施工图

### 1.电气施工图的组成及内容

电气施工图的组成主要包括:图纸目录、设计说明、图例材料表、平面图、系统图和详图(安装大样图)等。

(1)图纸目录

图纸目录的内容是:图纸的组成、名称、张数、图号顺序等,绘制图纸目录的目的是便于查找。

(2)设计说明

设计说明主要阐明单项工程的概况、设计依据、设计标准以及施工要求等,主要是补充说明图面上不能利用线条、符号表示的工程特点、施工方法、线路、材料及其他注意事项。

(3)图例材料表

主要设备及器具在图例材料表中用图形符号表示,并标注其名称、规格、型号、数量、安装方式等。

(4)平面图

平面图是表示建筑物内各种电气设备、器具的平面位置及线路走向的图纸。平面图包括总平面图、照明平面图、动力平面图、防雷平面图、接地平面图、智能建筑平面图(如电话、电视、火灾报警、综合布线平面图)等。

(5)系统图

系统图是表明供电分配回路的分布和相互联系的示意图。具体反映配电系统和容量分配情况、配电装置、导线型号、导线截面、敷设方式及穿管管径,控制及保护电器的规格型号等。系统图分为照明系统图、动力系统图、智能建筑系统图等。

(6)详图

详图是用来详细表示设备安装方法的图纸,详图多采用全国通用电气装置标准图集。

### 2.电气施工图的表示

(1)常用图线

绘制电气施工图所用的各种线条统称为图线。电气施工图常用图线形式及应用见表5-2。

表 5-2                      电气施工图常用图线形式及应用

| 图线名称 | 图线形式 | 图线应用 | 图线名称 | 图线形式 | 图线应用 |
|---|---|---|---|---|---|
| 粗实线 | ▬▬▬▬ | 电气线路,一次线路 | 点划线 | —·—·—·— | 控制线 |
| 细实线 | ———— | 二次线路,一般线路 | 双点划线 | —··—··—·· | 辅助围框线 |
| 虚线 | -------- | 屏蔽线路,机械线路 | | | |

(2)图例符号和文字符号

电气施工图上的各种电气元件及线路敷设均用图例符号和文字符号来表示,识图的基础是首先要明确和熟悉有关电气图例与符号所表达的内容和含义。常用电力及照明平面图图例符号见表 5-3。

表 5-3                      常用电力及照明平面图图例符号

| 图例 | 名称 | 图例 | 名称 | 图例 | 名称 |
|---|---|---|---|---|---|
| ▬ | 电力配电箱(板) | ◗ | 暗装单相两线插座 | ▷◁ | 吊式电风扇 |
| ▬ | 照明配电箱(板) | ▲ | 暗装单相带接地插座 | ⊗ | 轴流风扇 |
| ○ | 各种灯具一般符号 | ✖ | 暗装三相带接地插座 | ⏚ | 风扇电阻开关 |
| ⊗ | 花灯 | ⌒ | 明装单相两线插座 | ◠ | 电铃 |
| Ⓕ | 非定型特制灯具 | ⌂ | 明装单相带接地插座 | ☉⌐ | 明装单极开关(单相二线) |
| ⊗ | 一般照明灯 | ⌒ | 明装三相带接地插座 | ●⌐ | 暗装单极开关(单相二线) |
| ▭ | 荧光灯列 | ● | 防水拉线开关(单相二线) | ☉⌐ | 明装双控开关(单相三线) |
| ▭ | 单管荧光灯 | ○ | 拉线开关(单相二线) | ●⌐ | 暗装双控开关(单相三线) |
| ▭ | 双管荧光灯 | ☉⌐ | 拉线双控开关(单相三线) | ✕ | 天棚灯座(裸灯头) |
| ⚡ | 管线引向符号 | ♀ | 吊线灯附装拉线开关 | ✕ | 墙上灯座(裸灯头) |

线路敷设方式文字符号见表 5-4。

表 5-4                      线路敷设方式文字符号

| 敷设方式 | 新符号 | 旧符号 | 敷设方式 | 新符号 | 旧符号 |
|---|---|---|---|---|---|
| 穿焊接钢管敷设 | SC | C | 电缆桥架敷设 | CT | |
| 穿电线管敷设 | MT | DG | 金属线槽敷设 | MR | GC |
| 穿硬塑料管敷设 | PC | VG | 塑料线槽敷设 | PR | XC |
| 穿阻燃半硬聚氯乙烯管敷设 | FPC | ZYG | 直埋敷设 | DB | |
| 穿聚氯乙烯塑料波纹管敷设 | KPC | | 电缆沟敷设 | TC | |
| 穿金属软管敷设 | CP | | 混凝土排管敷设 | CE | |
| 穿扣压式薄壁钢管敷设 | KBG | | 钢索敷设 | M | |

线路敷设部位文字符号见表 5-5。

**表 5-5**　　　　　　　　　　　　**线路敷设部位文字符号**

| 敷设方式 | 新符号 | 旧符号 | 敷设方式 | 新符号 | 旧符号 |
|---|---|---|---|---|---|
| 沿梁(屋架)或跨梁(屋架)敷设 | LM | C | 暗敷设在墙内 | WC | QA |
| 暗敷设在梁内 | BC | LA | 沿天棚或顶板面敷设 | CE | PM |
| 沿柱或跨柱敷设 | AC | ZM | 暗敷设在屋面或顶板内 | CC | PA |
| 暗敷设在柱内 | CLC | ZA | 吊顶内敷设 | SCE | |
| 沿墙面敷设 | WS | QM | 地板或地面下敷设 | F | DA |

标注线路用途的文字符号见表 5-6。

**表 5-6**　　　　　　　　　　　　**标注线路用途的文字符号**

| 名称 | 常用文字符号 | | | 名称 | 常用文字符号 | | |
|---|---|---|---|---|---|---|---|
| | 单字母 | 双字母 | 三字母 | | 单字母 | 双字母 | 三字母 |
| 控制线路 | | WC | | 电力线路 | | WP | |
| 直流线路 | | WD | | 广播线路 | | WS | |
| 应急照明线路 | W | WE | WEL | 电流线路 | W | WV | |
| 电话线路 | | WF | | 插座线路 | | WX | |
| 照明线路 | | WL | | | | | |

线路的文字标注基本格式为

$$ab\text{-}c(d\times e+f\times g)i\text{-}jh$$

式中　$a$——线路编号；

　　　$b$——导线型号；

　　　$c$——线缆根数；

　　　$d$——线缆线芯数；

　　　$e$——线芯横截面面积，$mm^2$；

　　　$f$——PE、N、PEN 线芯数；

　　　$g$——线芯横截面面积，$mm^2$；

　　　$i$——线路敷设方式；

　　　$j$——线路敷设部位；

　　　$h$——线路敷设安装高度，m。

上述字母无内容时则省略相应部分。例如，BLX-3×4-SC20-WC 表示有 3 根横截面面积为 4 $mm^2$ 的铝芯橡皮绝缘导线，穿直径为 20 mm 的水煤气钢管沿墙暗敷设。

用电设备的文字标注格式为

$$\frac{a}{b}$$

式中　$a$——设备编号；

　　　$b$——额定功率，kW。

动力和照明配电箱的文字标注格式为

$$a\text{-}\frac{b}{c}$$

式中　$a$——设备编号；

　　　$b$——设备型号；

　　　$c$——设备功率，kW。

例如，$3\dfrac{\text{XL-3-2}}{35.165}$ 表示 3 号动力配电箱，其型号为 XL-3-2 型、功率为 35.165 kW。

照明灯具的文字标注格式为

$$a\text{-}b\dfrac{c\times d\times L}{e}f$$

式中　$a$——同一个平面内，同种型号灯具的数量；

　　　$b$——灯具的型号；

　　　$c$——每盏照明灯具中光源的数量；

　　　$d$——每个光源的容量，W；

　　　$e$——安装高度，当吸顶或嵌入安装时用"－"表示；

　　　$f$——安装方式；

　　　$L$——光源种类（常省略不标）。

灯具安装方式文字符号见表 5-7。

表 5-7　　　　　　　　　　　灯具安装方式文字符号

| 名称 | 新符号 | 旧符号 | 名称 | 新符号 | 旧符号 |
|---|---|---|---|---|---|
| 线吊式 | SW | | 顶棚内安装 | CR | DR |
| 链吊式 | CS | L | 墙壁内安装 | WR | BR |
| 管吊式 | DS | G | 支架上安装 | S | J |
| 壁装式 | W | B | 柱上安装 | CL | Z |
| 吸顶式 | C | D | 座装 | HM | ZH |
| 嵌入式 | R | R | | | |

## 二、电气施工图的识读

### 1. 电气施工图识读步骤

（1）先看图上的文字说明。文字说明的主要内容包括施工图图纸目录、图例材料表和设计说明等三部分。比较简单的工程只有几张施工图纸，往往不另外单独编制设计说明，一般将文字说明内容表示在平面图、剖面图或系统图上。

（2）看图上所画的电源从何而来，采用哪些供配电方式，使用多大横截面面积的导线，配电使用哪些电气设备，供电给哪些设备。不同的工程有不同的要求，图纸上表达的工程内容一定要搞清。

（3）看比较复杂的施工图时，首先看系统图，了解有哪些设备，有多少个回路，每个回路的作用和原理。然后再看安装图，了解各个元件和设备安装在什么位置，如何与外部连接，采用何种敷设方式等。

（4）熟悉建筑物的外貌、结构特点、设计功能和工艺要求，并与设计说明、电气图纸一道配套研究，明确施工方法。

(5)尽可能地熟悉其他专业(给排水、采暖、通风、弱电等)的施工图或进行多专业交叉施工座谈,了解有争议的空间位置或互相重叠现象,尽量避免施工过程中的返工。

**2.例图识读**

(1)电气照明平面图

图 5-28 所示为某车间电气照明平面图。车间里设有六台照明配电箱,即 AL11～AL16,从每台配电箱引出电源向各自的回路供电。如 AL13 箱引出 WL1～WL4 四个回路,均为 BV-2×2.5-S15-CEC,表示 2 根横截面面积为 2.5 mm² 的铜芯塑料绝缘导线穿直径为 15 mm 的钢管,沿顶棚暗敷设。灯具的标注格式 $22\dfrac{200}{4}$DS 表示灯具数量为 22 个,每个灯泡的容量为 200 W,安装高度为 4 m,吊管安装。

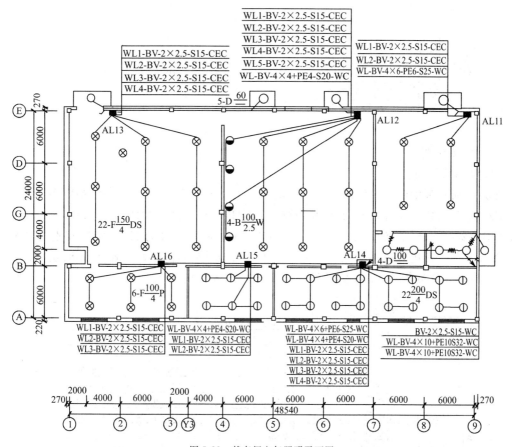

图 5-28　某车间电气照明平面图

(2)电气动力平面图

图 5-29 所示为某车间电气动力平面图。车间里设有四台动力配电箱,即 AL1～AL4。其中,AL1 $\dfrac{\text{XL-20}}{4.8}$ 表示配电箱的编号为 AL1,其型号为 XL-20,配电箱的容量为 4.8 kW,由 AL1 箱引出三个回路,均为 BV-3×1.5＋PE1.5-SC20-FC,表示 3 根相线横截面面积为 1.5 mm²,PE 线横截面面积为 1.5 mm²,均为铜芯塑料绝缘导线,穿直径为 20 mm 的焊接钢管,沿地暗敷设。配电箱引出回路给各自的设备供电,其中 $\dfrac{1}{1.1}$ 表示设备编号为 1,设备容量为 1.1 kW。

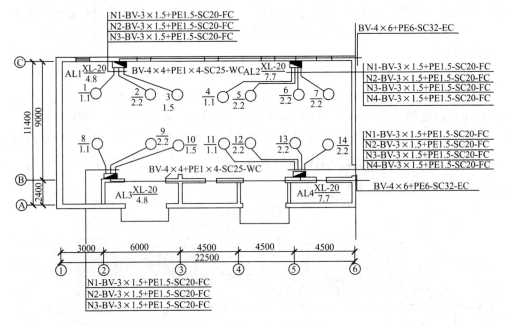

图 5-29  某车间电气动力平面图

（3）电气系统图

①配电箱系统图

图 5-30 所示为配电箱系统图。引入配电箱的干线为 BV-4×25＋16-SC40-WC；干线开关为 DZ216-63/3P-C32A；回路开关为 DZ216-63/1P-C10A 和 DZ216L-63/2P-16A-30mA；支线为 BV-2×2.5-SC15-CC 及 BV-3×2.5-SC15-FC。回路编号为 N1～N13；相别为 AN、BN、CN、PE 等。配电箱的参数为：设备容量 $P_e$＝8.16 kW；需用系数 $K_s$＝0.8；功率因数 $\cos\phi$＝0.8；计算容量 $P_{js}$＝6.53 kW；计算电流 $I_{js}$＝13.22 A。

AL1 XGM1R-2G.5G.3L
F3  暗装照明配电箱

| 开关 | 支线 | 回路 | 相别 | 数量 | 容量 | 用途 |
|---|---|---|---|---|---|---|
| DZ216-63/1P-C10A | BV-2×2.5-SC15-CC | N1 | AN | 11盏 | 0.84 kW | 照明 |
| DZ216-63/1P-C10A | BV-2×2.5-SC15-CC | N2 | BN | 12盏 | 0.96 kW | 照明 |
| DZ216-63/1P-C10A | BV-2×2.5-SC15-CC | N3 | CN | 6盏 | 0.36 kW | 照明 |
| DZ216-63/1P-C10A | BV-2×2.5-SC15-CC | N4 | AN | 10盏 | 0.8 kW | 照明 |
| DZ216-63/1P-C10A | BV-2×2.5-SC15-CC | N5 | BN | 12盏 | 0.94 kW | 照明 |
| DZ216-63/1P-C10A | BV-2×2.5-SC15-CC | N6 | CN | 9盏 | 0.68 kW | 照明 |
| DZ216-63/1P-C10A | BV-2×2.5-SC15-CC | N7 | AN | 14盏 | 0.28 kW | 照明 |
| DZ216L-63/2P-16A-30mA | BV-2×2.5-SC15-CC | N8 | BNPE | 6盏 | 0.6 kW | 插座 |
| DZ216L-63/2P-16A-30mA | BV-2×2.5-SC15-CC | N9 | CNPE | 6盏 | 0.6 kW | 插座 |
| DZ216L-63/2P-16A-30mA | BV-3×2.5-SC15-FC | N10 | CNPE | 8盏 | 0.8 kW | 插座 |
| DZ216L-63/2P-16A-30mA | | N11 | | | | 备用 |
| DZ216-63/3P-C10A | | N12 | | | | 备用 |
| DZ216-63/3P-C10A | | N13 | | | | 备用 |

干线开关 DZ216-63/3P-C32A
$P_e$=8.16 kW
$K_s$=0.8
$\cos\phi$=0.8
$P_{js}$=6.53 kW
$I_{js}$=13.22 A
BV-4×25+16-SC40-WC

图 5-30  配电箱系统图

②配电干线系统图

配电干线系统图表示各配电干线与配电箱之间的联系方式。图 5-31 所示为某住宅楼配电干线系统图。

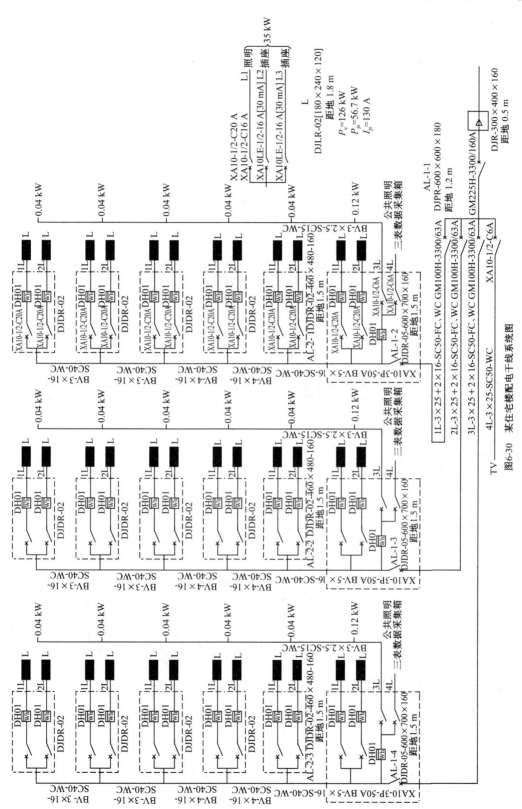

图6-30　某住宅楼配电干线系统图

● 本工程电源由室外采用电缆穿管直埋敷设引入本楼的总配电箱,总配电箱的编号为 AL-1-1。

● 由总配电箱引出四组干线回路 1L、2L、3L 和 4L,分别送至一单元、二单元、三单元一层电气计量箱和 TV 箱,即 AL-1-2 箱、AL-1-3 箱、AL-1-4 箱和电视前端设备箱 TV。1L、2L、3L 至一层电气计量箱的干线均为 3×25+2×16-SC50-FC、WC;4L 回路至电视前端设备箱 TV 为 3×25-SC50-WC。总开关为 GM225H-3300/160A,干线开关为 GM100H-3300/63A 和 XA10-1/2-C6A。

● 1L、2L、3L 回路均由一层电气计量箱再分别送至本单元的二层至六层电气计量箱,并受一层电气计量箱中 XA10-3P-50A 的空气开关的控制和保护。1L、2L、3L 回路由一层至二层的干线为 BV-5×16-SC40-WC;由二层至三、四层的干线为 BV-4×16-SC40-WC;由四层至五、六层的干线为 BV-3×16-SC40-WC。

● 除一层电气计量箱引出 3L、BV3×2.5-SC15-WC 公共照明支路、4L、三表数据采集箱外,所有电气计量箱均引出 1L 和 2L 支路接至每户的开关箱 L。

● 由开关箱 L 向每户供电。开关箱 L 引出一条照明回路和两条插座回路,其空气开关为 XA10-1/2-C16A、XA10-1/2-C20A 和 XA10LE-1/2-16A[30 mA]。

# 学习情境 6　建筑电气安装与土建、装饰专业配合

## 一、电缆的敷设

电缆的敷设方式很多,一般可直接埋地敷设或敷设于沟道、隧道、支架、穿管、竖井等。

### 1. 直埋电缆

当沿同一路径敷设的室外电缆根数为 8 根及以下且场地有条件时,宜采用直接埋地敷设。直埋电缆宜采用有外护层的铠装电缆,在无机械损伤可能的场所,也可采用塑料护套电缆或带外护层的铅(铝)包电缆。

直埋电缆的敷设示意图如图 5-32 所示,要求电缆直埋深度即电缆表面距地面的距离不小于 0.7 m,穿越农田时不应小于 1 m。在引入建筑物、与地下建筑物交叉及绕过地下建筑物处,可浅埋,但应采取保护措施。电缆应埋设在冻土层以下,当受条件限制时,应采取防止电缆受到损坏的措施。直埋电缆沟的宽度 $L$ 应满足表 5-8 的规定。

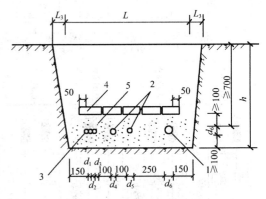

图 5-32　直埋电缆的敷设示意图
1—35 kV 电力电缆;2—10 kV 及以下电力电缆;
3—控制电缆;4—保护板;5—沙或软土

| 表 5-8 | 直埋电缆沟宽度表 | | | | | | |
|---|---|---|---|---|---|---|---|

| 电缆沟宽度 $L$/mm | | 控制电缆根数 | | | | | | |
|---|---|---|---|---|---|---|---|---|
| | | 0 | 1 | 2 | 3 | 4 | 5 | 6 |
| 10 kV 及以下电力电缆根数 | 0 | 350 | 380 | 510 | 640 | 770 | 900 | |
| | 1 | 350 | 450 | 580 | 710 | 840 | 970 | 1100 |
| | 2 | 500 | 600 | 730 | 860 | 990 | 1120 | 1250 |
| | 3 | 650 | 750 | 880 | 1010 | 1140 | 1270 | 1400 |
| | 4 | 800 | 900 | 1030 | 1160 | 1290 | 1420 | 1500 |
| | 5 | 950 | 1050 | 1180 | 1310 | 1440 | 1570 | 1800 |
| | 6 | 1100 | 1200 | 1330 | 1460 | 1590 | 1720 | 1850 |

**2. 电缆沟敷设**

同一路径敷设电缆的根数较多,而且按规划沿此路径的电缆线路有增加时,为施工及今后使用维护的方便,宜采用电缆沟敷设。电缆沟断面及各部分尺寸如图 5-33 及表 5-9 所示。

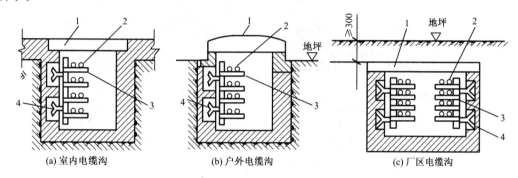

(a) 室内电缆沟　　　　(b) 户外电缆沟　　　　(c) 厂区电缆沟

图 5-33　电缆沟断面示意图

1—盖板;2—电缆;3—电缆支架;4—预埋铁件

| 表 5-9 | 电缆沟断面及各部分尺寸 | | |
|---|---|---|---|

| 间距各类 | | 电缆沟沟深/mm | |
|---|---|---|---|
| | | 600 以上 | 600 以下 |
| 通道宽度 | 两侧设支架 | 300 | 500 |
| | 一侧设支架 | 300 | 450 |
| 支架层间垂直距离 | 电力电缆 | 150 | 150 |
| | 控制电缆 | 100 | 600 |
| 支架水平间距 | 电力电缆 | 1000 | |
| | 控制电缆 | 800 | |
| 支架支臂的最大长度 | | 350 | |

电缆沟一般由土建专业施工,砌筑沟底、沟壁,沟壁上用膨胀螺栓固定电缆支架,也可将支架直接埋入沟壁。电缆沟应有防水措施,其底部应有不少于 0.005~0.01 的坡度,以利排水。电缆沟的盖板一般采用混凝土盖板。

### 3.电缆隧道敷设

如果电缆的数量非常多,可采用电缆隧道敷设,电缆隧道的净高不应小于 1.90 m,有困难时局部地段可适当降低,隧道内一般采取自然通风。电缆隧道的长度大于 7 m 时,两端应设出口(包括人孔)。当两个出口距离大于 75 m 时应增加出口。入孔井的直径不应小于 0.7 m。

电缆隧道直线段做法如图 5-34 所示。

当电力电缆电压为 35 kV 时,$C \geqslant 400$ mm;当电力电缆电压为 10 kV 以下时,$C \geqslant 300$ mm;控制电缆 $C \geqslant 250$ mm;其他部分的尺寸见表 5-10。

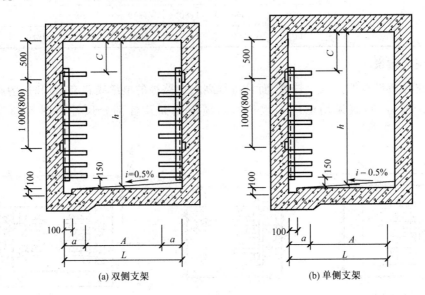

(a) 双侧支架　　　　　　　　(b) 单侧支架

图 5-34　电缆隧道直线段做法

**表 5-10**　　　　　　　　　　　　　　**电缆隧道尺寸**　　　　　　　　　　　　　　mm

| 支架形式 | 隧道宽 L | 层架宽 a | 通道宽 A | 隧道高 h |
|---|---|---|---|---|
| 单侧支架 | 1200 | 300 | 900 | 1900 |
|  | 1400 | 400 | 1000 | 1900 |
|  | 1400 | 500 | 900 | 1900 |
| 双侧支架 | 1600 | 300 | 1000 | 1900 |
|  | 1800 | 400 | 1000 | 2100 |
|  | 2000 | 400 | 1200 | 2100 |
|  | 2000 | 500 | 1000 | 2300 |
|  | 2000 | 500 | 1100 | 2300 |

### 4.电缆保护管敷设

敷设在保护管内的电缆宜采用塑料电缆,也可采用铠装电缆。

电缆保护管明敷设时应安装牢固;当设计无规定时,电缆保护管支持点的距离不宜超过 3 m。塑料保护管的直线长度超过 30 m 时,宜加装伸缩节。

电缆保护管暗敷设时,埋设深度不应小于 0.7 m;在人行道下面敷设时,埋设深度不应小于 0.5 m;埋入非混凝土地面的深度不应小于 100 mm,伸出建筑物散水坡的长度不应小于 250 mm。电缆保护管应有不小于 0.001 的排水坡度。

电缆与铁路、公路、城市街道、厂区道路下交叉时应敷设在坚固的保护管内,一般多使用钢保护管,埋设深度不应小于 1 m。保护管的长度除应满足路面的宽度外,保护管的两端还应各伸出道路路基 2 m,伸出排水沟 0.5 m,在城市街道应伸出车道路面。

**5. 石棉水泥管敷设**

石棉水泥管长度有 3 m 和 4 m 两种,管内直径有 100 mm、125 mm、150 mm、200 mm 四种。石棉水泥管既可以作为电缆保护管直埋敷设,也可按排管的形式用混凝土或钢筋混凝土包封敷设。管与管之间的间距不应小于 40 mm,管周围需用细土或沙夯实,如图 5-35 所示。管向工作井侧应有不小于 0.005 的排水坡度。

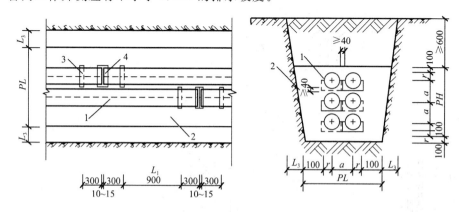

图 5-35　石棉水泥管直埋敷设
1—石棉水泥管;2—细土或沙;3—定向垫块;4—石棉水泥套管

直埋电缆与热力管道、管沟平行或交叉敷设时,电缆应穿石棉水泥管保护。其长度应伸出热力管沟两侧各 2 m;用隔热保护层时,应超过热力管沟和电缆两侧 1 m;与其他管道(水、石油、煤气管)以及直埋电缆交叉时,两端各伸出长度不应小于 1 m。

**6. 电缆桥架敷设**

电缆桥架敷设主要靠支、吊架做固定支撑。在决定支、吊形式和支撑距离时,应符合设计的规定;当设计无明确规定时,也可按生产厂家提供的产品特性数据确定。

电缆桥架水平敷设时,支撑跨距一般为 1.5~3 m,垂直敷设时固定点间距不宜大于 2 m。当桥架弯通的弯曲半径不大于 300 mm 时,可在距弯曲段与直线段结合处 300~500 mm 的直线段侧设置一个支、吊架;当弯曲半径大于 300 mm 时,还应在弯通中部增设一个支、吊架,如图 5-36 所示。

垂直敷设的电缆应每隔 1.5~2 m 进行固定;水平敷设电缆应在电缆的首尾两端、转弯及每隔 5~10 m 处固定,对电缆不同标高的端部也应进行固定,固定的方法可用尼龙卡带、绑线和电缆卡子等。

电缆桥架内敷设的电缆应在电缆的首端、尾端、转弯及每隔 50 m 处,设有编号、型号及起止点等标记,标记应清晰齐全,挂装整齐无遗漏。

**7. 电缆的进户**

电缆引入建筑物时,应穿钢管保护,钢管内径不应小于电缆外径的 1.5 倍。穿墙钢管应配合土建施工进行预埋,并向室外倾斜,防止积水流入室内。图 5-37 所示为直埋电缆引入建筑物做法示意图。

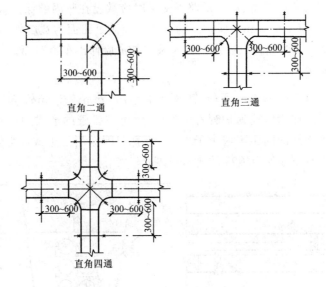

直角二通

直角三通

直角四通

图 5-36　桥架支、吊架位置图

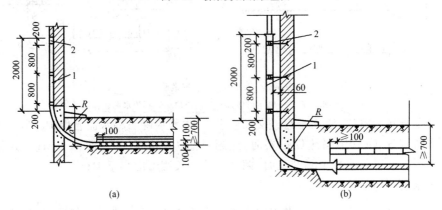

(a)　　　　　　　　　　(b)

图 5-37　直埋电缆进入建筑物做法示意图

1—保护管;2—U 形管卡

## 二、照明配电箱安装的基本要求

　　①照明配电箱的安装环境。照明配电箱应安装在干燥、明亮、不易受震、便于操作的场所,不得安装在水池的上、下侧,若安装在水池的左、右侧时,其净距不应小于 1 m。

　　②配电箱的安装高度。配电箱的安装高度应按设计要求确定。一般情况下,暗装配电箱底边距地面的高度为 1.4~1.5 m,明装配电箱的安装高度不应小于 1.8 m。配电箱安装的垂直偏差不应大于 3 mm,操作手柄距侧墙的距离不应小于 200 mm。

　　③暗装配电箱后壁的处理和预留孔洞的要求。在 240 mm 厚的墙壁内暗装配电箱时,其墙后壁需加装 10 mm 厚的石棉板和直径为 2 mm、孔洞为 10 mm 的钢丝网,再用 1∶2 水泥砂浆抹平,以防开裂。墙壁内预留孔洞的大小应比配电箱的外形尺寸略大 20 mm 左右。

## 三、室内照明线路的敷设

室内照明线路的敷设又称为配管配线,常用的敷设方式主要有铝线卡明敷设、线槽(塑料线槽、金属线槽)明敷设、穿钢管明(暗)敷设、穿 PVC 管明(暗)敷设等。

①铝线卡明敷设时,铝线卡要排列整齐,间距要均匀,直线敷设时间距为 150～200 mm,与转角处、交叉点、线管出口、开关、插座、灯具、接线盒等的间距为 50～100 mm,如图 5-38 所示。

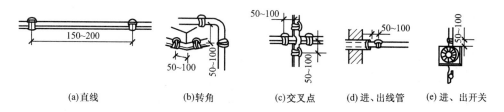

| (a)直线 | (b)转角 | (c)交叉点 | (d)进、出线管 | (e)进、出开关 |

图 5-38　铝线卡固定点示意图

②塑料线槽敷设时,线槽可用钉子直接钉牢,也可以先埋入塑料胀管或木桩,再用木螺钉固定。固定塑料线槽时,线槽应紧贴墙壁,固定点的最大间距见表 5-11。

表 5-11　　　　　　　　　　塑料线槽固定点最大间距

| 塑料线槽宽度/mm | 固定点形式 | 固定点最大间距 $L$/m |
|---|---|---|
| 20～40 | | 0.8 |
| 60 | | 1.0 |
| 80～120 | | 0.8 |

③安装大截面的金属线槽时可用支架或吊杆固定,垂直安装的金属线槽穿过楼板时应加角钢固定。支架或吊杆的间距为:线槽宽度在 300 mm 以内时,最大间距为 2.4 m;线槽宽度为 300～500 mm 时,最大间距为 2.0 m;线槽宽度为 500～800 mm 时,最大间距为 1.8 m。安装小截面的金属线槽时,可用塑料胀管和木螺钉固定,固定点的最大间距为 500 mm。

④导线穿钢管明敷设时,可用鞍形管卡固定在建筑物的墙、柱、梁、顶板上或者用 U 形管卡固定在支架上,如图 5-39 所示。固定点的最大间距见表 5-12。钢管与其他管道间的最小间距见表 5-13,与弱电管线的间距应在 150 mm 以上。

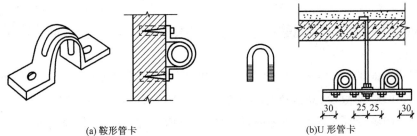

(a) 鞍形管卡                    (b)U 形管卡

图 5-39   导线穿钢管明敷设示意图

**表 5-12**                          **管子明敷设时固定点的最大间距**

| 管子类型 | 公称直径/mm | | | | |
| --- | --- | --- | --- | --- | --- |
| | 15～20 | 25～32 | 40 | 50 | 65～100 |
| 钢管/m | 1.5 | 2.0 | 2.5 | 2.5 | 3.5 |
| 电线管/m | 1.0 | 1.5 | 2.0 | 2.0 | — |
| 塑料管/m | 1.0 | 1.5 | 1.5 | 2.0 | 2.0 |

**表 5-13**                    **电气管线与其他管道的最小间距**                    **mm**

| 管道名称 | | | 线路敷设方式 | |
| --- | --- | --- | --- | --- |
| | | | 穿管敷设 | 明敷设 |
| 蒸汽管 | 平行 | 管道上 | 1000 | 1000 |
| | | 管道下 | 500 | 500 |
| | 交叉 | | 300 | 300 |
| 暖气管、热水管 | 平行 | 管道上 | 300 | 300 |
| | | 管道下 | 200 | 200 |
| | 交叉 | | 100 | 100 |
| 通风、排水及压缩空气管 | 平行 | | 100 | 200 |
| | 交叉 | | 50 | 100 |

　　钢管在现浇混凝土楼板、柱、墙内暗敷设时,应在土建钢筋绑扎完毕后进行。暗敷设的钢管、接线盒、配电箱、开关盒、插座盒等可用细钢丝绑扎固定,也可焊接固定在结构钢筋上,固定后应对管口、箱或盒的开口进行封口保护,防止浇混凝土时被堵塞,如图 5-40 所示。

　　钢管在砖墙内暗敷设时,应在土建砌墙时,将钢管、配电箱、开关盒、插座盒等埋设在相应位置,注意防止砂浆流入管、箱、盒内造成管子堵塞,如图 5-41 所示。

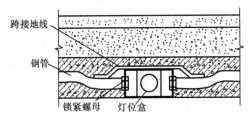

图 5-40   钢管在现浇混凝土楼板内暗敷设

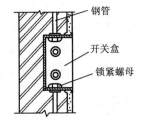

图 5-41   钢管在砖墙内暗敷设

钢管经过建筑物的伸缩缝、沉降缝时,应装设补偿装置。一种方法是采用金属软管进行补偿,如图 5-42(a)所示;另一种方法是装设补偿盒,在补偿盒的侧面开一个长孔,将管穿入长孔中,如图 5-42(b)所示。

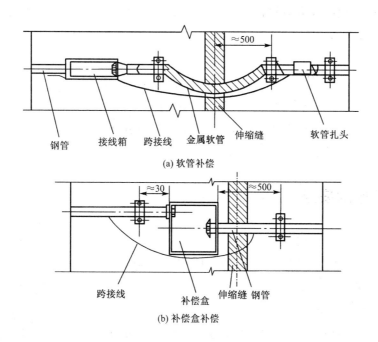

(a) 软管补偿

(b) 补偿盒补偿

图 5-42 钢管经过伸缩缝的补偿装置

⑤PVC 管明敷设时,可用配套的塑料管卡固定,先把管卡固定好,再垂直按压 PVC 管即可卡入管卡内固定。

PVC 管暗敷设时,应将管子每隔 1 m 用绑线与钢筋绑扎牢固,管子进入盒(箱)处也应绑扎。多根管子在现浇混凝土墙内并列敷设时,管子之间应有不小于 25 mm 的间距,使每根管子周围都有混凝土包裹。

当管路经过建筑物的伸缩缝、沉降缝时,应设补偿盒进行补偿。在伸缩缝两侧各设一只接线盒,其中一只在侧面开长孔作为补偿盒,管子伸入长孔内不作固定。

暗敷设管的埋设深度与建筑物表面的距离应不小于 15 mm;明敷设管应排列整齐,固定点间距均匀,安装牢固。在距终端,弯头中点和柜、屏、箱、盘边缘 150～500 mm 范围内设有管卡时,直线段的管卡间距应符合要求。

## 四、灯具的安装

(1)灯具的固定应符合下列规定:

①灯具重量大于 3 kg 时,应固定在螺栓或预埋吊钩上;

②软线吊灯的灯具重量在 0.5 kg 及以下时,采用软电线自身吊装;重量大于 0.5 kg 的灯具采用吊链安装,且软电线编叉在吊链内,使电线不受力;

③灯具固定应牢固可靠,不使用木楔。每个灯具固定所用的螺钉或螺栓不少于2个,当绝缘台直径在75 mm及以下时,采用1个螺钉或螺栓固定。

(2)当设计无要求时,灯具的安装高度和使用电压等级应符合下列规定:

①一般敞开式灯具,灯头对地面距离不小于下列数值(采用安全电压时除外):室外为2.5 m(室外墙上安装);厂房为2.5 m;室内为2 m;软吊线带升降器的灯具在吊线展开后为0.8 m。

②对于危险性较大及特殊危险场所,当灯具距地面高度小于2.4 m时,使用额定电压为36 V及以下照明灯具,或有专用保护措施的照明灯具。

(3)当灯具距地面高度小于2.4 m时,灯具的可接近裸露导体需可靠接地(PE)或接零(PEN),并应有专用接地螺栓,且具有标识。

## 五、开关、插座的安装

(1)开关安装应符合下列规定:

①开关安装位置便于操作,开关边缘距门框边缘的距离为0.15～0.2 m,开关距地面高度为1.3～1.5 m;拉线开关距地面高度为2～3 m且层高小于3 m时,拉线开关距顶板不小于100 mm,拉线出口垂直向下;

②相同型号并列安装及同一室内开关安装高度应一致,且控制有序不错位。并列安装的拉线开关的相邻间距不小于20 mm;

③暗装的开关面板应紧贴墙面,四周无缝隙,安装牢固,表面光滑整洁、无碎裂、无划伤,装饰帽齐全。

(2)插座安装应符合下列规定:

①当不采用安全型插座时,托儿所、幼儿园及小学等儿童活动场所的安装高度不小于1.8 m;

②暗装的插座面板紧贴墙面,四周无缝隙,安装牢固,表面光滑整洁、无碎裂、划伤,装饰帽齐全;

③车间及试(实)验室的插座安装高度距地面不小于0.3 m;特殊场所暗装的插座不小于0.15 m;同一室内插座安装高度应一致;

④地插座面板与地面齐平或紧贴地面,盖板固定牢固,密封良好。

# 单元式住宅电气照明系统安装实训
## 5.1　单元式住宅电气照明实训安装图的识读

某住宅电气照明平面图如图 5-43 所示。

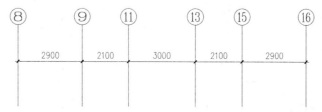

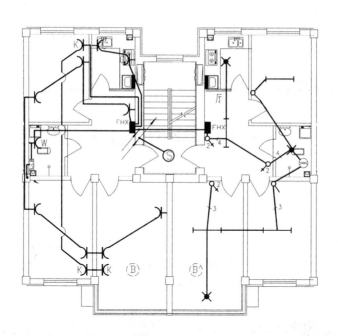

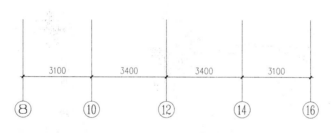

图 5-43　某住宅电气照明平面图

## 5.2　选择照明灯具、开关、插座及附件

照明灯具、开关、插座及附件的选择见表 5-14。

表 5-14　　　　　　　　每工位所需照明灯具、开关插座、附件及数量

| 序号 | 名称 | 单位 | 规格 | 数量 | 备注 |
|---|---|---|---|---|---|
| 1 | 荧光灯 | 个 | 40 W | 1 | 电感式附件 |
| 2 | 灯架 | 套 | 40 W 直管荧光灯 | 1 | |
| 3 | 启辉器 | 个 | | 2 | 含备用 1 个 |
| 4 | 镇流器 | 个 | | 1 | |
| 5 | 螺口灯座 | 套 | | | |
| 6 | 双控开关 | 套 | 120 系列 | 1 | |
| 7 | 单相双孔插座 | 个 | 86 系列 | 1 | |
| 8 | 单相三孔插座 | 个 | 86 系列 | 1 | |
| 9 | 防溅插座 | 个 | 120 系列 | 1 | |
| 10 | 焊锡 | 盒 | | 1 | |
| 11 | 绝缘胶布 | 卷 | 1 | 1 | |
| 12 | 电话插座 | 个 | 86 系列 | 1 | |
| 13 | 有线电视插座 | 个 | 86 系列 | 1 | |
| 14 | 计算机插座 | 个 | 86 系列 | 1 | |

## 5.3　选择安装机具

### 一、螺钉旋具

螺钉旋具又称螺丝刀、改锥和起子等，它是一种紧固和拆卸螺钉的工具。螺钉旋具的样式和规格很多，按头部形状可分为一字形和十字形两种。一字形螺钉旋具用于一字槽形螺钉的紧固或拆卸，十字形螺钉旋具用于十字槽形螺钉的紧固或拆卸。螺钉旋具的外形及用法如图 5-44 所示。

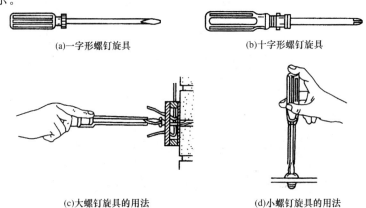

(a)一字形螺钉旋具　　　　　　　(b)十字形螺钉旋具

(c)大螺钉旋具的用法　　　　　　(d)小螺钉旋具的用法

图 5-44　螺钉旋具的外形及用法

螺钉旋具使用及注意事项如下：

（1）使用螺钉旋具紧固或拆卸带电的螺钉时，手不得触及螺钉旋具的金属杆，以免发生触电事故。

（2）大螺钉旋具一般用来紧固较大的螺钉。使用时，除大拇指、食指和中指要夹住握柄外，手掌还要顶住握柄的末端，这样就可以防止旋转时滑脱。

（3）小螺钉旋具一般用来紧固电气装置接线桩上的小螺钉。使用时，可用大拇指和中指夹住握柄，用食指顶住握柄的末端捻旋。

（4）较长螺钉旋具可用右手压紧并转动握柄，左手握住螺钉旋具的中间，以使螺钉旋具不滑脱，此时左手不得放在螺钉的周围，以免螺钉旋具滑出将手划伤。

## 二、钢丝钳

钢丝钳有绝缘柄和裸柄两种。绝缘柄钢丝钳为电工专用钳（简称电工钳），裸柄钢丝钳电工禁用。钢丝钳的结构如图 5-45 所示。

电工钳的用法可以概括为四句话：剪切导线用刀口，剪切钢丝用铡口，扳旋螺母用齿口，弯绞导线用钳口。钢丝钳的使用如图 5-46 所示。

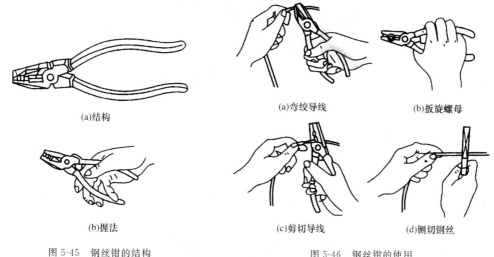

(a)结构

(b)握法

图 5-45　钢丝钳的结构

(a)弯绞导线　　(b)扳旋螺母

(c)剪切导线　　(d)铡切钢丝

图 5-46　钢丝钳的使用

钢丝钳使用及注意事项如下：

（1）使用前，应检查绝缘柄的绝缘是否良好。

（2）用电工钳剪切带电导线时，不得用刀口同时剪切相线和零线，或同时剪切两根相线，以免发生短路故障。

对于线芯横截面面积为 2.5 mm² 及以下的塑料线可用钢丝钳剥离绝缘层，具体操作方法是：根据线头所需长度，用钢丝钳刀口轻切塑料层，不可切着线芯，然后右手握住钢丝钳头部用力向外勒去塑料层。与此同时，左手握紧导线反向用力配合动作。用钢丝钳剥离绝缘层如图5-47 所示。

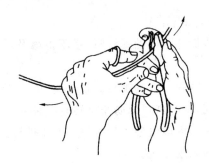

图 5-47　用钢丝钳剥离绝缘层

## 三、剥线钳

　　剥线钳专用于剥离横截面面积为 6 mm² 及以下导线头部一段表面绝缘层。剥线钳由钳头和钳柄两部分组成。钳头由压线口和刀口组成,分有直径为 0.5～3 mm 的多个刀口,以适用于不同规格的线芯。使用时,将要剥离的绝缘层长度用标尺定好,右手握住钳柄,用左手将导线放入相应的刀口槽中(比导线直径稍大),用右手将钳柄一握,导线的绝缘层即被割破自动弹出。剥线钳结构如图 5-48 所示。

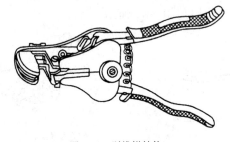

图 5-48　剥线钳结构

## 四、电工刀

　　电工刀是用来剖削电线线头、切割木台缺口、削制木榫的工具。电工刀结构与剖削电线方法如图 5-49 所示。

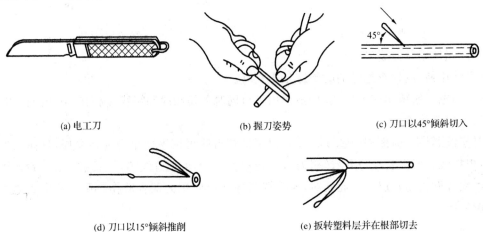

(a) 电工刀　　　　　　　　(b) 握刀姿势　　　　　　(c) 刀口以45°倾斜切入

(d) 刀口以15°倾斜推削　　　　　(e) 扳转塑料层并在根部切去

图 5-49　电工刀结构与剖削电线方法

电工刀的使用及注意事项如下：

（1）使用时，刀口应朝外进行操作，用完应随时把刀片折入刀柄内。电工刀刀柄无绝缘保护，不能在带电导线或带电器材上剖削，以免触电。

（2）电工刀的刀口应在单面上磨出呈圆弧状刀口，在剖削绝缘导线的绝缘层时，必须使圆弧状刀面贴在导线上进行切割，这样刀口不易损伤线芯。

（3）用电工刀剖削规格较大的导线绝缘层时，要根据所需的线端长度，用刀口以 45°倾斜角切入绝缘层，不可切着线芯，接着刀面与线芯保持 15°左右的角度，用力向外削出一条缺口，然后将绝缘层剥离线芯，再反方向扳转，用电工刀切齐。

## 五、低压验电器

低压验电器又称测电笔或试电笔。电压测量范围为 60～500 V。低压验电器结构与使用如图 5-50 所示。

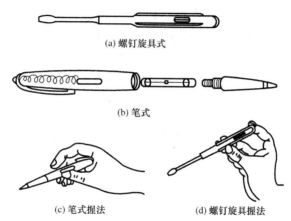

(a) 螺钉旋具式

(b) 笔式

(c) 笔式握法　　　　　　　(d) 螺钉旋具握法

图 5-50　低压验电器结构与使用

低压验电器的使用及注意事项如下：

（1）使用前，先检查低压验电器内部有无柱形电阻，若无电阻，严禁使用。否则，将发生触电事故。

（2）人体的任何部位切勿触及与笔尖相连的金属部分。

（3）防止笔尖同时搭在两条导线上。

（4）验电前，先将低压验电器在确实有电处试测，只有氖管发光才可使用。

（5）在明亮光线下不易看清氖管是否发光，应注意避光。

## 六、电烙铁

电烙铁是钎焊（也称锡焊）的热源，通常以电热丝作为热元件，分为内热式和外热式。焊接小功率电气元件时，宜采用 25 W 和 45 W 的电烙铁。焊接大功率电气元件时，需用 45 W 以上规格的电烙铁。电烙铁的结构与使用如图 5-51 所示。

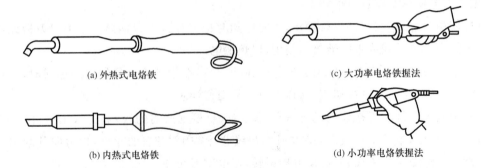

(a) 外热式电烙铁          (c) 大功率电烙铁握法

(b) 内热式电烙铁          (d) 小功率电烙铁握法

图 5-51  电烙铁的结构与使用

电烙铁的使用及注意事项如下：

(1)使用之前应检查电源电压与电烙铁上的额定电压是否相符,一般为 220 V。

(2)新的电烙铁在使用前应先用砂纸把电烙铁头打磨干净,然后在焊接时和松香一起在电烙铁头上沾上一层锡。

(3)电烙铁不能在易爆场所或腐蚀性气体中使用。

(4)严禁用含有盐酸等腐蚀性物质的焊锡膏焊接,以免腐蚀印制电路板或短路电气线路。

(5)使用外热式电烙铁时还要经常将铜头取下,清除氧化层,以免日久造成铜头烧死。

(6)电烙铁通电后不能敲击,以免缩短使用寿命。

## 七、实训所需安装机具

实训中所需的安装机具见表 5-15。

表 5-15                          安装机具的选择

| 序号 | 名称 | 单位 | 规格 | 数量 | 备注 |
|---|---|---|---|---|---|
| 1 | 一字形螺钉旋具 | 把 | 100 mm | 1 | |
| 2 | 十字形螺钉旋具 | 把 | 二号、三号 | 2 | |
| 3 | 钢丝钳 | 个 | | 1 | |
| 4 | 剥线钳 | 个 | | 1 | |
| 5 | 电工刀 | 把 | | 1 | |
| 6 | 电烙铁 | 把 | | 1 | |
| 7 | 水平尺 | 把 | | 1 | |
| 8 | 试电笔 | 个 | | 1 | |
| 9 | 万用表 | 块 | | 1 | |
| 10 | 工作台 | 套 | | 1 | |

# 5.4  安装操作工艺方法和步骤

## 一、开关、插座的安装

### 1. 安装方法及要求

先依据安装图纸中尺寸及要求进行测量,确定开关、插座的安装位置,并标注在墙上,然后打眼。将接线盒(清扫盒子)预埋在墙里,注意平正,不能偏斜;保证盒口面与墙面一致。待穿线完毕后,即可接线。

接线时,首先将盒内甩出的导线留出维修余量,削出线芯,要精心操作,不得碰伤线芯。将导线按顺时针方向盘绕在开关、插座对应的接线柱上旋紧压头。连接独芯导线时,可将线芯直接插入接线孔内,紧固顶丝,将线芯压紧。应注意线芯不得外露。

接好导线后装开关(插座)面板,使面板紧贴墙面。明装、暗装开关如图 5-52 所示。开关安装示意图如图 5-53 所示。

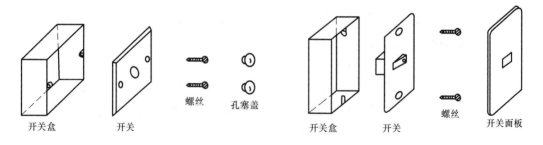

(a) 86系列开关安装示意图　　　　　　　　　　(b) 120系列开关安装示意图

图 5-52  明装、暗装开关示意图

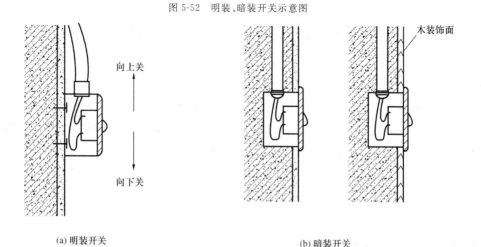

(a) 明装开关　　　　　　　　　　　(b) 暗装开关

图 5-53  开关安装示意图

　　安装在潮湿场所室内的开关,应使用面板上带有薄膜的防潮防溅开关。在凸凹不平的墙面上安装时,为提高电器的密封性能,需要加装一个橡胶垫,以弥补墙面不平整的缺陷。

　　插座的接线孔应有一定的排列顺序。对于单相双孔插座,在双孔水平排列时,相线在右孔,中性线在左孔;在双孔垂直排列时,相线在上孔,中性线在下孔。对于单相三孔插座,保护接地在上孔,相线在右孔,中性线在左孔。插座接线位置如图 5-54 所示。

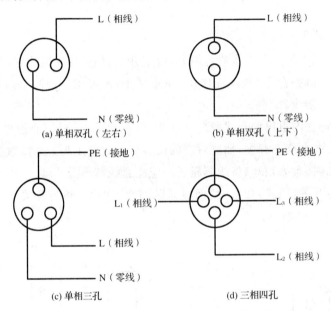

图 5-54　插座接线位置

　　开关和插座安装完毕后应进行检查,暗装开关(插座)面板应紧贴墙面,四周无缝隙,安装牢固,表面光滑整洁,无碎裂、划伤,装饰帽齐全。

**2. 与土建、装饰专业配合**

　　开关与插座的口边最好用水泥砂浆抹口。若进入墙面较深时,可在盒口和贴脸(门头线)之间嵌上木条或抹水泥砂浆补齐,使贴脸与墙面平整。对于暗开关、插座盒子较深入墙面内的应采取其他补救措施。常用的方法是垫上弓子(即以 1.2～1.6 mm 的铅丝绕一长弹簧),然后根据盒子不同深度和不同需要随用随剪。

　　土建装修到墙面、顶板喷浆完毕后,才能安装电气设备,工序绝对不能颠倒。如由于工期紧,又不受喷浆时间限制,可以在开关、插座装好后,先临时盖上自制铁盖板,其规格应比正式胶木盖板小一圈,直至土建装修全部完成后,拆下临时铁盖,安装正式盖板。

# 二、灯具的安装

**1. 螺口灯座的安装(图 5-55)**

　　(1)首先确定灯座的安装位置并标注。

　　(2)按图示方法将木台安装在标注位置。

（3）安装灯座。导线穿出螺口灯座线孔，用木螺钉将螺口灯座固定在木台上。

（4）把导线连接在接线柱上。把来自开关的相线线头连接在连通中心弹簧片的接线柱上，电源中性线的线头连接在连通螺纹圈的接线柱上。

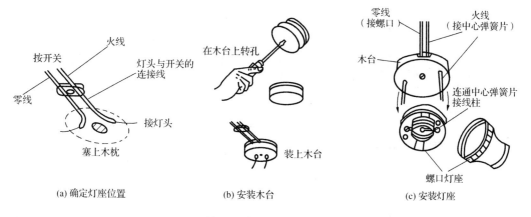

(a) 确定灯座位置        (b) 安装木台        (c) 安装灯座

图 5-55　螺口灯座的安装

**2. 吸顶灯的安装（图 5-56）**

（1）预制天花板吸顶灯安装。用直径为 6 mm 的钢筋制成图示吊件的形状，吊件下段铰 6 mm 螺纹。将吊件水平部分送入空心楼板内。在木台中间打孔，套在吊件下段上，与灯底盘一起用螺母固定。电源线穿出灯底盘，连接好灯座，罩好灯罩。

（2）浇注天花板吸顶灯安装。首先用膨胀螺栓或塑料胀管将过渡板固定在顶棚预定位置。在底盘元件安装完毕后，再将电源线由引线孔穿出，然后托着灯底盘找过渡板上的安装螺栓，上好螺母。安装过程中因不便观察而不易对准位置时，可用一根铁丝穿过灯底盘安装孔顶在螺栓端部，使灯底盘轻轻靠近，沿铁丝顺利对准螺栓并安装到位。

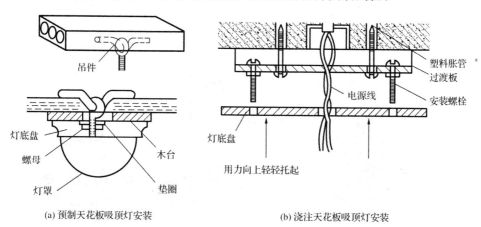

(a) 预制天花板吸顶灯安装        (b) 浇注天花板吸顶灯安装

图 5-56　吸顶灯的安装

**3. 荧光灯电路及组件的安装**

单荧光灯电路安装时开关应控制荧光灯相线，并且应接在镇流器一端。零线直接接荧光灯另一端，荧光灯启辉器并联接在灯管两端即可，如图 5-57 所示。安装时，镇流器、启辉器必须与电源电压、灯管功率相配套。

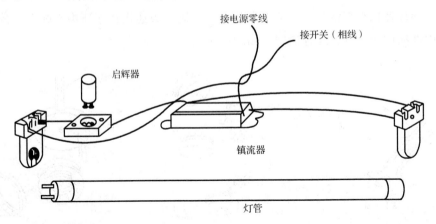

图 5-57　荧光灯接线图

　　灯管结构及安装方法如图 5-58 所示。启辉器结构及安装方法如图 5-59 所示。电感镇流器结构及安装方法如图 5-60 所示。

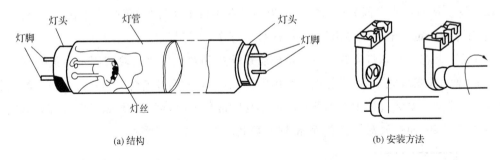

(a) 结构　　　　　　　　　　　　　　　　　　(b) 安装方法

图 5-58　灯管结构及安装方法

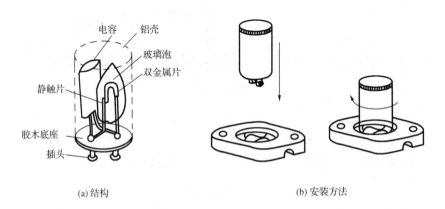

(a) 结构　　　　　　　　　　　　　　　　(b) 安装方法

图 5-59　启辉器结构及安装方法

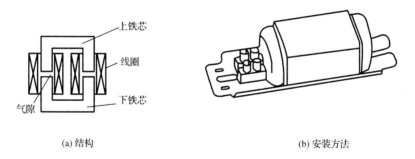

(a) 结构　　　　　　　　　　　　　　　　(b) 安装方法

图 5-60　电感镇流器结构及安装方法

## 三、运行测试及故障分析

待开关、插座及灯具安装完毕后,须经绝缘测试检查合格后,方允许通电试运行。通电后应仔细检查和巡视,检查灯具的控制是否灵活、准确;开关与灯具控制顺序是否对应,灯具有无异常噪音,如发现问题应立即断电,查出原因并修复。照明线路故障分析如图 5-61 所示。

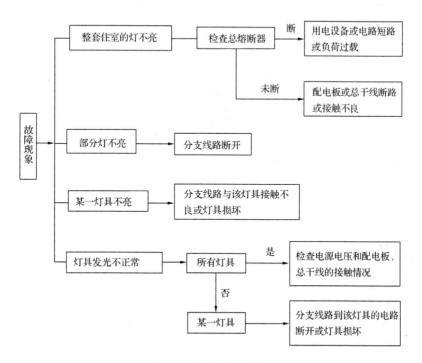

图 5-61　照明线路故障分析

# 拓展 1　建筑消防控制系统施工图识读

智能消防系统是由火灾自动报警系统和消防联动控制系统两大部分组成。

## 一、消防控制系统施工图的组成

### 1.图纸说明

图纸说明主要是介绍工程概况和设计依据,明确消防保护等级。

### 2.消防系统图

通过阅读消防系统图可明确工程的基本消防体系;了解火灾自动报警及消防联动控制系统的报警设备(火灾探测器、火灾报警控制器、火灾报警设备等)、联动控制系统、消防通信系统、应急供电及照明控制设备等的规格、型号、参数、数量及连接关系;了解导线的功能、数量、规格及敷设方式;了解火灾报警控制器的线制和火灾报警设备的布线方式;掌握工程的火灾自动报警及消防联动控制系统的总体配线情况和组成概况。

### 3.消防平面图

消防平面图体现了火灾探测器、火灾报警按钮和消火栓配套的紧急按钮及电话的类型、数量及具体安装位置;消防线路的敷设位置、敷设方法及选用导线的型号、规格、数量、管径大小等。阅读消防平面图时,首先从消防报警中心开始,将其与其他楼层接线端子箱(区域报警控制器)连接导线走向关系搞清楚,就可较容易理解工程情况,以及从楼层接线端子箱(区域报警控制器)延续到各分支线路的配线方式和设备连接情况。

### 4.消防控制原理图

消防控制原理图是用来指导设备安装和控制系统调试工作的,读图时应依据功能关系从上到下或从左到右阅读逐个回路。

## 二、消防控制系统图常见图例符号(表 5-16)

表 5-16　　　　　　　　　　消防控制系统图常见图例符号

| 新　符　号 | 说　明 | IEC | 旧　符　号 |
|---|---|---|---|
| ▭ | 控制和指示设备 | = | ▭ |
| ▢ | 报警启动装置(点式——手动或自动) | = | ▢ |

| 新　符　号 | 说　　明 | IEC | 旧　符　号 |
|---|---|---|---|
|  | 线性探测器 | = |  |
|  | 火灾报警装置 | = |  |
|  | 热 | = |  |
|  | 烟 | = |  |
|  | 易爆气体 | = |  |
|  | 手动启动 | = |  |
|  | 电铃 | = |  |
|  | 扬声器 | = |  |
|  | 发生器 | = |  |
|  | 电话机 | = |  |
|  | 照明信号 | = |  |
|  | 手动报警器 | = |  |
|  | 感烟火灾探测器 | = |  |
|  | 感温火灾探测器 | = |  |
|  | 气体火灾探测器 | = |  |
|  | 火灾电话机 | = |  |
|  | 报警发生器 | = |  |
|  | 有视听信号的控制和显示设备 | = |  |
|  | 在专用电路上的事故照明灯 |  |  |
|  | 自带电源的事故照明灯装置（应急灯） |  |  |

## 三、消防控制系统识图示例

火灾报警与消防联动控制系统如图 5-62 所示。

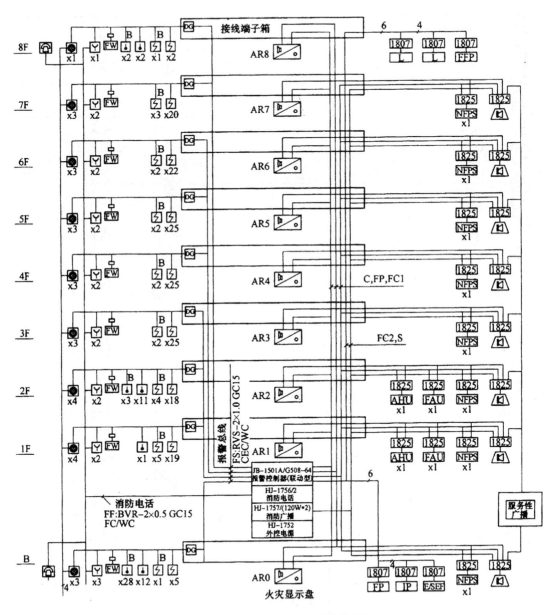

图 5-62　火灾自动报警与消防联动控制系统(1)

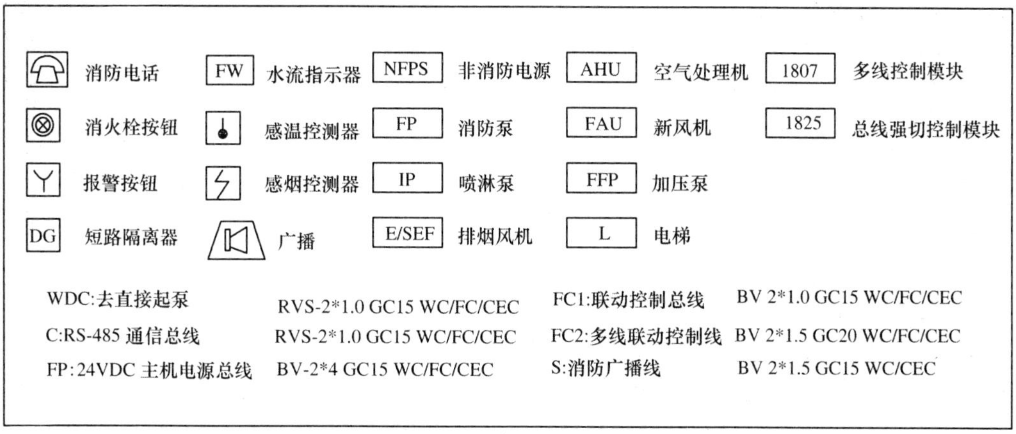

图 5-63　火灾自动报警与消防联动控制系统(2)

**1. 系统图识读**

通过系统图可知,火灾自动报警与消防联动控制系统设备设置在建筑首层,位于首层 3～4 轴、E～F 轴之间的消防及广播值班室。报警控制器型号为 JB-1501A/G508-64,其中 JB 为国家标准中的火灾报警控制器,经过相关的强制性认证,其他为该产品开发商的产品系列编号;消防电话总机型号为 HJ-1756/2;消防广播主机型号为 HJ-1757(120 W×2);系统外控电源型号为 HJ-1752,这些设备都是产品开发商配套的系列产品。报警控制器共引出 4 条报警总线,标号分别为 JN 1～JN 4,JN 1 引至地下层,JN 2 引至 1～3 层,JN 3 引至 4～6 层,JN 4 引至 7～8 层。报警总线采用星形接法。

(1)配线标注

①报警总线 FS 标注为:RVS-2×1.0 GC15 CEC/WC。对应含义为:软导线(多股)、塑料绝缘、双绞线;两根导线的横截面积为 1 mm²;穿直径为 15 mm 的水煤气钢管;沿顶棚暗敷设或沿墙暗敷设。

②消防电话 FF 标注为:BVR-2×0.5 GC15 FC/WC。BVR 表示用塑料绝缘软导线进行布线,FC 表示沿地面暗敷设,其他同报警总线解释。

③火灾报警控制器通信总线 C 标注为:RVS-2×1.0 GC15 WC/FC/CEC。控制器与火灾显示盘或某些特殊功能驱动模块之间大量的数据交换通过通信总线 C(即 RS-485)传输。

④24 V DC 主机电源总线 FP 标注为:BV-2×4.0 GC15 WC/FC/CEC。防灾设备的联动电气接口多为 DV 24 V,输出模块要接入 DC 24 V,另外火灾显示盘或某些特殊功能驱动模块的驱动电源也取自此条总线。

⑤联动控制总线 FC1 标注为:BV-2×1.0 GC15 WC/FC/CEC,联动控制输入输出模块接入此条总线。正常状态下,联动模块接收控制主机发出的巡检信号,并返回状态信息,如正常或接地、短路等故障;当火警确认,系统执行预先编制的联动程序,控制主机向每一联动模块发出动作命令,联动模块执行命令并返回其执行状态。

⑥多线联动控制线 FC2 标注为:BV-2×1.5 GC20 WC/FC/CEC。

⑦消防广播线 S 标注为:BV-2×1.5 GC15 WC/CEC。

(2)接线端子箱

每楼层设置接线端子箱,一般安装在消防专用或弱电竖井内,即楼层各功能水平总线接入系统总线的中间转接箱。箱内除设有接线用端子排、塑料线槽、接地脚外,本系统图还反映了安装有总线隔离模块 DG。

(3)火灾显示盘 AR

每一楼层设置一台火灾显示盘,可以为数字显示屏式或楼层模拟指示灯式,火灾显示盘通过 RS-485 通信总线与报警主机之间进行报警信息的交换,并显示火灾发生的区域或房间。其工作电源可以取自火灾报警系统的 24 V DC 主机电源总线,同时应该自备备用电池。

(4)消火栓报警按钮

消火栓报警按钮是安装在室内消火栓箱内,用于现场手动启动消防水泵,并能显示水泵运行状态的装置。当现场需要使用喷水枪灭火时,击碎消火栓报警按钮玻璃,直接启动消防水泵,并接收泵房的反馈信息,按钮上的 LED 灯亮表明水泵已经运行。图 5-62 中图形符号 ⊗ 为消火栓报警按钮,下面标注"×3"说明本层共设有 3 个消火栓箱。每个消火栓报警按钮除接入总线报警控制系统外,还另接消防泵直接启动线 WDC,接口截面为消防泵电气控制箱。

(5)手动报警按钮

手动报警按钮是安装在防火分区内,用于人为手动报知火灾信息的装置。防火分区内的任意一点至手动报警按钮不超过 30 m,一般安装在楼梯口等处,距地面高度约 1.5 m。火灾发生时,人为压碎玻璃,按钮的火警灯即亮,控制器发出报警音响并显示报警地址。图 5-62 中图形符号 Ⓨ 为手动报警按钮,下面标注"×3"说明本层共设有 3 个手动报警按钮。每个手动报警按钮还接入电话通信总线 FF,消防便携式电话插入手动报警按钮面板上的电话插孔,即可与消防控制室联系。

(6)水流指示器

建筑物内一般设置水喷淋系统进行灭火。当火灾发生并超过一定温度时,前端喷洒头破碎,管道内由于静压作用,水的流动引发水流指示器动作,其状态通过总线模块接入报警控制系统。图 5-62 中图形符号 ⎡FW⎤ 为水流指示器。

(7)联动控制模块

根据设计规范对联动控制的要求,火灾自动报警及消防联动控制系统应对建筑内消防水泵系统、机械防排烟系统、电梯系统、广播系统、非消防电源等设备在火灾和平常时进行监视和控制。

所有广播喇叭均通过总线控制模块 1825 接入服务性广播和火灾广播,平常可播放背景音乐,火灾时强切至火警广播。所有非消防电源 NFPS 在火灾时通过总线控制模块 1825 关断。所有空气处理机组 AHU、新风机组 PAU 在火灾时通过总线控制模块 1825 关断。所有非消防用电梯 L 在火灾时通过多线控制模块 1807 强置返回底层。所有消防泵 FP、喷淋泵 IP、防排烟风机 E/SEF 在火灾时通过多线控制模块 1807 实现被控设备的启停操作。

**2.平面图的识读**

图 5-64 为二层火灾自动报警与消防联动控制系统平面图。

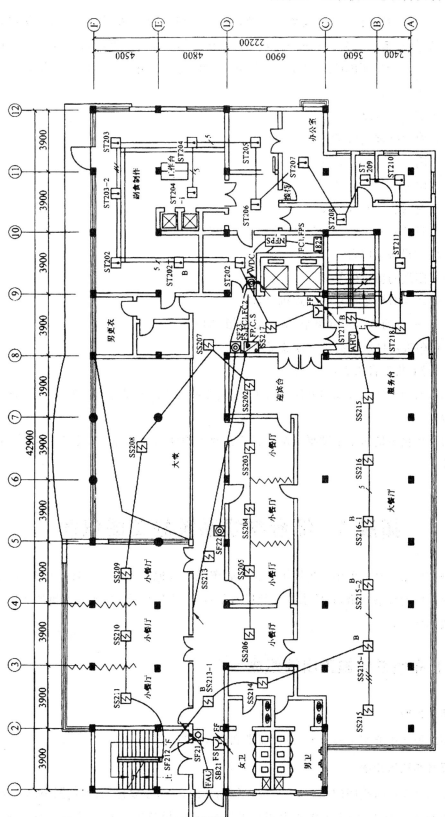

图5-64　二层火灾自动报警与消防联动控制系统平面图

图 5-64 中自下向上引入的线缆有 5 处,有两条 WDC 及两条 FF 分别为直接启泵线及按钮报警信号线,且从下至上贯通,以及与本层连接。本层的报警控制线由位于 4/D 轴附近引来 FS、FC1/FC2、FP、C、S,并引至本层 8/C 轴附近的火灾显示盘旁的接线端子箱,呈星形外引连接本层设备。

本层上引线共五路:

①2/D 附近继续上引 WDC;

②2/D 附近继续上引 FF;

③9/D 附近继续上引 WDC;

④9/C 附近继续上引 FF;

⑤8/C 附近上引 FS、FC1/FC2、FP、C、S。

本层联动设备共四台:

①1/D 附近的新风机 FAU;

②8/C 及 8/B 附近的空气处理机 AHU;

③10/C 附近的非消防电源箱(楼层配电箱)NFPS;

④8/C 附近的楼层火灾显示盘及楼层广播。

本层检测、报警设施为:

①本层右部厨房部分以感温探测为主,本层左部餐厅部分以感烟探测为主,构成环状带分支结构;

②消火栓报警按钮及手动报警按钮布置在两个楼梯间经电梯间的公共内走廊内,分别为 2 点及 4 点。

# 拓展 2  综合布线系统施工图识读

综合布线系统是一个用于传输语音、数据、图像和其他信号的标准化布线系统,是建筑物或建筑群内的传输网络,它使语音和数据通信设备、交换设备、控制系统和其他信息管理系统彼此相连接。

## 一、综合布线系统施工图的组成

### 1. 图纸说明

在图纸说明中介绍工程概况、设计需求和设计依据。

### 2. 综合布线系统图

通过综合布线系统图的阅读,可了解工程的总体方案,主要包括:通信网络总体结构、各个布线子系统的组成、系统工作的主要技术指标、通信设备器材和布线部件的选型和配置等。之后,可了解系统的传输介质(双绞线、同轴电缆、光纤)规格、型号、数量及敷设方式;介质的连接设备,如信息插座、适配器等的规格、型号、参数、总体数量及连接关系;各种交接部件的功能、型号、数量、规格等;系统的传输电子设备和电气保护设备的规格、型号、数量及敷设位置。还可掌握工程的综合布线系统的总体配线情况和组成概况。

**3.综合布线平面图**

通过阅读综合布线平面图,可以进一步明确综合布线各子系统中各种缆线和设备的规格、容量、结构、路由、具体安装位置和长度以及连接方式等(如互相连接的工作站间的关系,布线系统的各种设备间要拥有的空间及具体布置方案,计算机终端以及电话线的插座数量和型号),此外还有缆线的敷设方法、保护措施以及其他要求。

## 二、综合布线系统的图例符号(表 5-17)

表 5-17　　　　　　　　　综合布线系统的图例符号

| 图形符号 | 说　明 | 图形符号 | 说　明 |
|---|---|---|---|
| MDF | 总配线架 | ADD | 配线箱 |
| ODF | 光纤配线架 | 形式1: $nTO$ | 信息插座:$n$为信息孔数量。例如:TO——单孔信息插座; |
| RD | 建筑物配线架 | | 2TO——二孔信息插座 3TO——三孔信息插座; |
| FD | 楼层配线架 | 形式2: $nTO$ | 4TO——四孔信息插座; $nTO$——$n$孔信息插座 |
| CP | 集合点 | | |
| 综合布线配线架 | 综合布线配线架 | 形式1: | 电信插座的一般符号。可用以下的文字或符号区别不同插座; TP——电话; |
| LIU | 光纤互连装置 | | TD——计算机(数据); |
| HUB | 集线器 | 形式2: | TV——电视 |
| PABX | 程控用户交换机 | $nMUTO$ | 多用户信息插座,$n$为信息孔数量($n\leqslant12$) |
| DP | 分界点 | 二分配器 | 二分配器 |
| 三分配器 | 三分配器 | 配电箱 | 配电箱 |

续表

| 图形符号 | 说　明 | 图形符号 | 说　明 |
|---|---|---|---|
| 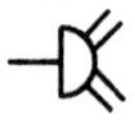 ⎯⊲⎯ | 四分配器 | UPS | 交流不停电电源 |
|  ⎯▷⎯ | 放大器 |  ▱ | 整流器 |
| 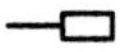 ⎯▭ | 匹配终端 |  ▱ | 逆变器 |
|  ⎯⊘⎯ | 光缆 |  ▱ | 直流变流器 |
|  - - ⋋ - - | 无接地极的接地线 |  ⚡ | 断路器 |
| 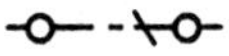 ⎯◦⎯◦⎯ | 有接地极的接地线 |  - - -▽- - - | 两器件间的机械联锁 |
| ≡≡≡ | 线槽 | Ⓖ | 发电机 |
| ≡=≡ | 地面线槽 |  | 自然土壤 |
|  ▱ | 双电源切换箱 | 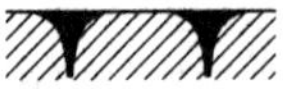 | |

# 三、综合布线系统识图示例

## 1. 综合布线系统图

图 5-65 为某高层住宅家居布线系统图。本系统包括计算机（数据）、电话及有线电视系统。主配线设备的容量、网络接口设备和楼层配线箱的要求、电缆（光缆）的类型和根数、电缆（光缆）保护管的类型及规格由工程设计确定。

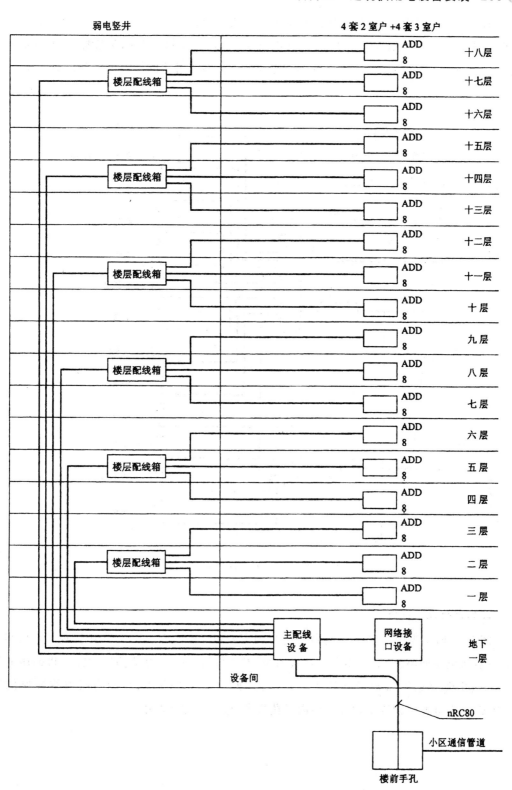

图 5-65　某高层住宅家居布线系统图

图 5-66 所示为图 5-65 所对应的住宅家居布线配线箱 ADD 系统图。图 5-66 中标明引入配线架的为 2 根 4 对对绞电缆,进入集线器 HUB 的为 1 根 4 对对绞电缆,引向四分配器的为 SYWV-75-5 线。同时在该系统图中也表明了住宅内各房间插座的配备情况。

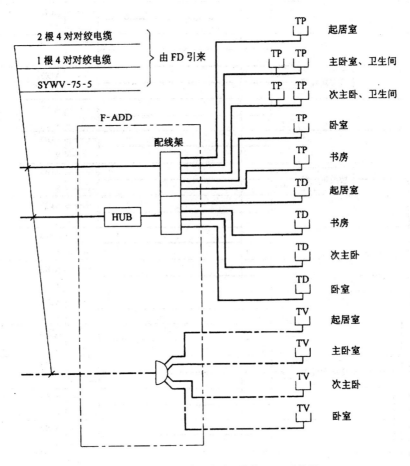

图 5-66　某高层住宅家居布线配线箱 ADD 系统图

## 2. 综合布线平面图

图 5-67 所示为图 5-66 所对应的住宅户内家居布线平面图。图 5-67 中体现了各房间的插座(有线电视插座、电话插座和计算机插座)安装位置。接向电话插座和计算机插座的为 4 对对绞电缆穿钢管暗敷设在墙内或楼板内,根数标注在图中;接向有线电视插座的为 SYWV-75-5 电缆穿钢管暗敷设在墙内或楼板内,根数标注在图中。

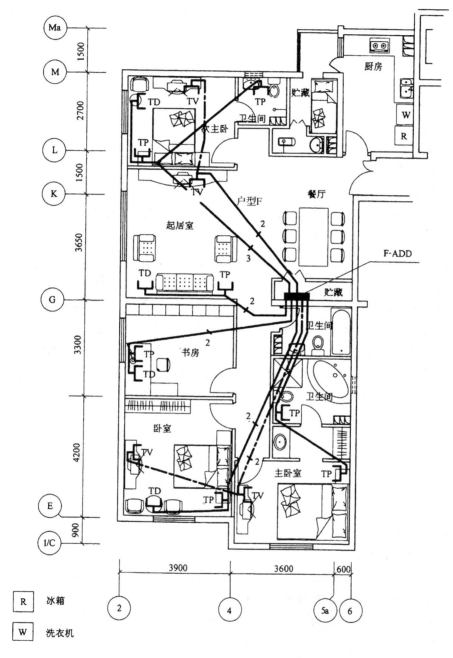

图 5-66　某高层住宅户内家居布线平面图

**测 试 题** ---------------------------------------------------

1. 由发电厂、( )及用电单位所组成的一个具有发电、输电、变电、配电和用电的整体称为电力系统。

A. 变电站　　　　B. 导线　　　　　　C. 电力网　　　　D. 供配电系统

2. 中断供电将造成重大设备损坏、重大产品报废。用重要原料生产的产品大量报废时，该类用电负荷为( )。

A. 一级负荷　　　　　　　　　　B. 一级负荷中特别重要的负荷

C. 二级负荷　　　　　　　　　　D. 三级负荷

3. 实际的建筑供配电系统多为( )配电。

A. 放射式　　　　B. 树干式　　　　C. 混合式　　　　D. 链式

4. 照明总配电箱把引入建筑物的( )总电源分配至各楼层的配电箱。

A. 三相　　　　　B. 两相　　　　　C. 单相

5. 总配电箱内的进线及出线应装设具有短路保护和过载保护功能的( )。

A. 刀开关　　　　B. 负荷开关　　　　C. 熔断器　　　　D. 断路器

6. 通向楼梯的出口处应有"安全出口"标志灯，走廊、通道应在多处地方设置( )。

A. 吸顶灯　　　　B. 应急照明灯具　　C. 疏散指示灯　　D. 防爆灯

7. 楼梯、走廊及其他公共场所应设置( )，在市电停电时起到临时照明的作用。

A. 吸顶灯　　　　B. 应急照明灯具　　C. 疏散指示灯　　D. 防爆灯

8. 高层建筑供电电压一般采用( )kV。

A. 10　　　　　　B. 35　　　　　　C. 0.4　　　　　　D. 60

9. 低压电器是指电压在( )V 以下的各种控制设备、继电器和保护设备等。

A. 380　　　　　B. 220　　　　　C. 500　　　　　D. 1000

10. 熔断器用来防止电路和设备长期通过过载电流和( )，是具有断路功能的保护元件。

A. 负荷电流　　　B. 尖峰电流　　　C. 短路电流　　　D. 冲击电流

11. 下列电光源中属于热辐射电光源的是( )。

A. 荧光灯　　　　B. 钠灯　　　　　C. 白炽灯　　　　D. 金属卤化物灯

12. 下列电光源中属于气体放电电光源的是( )。

A. 卤钨灯　　　　B. 钠灯　　　　　C. 白炽灯　　　　D. LED 灯

13. 雷电的三种形式中( )是危害程度最大的。

A. 直击雷　　　　B. 雷电感应　　　C. 雷电波侵入

14. 雷电的三种形式中( )是出现概率最高的。

A. 直击雷　　　　B. 雷电感应　　　C. 雷电波侵入

15. 装于屋顶四周的避雷带，应高出屋顶( )mm。

A. 80～100　　　B. 100～150　　　C. 200～300　　　D. 1000～1500

16.若利用柱内钢筋作引下线时,可不设断接卡子,但应在外墙距地面(　　)m处设连接板,以便测量接地电阻。

　　A.0.2　　　　　　B.0.3　　　　　　C.0.5　　　　　　D.1

17.明设引下线从地面以下0.3 m至地面以上(　　)m处应套保护管。

　　A.1.3　　　　　　B.1.5　　　　　　C.1.7　　　　　　D.2

18.为减少相邻接地体的屏蔽作用,垂直接地体的相互间距不宜小于其长度的(　　)倍。

　　A.1.5　　　　　　B.2　　　　　　　C.2.5　　　　　　D.3

19.建筑物屋面易受雷击的部位与屋面(　　)有关。

　　A.大小　　　　　　B.形状　　　　　　C.坡度　　　　　　D.材料

20.在架空线路的干线和分支线的终端及沿线每隔(　　)km处,PE线或PEN线须进行重复接地。

　　A.1　　　　　　　B.1.5　　　　　　C.2　　　　　　　D.2.5

21.应用可以将电能转换为信号的电子设备,保证信号准确接收、传输和显示,以满足人们对各种信息的需要和保持相互联系的各种系统,统称为(　　)。

　　A.建筑弱电系统　　　　　　　　　　B.建筑强电系统

　　C.建筑供配电系统　　　　　　　　　D.电力系统

22.导线穿焊接钢管敷设用(　　)表示。

　　A.PC　　　　　　　B.DC　　　　　　C.SC　　　　　　D.TC

23.电缆沟敷设用(　　)表示。

　　A.CT　　　　　　　B.TC　　　　　　C.DB　　　　　　D.CE

24.线路沿墙面敷设用(　　)表示。

　　A.BC　　　　　　　B.AC　　　　　　C.WS　　　　　　D.CE

25.导线沿天棚或顶板面敷设用(　　)表示。

　　A.WC　　　　　　　B.CE　　　　　　C.CC　　　　　　D.WS

26.灯具吸顶式安装用(　　)表示。

　　A.W　　　　　　　B.C　　　　　　　C.R　　　　　　　D.S

27.电缆直埋敷设时,要求电缆表面距地面的距离不小于(　　)m。

　　A.0.7　　　　　　B.0.5　　　　　　C.1　　　　　　　D.1.2

28.电缆于公路、铁路、城市街道、厂区道路下交叉时,应敷设在坚固的保护管内,管的长度除应满足路面的宽度外,保护管的两端还应各伸出道路路基(　　)m。

　　A.1　　　　　　　B.2　　　　　　　C.2.5　　　　　　D.3

29.电缆引入建筑物时,应穿钢管保护,钢管内径不应小于电缆外径的(　　)倍。

　　A.1　　　　　　　B.2　　　　　　　C.1.5　　　　　　D.2.5

30.插座的接线孔,应有一定的排列顺序。单相三孔插座,保护接地线在(　　)。

　　A.上孔　　　　　　B.左孔　　　　　　C.右孔

# 参 考 文 献

[1] 金生.建筑设备工程[M].北京:中国建筑工业出版社,2006

[2] 高绍远.水暖设备与安装[M].北京:中国建筑工业出版社,2006

[3] 万建武.建筑设备工程[M].北京:中国建筑工业出版社,2007

[4] 王志勇,王雷霆.给排水与采暖工程技术手册[M].北京:中国建材工业出版社,2009

[5] 付祥钊.流体输配管网[M].北京:中国建筑工业出版社,2001

[6] 秦树和.管道工程识图与施工工艺[M].重庆:重庆大学出版社,2002

[7] 曹兴,邵宗义,邹声华.建筑设备施工安装技术[M].北京:机械工业出版社,2005

[8] 王志勇.通风与空调工程安全操作技术[M].北京:中国建材工业出版社,2006

[9] 陈斐明.建筑管道工基本技能训练[M].西安:西安电子科技大学出版社,2006

[10] 张子平.管工[M].北京:中国环境科学出版社,2005

[11] 范学清.通风工[M].北京:中国环境科学出版社,2005

[12] 韦节廷.建筑设备工程[M].武汉:武汉工业大学出版社,2004

[13] 董羽惠.建筑设备[M].重庆:重庆大学出版社,2002

[14] 王付全.建筑设备[M].郑州:郑州大学出版社,2007

[15] 王宇清.供热工程[M].哈尔滨:哈尔滨工业大学出版社,2001

[16] 刘昌明.建筑设备工程[M].武汉:武汉理工大学出版社,2007

[17] 王青山,王丽.建筑设备[M].第二版.北京:机械工业出版社,2009

[18] 蒋能照,刘道平等.水源·地源·水环热泵空调技术及应用[M].北京:机械工业出版社,2007

[19] 张昌.热泵技术与应用[M].北京:机械工业出版社,2008

[20] 白世武.城市燃气实用手册[M].北京,石油工业出版社,2008

[21] 陈思荣.建筑水暖设备安装[M].北京,电子工业出版社,2006

[22] 徐文渊,蒋长安等.天然气利用手册[M].北京:中国石化出版社,2003

[23] 邵宗义等.实用供热、供燃气管道工程技术[M].北京:化学工业出版社,2005

[24] 胡晓元.建筑电气控制技术[M].北京:中国建筑工业出版社,2005

[25] 谢社初,刘玲.建筑电气工程[M].北京:机械工业出版社,2005

[26] 美国制冷空调工程师协会.地源热泵工程技术指南[M].徐伟等译.北京:中国建筑工业出版社,2001

[27] 中国市政工程华北设计研究院.城镇燃气设计规范(GB 50028—2006)[S].北京:中国计划出版社,2006

[28] 中华人民共和国建设部,中华人民共和国国家质量监督检验检疫总局.地源热泵系统工程技术规范(GB 50366—2005)[S].北京:中国建筑工业出版社,2009

[29] 刘宝荣,王丹.城市燃气管道泄漏成因分析及对策[J].安全,2006,27(4):17～20

[30] 刁乃仁,方肇洪.地源热泵—建筑节能新技术[J].建筑热能通风空调,2004,23(3):18～23

[31] 章俞昌,潘金文.地源热泵技术的特点及其在空调工程中的应用[J].工程建设与设计,2003(8):21～22

[32] 陈焰华.地下水地源热泵系统技术特性分析与研究[J].暖通空调,2009(6):20～21

# 通风空调设计施工总说明

## 一、设计依据

1. 《采暖通风与空气调节设计规范》（GB50019-2003）。
2. 《通风与空调工程质量检验评定标准》（GB50243-2002）。
3. 《通风与空调工程施工及验收规范》（GB50243-2002）。
4. 《空气调节设计手册》（中国建筑工业出版社，1995年11月第二版）。
5. 民用建筑设计技术要求与规定。
6. 其它：冬季不采暖。

## 二、设计计算参数

1. 夏季室外气象参数
大气压力：1003.4hPa；干球温度：33.0℃；湿球温度：27.9℃；室外风速：2.1m/s；最多风向：ESE。

2. 夏季室内计算参数

| 名称 | 温度/℃ | 相对湿度/(%) | 新风量/(m³/h) | 名称 | 温度/℃ | 相对湿度/(%) | 新风量/(m³/h) |
|------|--------|--------------|----------------|------|--------|--------------|----------------|
| 接待大厅 | 26±1 | ≤65 | 20 | 总部中心 | 25±1 | ≤65 | 30 |
| 接待厅 | 25±1 | ≤65 | 30 | 公司分部 | 25±1 | ≤65 | 20 |
| 商务中心、咖啡厅 | 25±1 | ≤65 | 30 | 副总经理室 | 24±1 | ≤65 | 50 |
| 贵宾室 | 25±1 | ≤65 | 30 | 总经理室 | 24±1 | ≤65 | 50 |
| 开敞式办公 | 25±1 | ≤65 | 20 | 培训室 | 25±1 | ≤65 | 20 |
| 展厅 | 25±1 | ≤65 | 30 | 电教室 | 25±1 | ≤65 | 20 |
| 会议室 | 25±1 | ≤65 | 20 | 培训中心 | 25±1 | ≤65 | 20 |

3. 卫生间换气次数数为 10 次/h。
4. 本建筑一至六层设中央空调，总建筑面积 3274.85m²，空调面积约 3000m²，冷负荷指标 175W/m²，总冷负荷 525kW。

## 三、空调冷源

选两台 246kW(70RT) 的风冷往复式冷水机组，制冷剂为 R22。冷水出水温度 7℃，回水温度 12℃。

## 四、空调方式

1. 全中央空调，空气一水系统。
2. 新风系统：新风管分层水平布置，并预处理。
3. 冷水系统：双管制，水平同程的闭式系统，只是夏季供冷，过渡季节，根据需要，由操作人员掌握进行运行。
4. 冷凝水处理：按施工要求设置，水平支管坡度 i≥0.01。

## 五、安装

1. 冷水采用闭式机械循环系统，设置膨胀水箱，膨胀管接在回水管上，膨胀水箱采用成品。
2. 风机盘管的电动二通阀装于回水管上。
3. 水管、风管沿墙的采用三角支架安装，悬空的门式吊架安装。冷水管、冷风管吊架处采用经防腐处理的木质垫托。
4. 风管板材的拼接咬口和圆形风管的闭合咬口采用单咬口；矩形风管的四角组合采用联合角咬口；风管长边尺寸不大于 630mm 各段连接采用 C 型插条连接，大于 630mm 采用法兰连接。

## 六、材料选择

1. 通风管，采用镀锌钢板，钢板厚度详见下表（

| 风管直径或长边尺寸 | 圆形风管 |
|--------------------|---------|
| 80~320 | 0.5 |
| 340~450 | 0.6 |
| 480~630 | 0.8 |
| 670~1000 | 0.8 |
| 1120~1250 | 1.0 |
| 1320~2000 | 1.2 |

2. 冷水管管径 DN≤65 采用镀锌钢管丝扣连接，管承压与管道相适应，图中标注为公称直径，无缝钢

| 公称直径 | DN80 | DN1 |
|----------|------|-----|
| 外径×壁厚 | 89x3.5 | 108 |

3. 冷凝水管采用 UPVC 塑料管，不保温。

## 七、减振、过滤

1. 冷水机组、水泵、新风机组均设减振器或减振垫。
2. 风机盘管水管进出口均装软钢管。
3. 新风机组、水泵、冷水机组进出口与水管连接处均
4. 新风机组、风机盘管进出口与水管连接处需装 150
5. 水泵吸入口处须装过滤器。

## 八、水管系统的清洁及水压实验

1. 管道安装时，首先将管道内的垃圾严格清理干净，好的管道开口处，处须包扎封口，以免建筑垃圾进
2. 管道水试压前，要对全系统进行清洁排污，然后清盘管的水过滤器滤网（设备进水口未装过滤器的）毕后再拆下临时滤网），再冲满水排除管内的空气。
3. 冷水系统水压试验压力为 0.6MPa，试验程 10分钟内压力下降不大于 0.02MPa 为合格。

GB50243-2002）。单位：mm 。

| 矩形风管 | | |
|---|---|---|
| 中压低 压 系统 | | 高压系统 |
| 0.5 | | 0.8 |
| 0.6 | | 0.8 |
| 0.6 | | 0.8 |
| 0.8 | | 0.8 |
| 1.0 | | 1.0 |
| 1.0 | | 1.2 |

: DN>65采用无缝钢管焊装，适当部位加法兰，
外径及壁厚见下表，单位：mm 。

| 0 | DN125 | DN150 | DN200 |
|---|---|---|---|
| 4 | 133x4 | 159x4.5 | 219x6 |

可曲挠橡胶软接头。

~250mm长的柔性短管。

装中严防焊渣垃报掉入管内，对已安装
管内。

冷水机组、水泵、新风机组和每个风机
清洗管道前应加装临时滤网，待冲洗完
24 小时后进行试压。
是先缓慢升压，升到试验压力后不渗不漏，

## 九、防腐与保温

1. 金属支吊架在表面除锈后，刷防锈底漆和面漆各两遍。
2. 冷水管保温必须在试压合格后进行，并清除表面铁锈、焊渣、毛刺等，然后刷两道防锈漆。
3. 保温材料：采用难燃聚乙烯高发泡（PEF）保温材料，板状适用于风管，瓦状适用于水管。
   风管保温板厚度为 20mm，水管保温管内径及厚度选择见下表，单位：mm 。

| 水管公称直径 | DN20 | DN25 | DN32 | DN40 | DN50 |
|---|---|---|---|---|---|
| 内径×壁厚 | 28x25 | 34x25 | 42x30 | 48x30 | 60x30 |
| 水管公称直径 | DN65 | DN80 | DN100 | DN125 | DN150 |
| 内径×壁厚 | 76x30 | 89x30 | 108x35 | 133x35 | 159x35 |

## 十、调试和试运行

通风与空调系统安装完毕，系统投入使用前，必须进行系统的测定和调整。
1. 设备单机试运转
   冷水机组、水泵、新风机组等设备，应逐台启动投入运转，考核检查其基础、转向、传动、
润滑、平衡、温升等的牢固性、正确性、灵活性、可靠性、合理性等。
2. 系统的测定与调整
   （1）测定通风机的风量、风压；
   （2）从系统最不利环路的末端开始按"流量等比分配法调整系统风量，最后进行总风量的调整；
   （3）风量调整好后，应将风阀固定，并在调整手柄上用油漆刷上标记。

## 十一、控制及操作顺序

1. 采用冷水机组配套的控制系统。
2. 要求电气设计施工，必须联锁，前一设备不运行，后一设备就不能启动。
   开机：冷水泵→冷水机组，停机：冷水机组→冷水泵。

## 十二、其他

1. 与其他各专业密切配合，预留孔洞土建施工应做好，风管、水管及风口安装应与装修配合好。
2. 各种试验（检查）数据应给建设、设计单位各一份。
3. 施工过程中遇到技术问题，应会合同设计人员研究解决。
4. 若说明与图纸矛盾，以图纸为准。
5. 其余未说明者应按现行规范、规程和标准执行。

| 设 计证 号 | | | | | | | | |
|---|---|---|---|---|---|---|---|---|
| 审 定 | | 建设单位 | | | | 图 号 | | |
| 设计负责人 | | 项 目 | | 办 公 楼 | | 设计阶段 | 施工图 | |
| 审 核 | | | | | | 图 期 | 空调－02 | |
| 复 核 | | | | 通风空调设计施工总说明 | | 比 例 | | |
| 设 计 | | | | | | 电子存档号 | | |

页

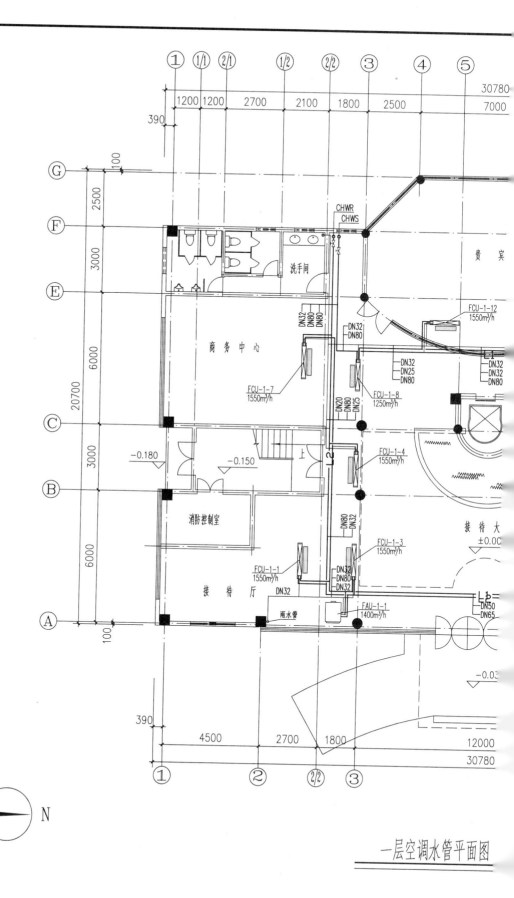

一层空调水管平面图

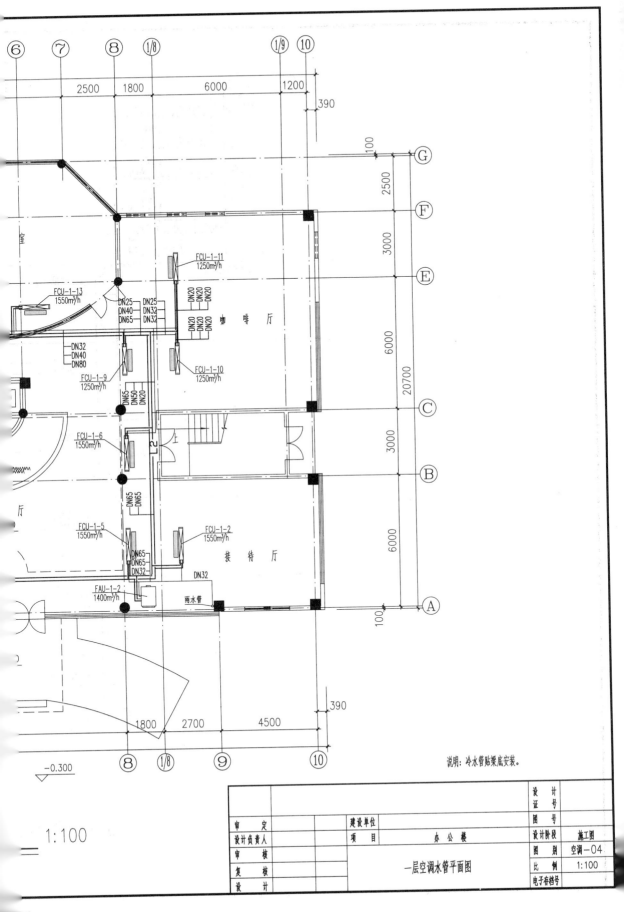

说明：冷水管贴梁底安装。

1:100

| 设 计 证 号 | | | | |
| --- | --- | --- | --- | --- |
| 审 定 | | 建设单位 | | 图 号 |
| 设计负责人 | | 项 目 | 办 公 楼 | 设计阶段 | 施工图 |
| 审 核 | | | | 图 期 | 空调－04 |
| 复 核 | | 一层空调水管平面图 | | 比 例 | 1:100 |
| 设 计 | | | | 电子存档号 | |

页

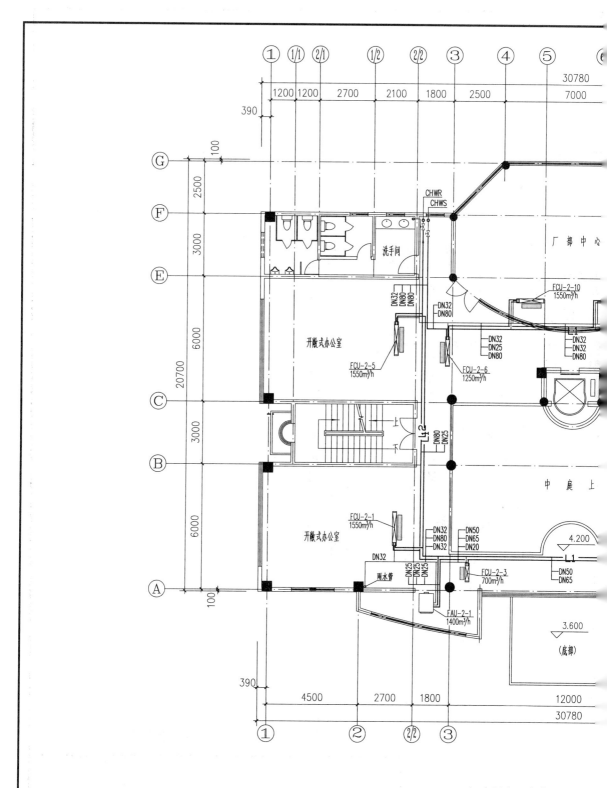

标准层空调水管平面图

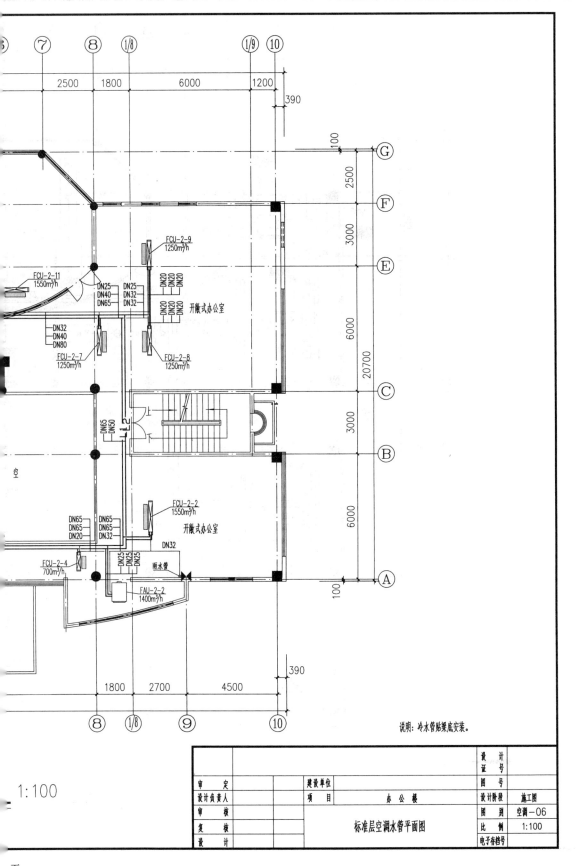

说明：冷水管贴梁底安装。

1:100

| | | | | | 设 计 证 号 | |
|---|---|---|---|---|---|---|
| 审 定 | | 建设单位 | | | 图 号 | |
| 设计负责人 | | 项 目 | 办 公 楼 | | 设计阶段 | 施工图 |
| 审 核 | | | | | 图 别 | 空调－06 |
| 复 核 | | | 标准层空调水管平面图 | | 比 例 | 1:100 |
| 设 计 | | | | | 电子存档号 | |

页

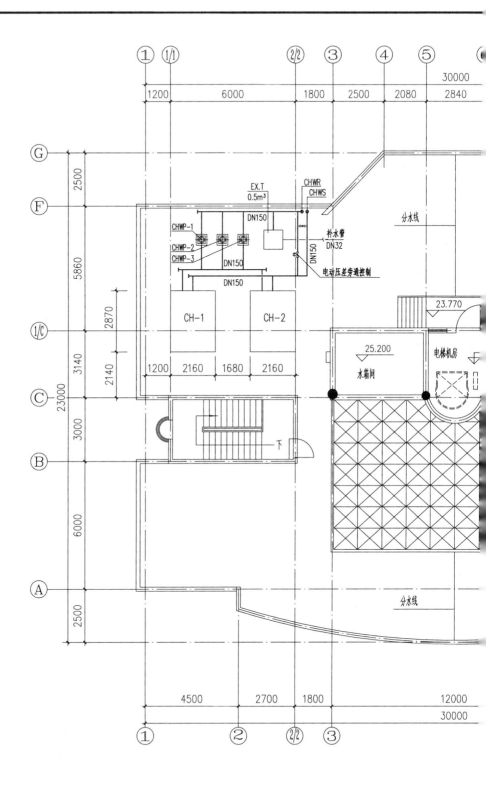

屋顶空调制冷平面图

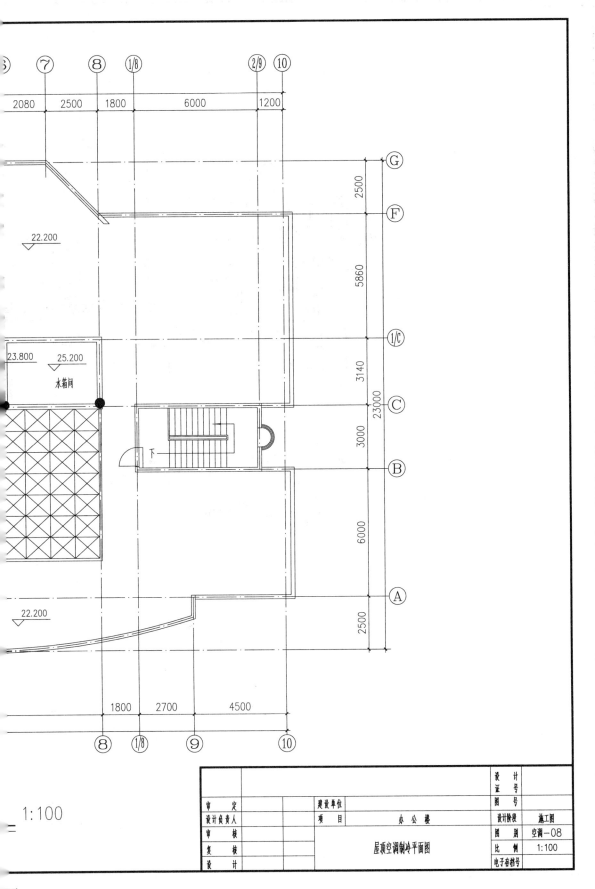

屋顶空调制冷平面图

1:100

| 审 定 | | 建设单位 | | 设 计证 号 | |
|---|---|---|---|---|---|
| | | | | 图 号 | |
| 设计负责人 | | 项 目 | 办 公 楼 | 设计阶段 | 施工图 |
| 审 核 | | | | 图 别 | 空调—08 |
| 复 核 | | 屋顶空调制冷平面图 | | 比 例 | 1:100 |
| 设 计 | | | | 电子存档号 | |